세계는 넓고 갈 곳은 많다 2

〈일러두기〉

1. 'Part 2, 중앙아메리카'편에 카리브해 섬나라인 자메이카와 쿠바는 여행코스를 함께 하였으며 'Part 5, 카리브해 섬나라'편에 가이아나와 수리남 역시 여행코스를 함께 하였으므로 해당 Part에 함께 묶어서 배치하였다.
2. 각 국가의 개략적인 개요는 네이버 지식백과와 《두산세계대백과사전》, 《계몽사백과사전》을 참조하였음을 밝힌다.

넓은 세상 가슴에 안고 떠난 박원용의 세계여행 '아메리카편'

세계는 넓고 갈 곳은 많다 2

초판 1쇄 인쇄일 2022년 2월 3일
초판 1쇄 발행일 2022년 2월 9일

지은이 박원용
펴낸이 최길주

펴낸곳 도서출판 BG북갤러리
등록일자 2003년 11월 5일(제318-2003-000130호)
주소 서울시 영등포구 국회대로72길 6, 405호(여의도동, 아크로폴리스)
전화 02)761-7005(代)
팩스 02)761-7995
홈페이지 http://www.bookgallery.co.kr
E-mail cgjpower@hanmail.net

ISBN 978-89-6495-238-2 04980
978-89-6495-203-0 (세트)

넓은 세상 가슴에 안고 떠난 박원용의 세계여행 아메리카편

세계는 넓고 갈 곳은 많다 2

박원용 글 · 사진

BG 북갤러리

추천사

다른 아메리카 여행서보다 생생한 여행정보로 큰 감동을 준 책!

여행은 '과거에서부터 현재 그리고 미래까지를 만나기 위해 가는 것'이라 했습니다.

저자는 30년 전부터 여행을 시작하여 2019년 말까지 유엔 가입국 193개국 중 내전 발생으로 대한민국 국민이 갈 수 없는 몇 개국을 제외한 지구상에 존재하는 모든 국가를 다녀온 분입니다. 특히 오지라고 불리는 아프리카와 중남미, 남태평양은 말할 것도 없거니와 남 · 북아메리카 전 지역을 한 나라도 빠짐없이 방문한 분이라 여행에 대한 취미와 열정이 남다릅니다.

'여행을 아는 자는 여행을 좋아하는 자에 미치지 못하고, 여행을 좋아하는 자는 여행을 즐기는 자에 미치지 못한다.'고 했습니다. 저자께서는 지구상에서 여행을 가장 즐기는 분입니다.

저자 박원용 선생님은 여행지의 계획이 서게 되면 다녀온 여행지와 중복은 되지 않는지, 중요한 명소가 빠져있지는 않았는지 여행 출발 전에 현지 정보를 꼼꼼하게 충분히 검토하여 자료를 정리하고 난 후 여행을 시작하는 것을 원칙으로 합니다.

그리고 일행들과 오지 여행을 하고 돌아오면서 방문하기 힘든 이웃 국가가 여행지에서 빠져있으면 위험을 무릅쓰고서라도 다녀옵니다. 아프리카 남태평양 등의 오지국가를, 그것도 한두 번이 아니고 여러 차례에 걸쳐 혼자 여행을 마치고 오는 분이라는 것을 오지전문여행사 대표인 제가 많이 봐왔습니다. 여행사를 운영하는 저희들도 상상하지 못할 일입니다. 여행에 있어서 본받을 점이 헤아릴 수 없이 많아 저희들에게 귀감이 되는 저자는 한마디로 '진정한 여행마니아'라고 할 수 있습니다.

이번 남 · 북아메리카 여행서는 저자가 현지 여행에 밝은 현지인이나 아메리카 현지에서 오랫동안 거주하고 있는 한국인을 찾아서 보다 많은 여행정보를 수집, 충분한 시간을 가지고 일반 여행자들이 필히 가봐야 할 유명 여행지 위주로 담았습니다. 남 · 북아메리카 각 개별국가 중 어느 하나의 국가라도 처음 방문하거나 아메리카에 관심을 갖고 아메리카 여행에 궁금한 점이 많은 여행자들에게는 여타의 아메리카 여행서에 비해 다양하고 생생한 여행정보로 더 큰 감동을 드릴 것이라 확신합니다.

끝으로 박원용 선생님의 제1권 '유럽편'에 이어서 제2권 '남 · 북아메리카편' 여행서 출간을 진심으로 축하드리며, 이어서 새롭게 선보이게 될 아프리카, 아시아, 오세아니아 등 세계 모든 국가의 방문기가 벌써부터 기대가 됩니다.

오지전문여행사 〈산하여행사〉

대표이사 임백규

프롤로그 Prologue

아메리카 전 지역 국가들을 이 책 한 권에 모두 담았다

한 권의 분량으로 남 · 북아메리카 36개국에 대한 여행지와 역사에 대한 내용을 소개한다는 것은 매우 어려운 일이라 생각된다. 예를 들어 경북 경주시를 가서 고적을 두루 살펴보려면 일주일은 소요될 것이다. 그러나 불국사와 다보탑, 석가탑, 첨성대, 박물관 등 꼭 봐야 할 명소만 골라서 요약해 보면 1박 2일 정도면 충분할 것이다. 이러한 심정으로 남 · 북아메리카 전 지역 국가들을 하나도 빠짐없이 이 책 한 권에 모두 담았다.

북아메리카 최북단 알래스카 앵커리지에서 부터 중앙아메리카 지역 제일 잘록한 파나마운하를 거쳐서 남아메리카 최남단 파타고니아를 지나 세상의 땅끝마을 아르헨티나 우수아이아까지 이 책에 모두 실었다.

역사는 시간에 공간을 더한 기록물이라고도 한다. 너무 많은 양의 역사를 여행서에 보태면 역사책으로 변질될까 우려되는 마음에 역사를 음식의 양념처럼 가미시켜 언제, 어디서나 집중적으로 흥미진진하게 읽을 수 있게끔 노력하였다.

한 시대를 살다간 수많은 사람들에 의해서 역사는 이루어지고 사라져간다. 그래서 각 나라마다 국가와 민족이 살아서 움직이고 있기에 문화와 예술도 만들어지고, 소화 흡수되어 없어지기도 한다. 나라마다 과거와 현재에 대한 역사를 올바르게 인식하고 여행을 해야만 여행자들의 삶의 질이 진정으로 향상되고 성숙되어 간다고 생각한다.

필자는 역사와 문화를 배우는 데 있어 가장 효율적인 방법이 여행이라고 믿어 의심치 않는다. 현장에 가서 직접 보고, 듣고, 느끼고, 감동을 받기 때문이다. 백문이 불여일견(百聞 不如一見)이라고 하지 않나. 백 번 듣는 것보다 한 번 보는 것이 더 낫다는 말이다. 이 말은 여행을 하고나서 표현하는 방법으로 전해오고 있다. 미국 또는 캐나다 지역에서 나이아가라폭포를 바라보고, 아르헨티나와 브라질 지역에서 세계 최대의 폭포인 이구아수폭포 아래서 래프팅을 하고, 그랜드캐니언에서 경비행기를 타고 상공을 날아가며, 신의 최후의 최대 걸작이라고 하는 그랜드캐니언의 자연경관을 즐기는 그 자체가 어찌 가슴 벅찬 감동이 아닐 수 있겠는가.

이 책은 독자들이 새가 되어 남 · 북아메리카의 각 국가마다 상공을 날아가면서 여행하듯이 적나라하게 표현하였다. 사진이 부족하게 생각되더라도 양해를 구한다. 재산이 아무리 많은 부자보다도 만족을 하는 자를 일컬어 천부(天富), 즉 '하늘이 내린 부자'라고 했다. 그리고 여행을 진정으로 좋아하고 원하는 사람들과 시간이 없어 여행을 가지 못하는 이들, 건강이 좋지 않아서 여행을 하지 못하는 아픈 사람들, 여건이 허락되지 않아 여행을 하지 못하는 분들께 이 책이 조금이나마 도움이 되고 보탬이 되었으면 한다.

쉬는 날 휴가처에서나 가정에서 이 책 한 권으로 남 · 북아메리카 전 지역 여행을 기분 좋게 다녀오는 보람과 영광을 함께 갖기를 바라며 바쁘게 살아가는 와중에도 인생의 재충전을 위하여 바깥세상 구경을 한 번 해보라고 권하고 싶다. '보약 같은 친구'가 될 것이다.

끝으로 이 책이 제1권에 이어서 제2권이 세상에 나오게끔 지구상 오대양 육대주의 어느 나라든 필자가 원하는, 가보지 않은 나라 여행을 위하여 적극 협조해 준 〈산하여행사〉 대표 임백규 사장님, 여행길을 등불처럼 밝혀준 박동희 이사님, 이 책을 쓰고 난 다음 기초 작업을 적극적으로 도와준 대구 중외출판사 오성영 실장님, 고객들이 바라는 출판 조건에 적극적으로 협조를 아끼지 않으시고 정직하고 성실하게 출판업을 하시는 도서출판 BG북갤러리 대표 최길주 사장님 그리고 삶을 함께하는 우리 가족들과 모두에게 깊은 감사를 드리며, 모두의 앞날에 신의 가호와 함께 무궁한 발전과 영광이 늘 함께하기를 바란다.

2021년 12월

대구에서 박원용

차례 Contents

Part 3. 남아메리카 1 South America 1

Part 4. 남아메리카 2 South America 2

Part 5. 카리브해 섬나라 Caribbean Sea Island Country

Part 1.
북아메리카
North America

미국 United States of America

북아메리카에 있는 미국을 여행하기에 앞서 '아메리카(America)'라고 불리게 된 동기와 사연을 먼저 설명하고 여행을 떠나기로 하자.

사연인즉 콜럼버스(Columbus)가 신대륙을 발견하고 자기 마음대로 인도의 일부를 발견했다고 만천하에 선포하고 나서 유럽 여러 강대국 탐험가들이 너도나도 할 것 없이 앞을 다투어 신대륙을 찾아 나섰다. 그중 이탈리아의 탐험가 아메리고 베스푸치라는 사람이 있었다. 그는 젊은 시절부터 대서양 건너 탐험에 많은 관심을 가졌다고 한다.

처음 그는 콜럼버스가 항해하기 위한 조선 공사부터 기술을 배웠다. 고기 잡으려고 그물을 짜듯이 항해 수업을 차곡차곡 쌓아 오던 중 그는 마침내 1497년 지금의 아메리카로 가는 첫 항해를 시작으로 여러 차례에 걸쳐 아메리카를 다녀왔다. 그러고 나서 그곳이 인도가 아니고 신천지라고 강력하게 주장을 한다.

그 후 1506년 콜럼버스가 사망하고 난 후 1507년 독일의 저명한 지리학자 마르틴 발트제뮐러(Martin Waldseemüller, 1470년 경~1520년 3월 16일)

가 세계지도를 발간하기 위해 아메리고 베스푸치를 만났다. 베스푸치에게 여러 차례 다녀온 신천지가 이름이 무엇이냐고 물어보았다.

아메리고는 새로 발견된 대륙이라 지금까지 불리고 있는 이름이 없다고 했다. 마르틴 발트제뮐러는 여러 가지 고민을 하다가 문득 떠오르는 생각에 "당신의 이름이 아메리고(Amerigo)이니 아메리카(America)로 할까?"라고 하니 베스푸치가 웃음으로 답을 했다. 그러자 바로 지도에 아메리카라고 써넣은 것이 계기가 되어 지금도 세계인들에게 공식적으로 불리고 있는 영원한 아메리카가 되었다고 한다.

그리고 그 가운데 세계의 중심축을 이루고 있는 북아메리카에 있는 미국은 세계에서 러시아, 캐나다 다음 세 번째로 거대한 국토 면적(983만 km^2)을 가진 나라이다. 처음 영국으로부터 독립할 당시에는 동부에 속하는 13개 주에 불과했다.

그러나 지금은 50개 주 연방이 합쳐진 거대한 미연방국가(United States of America)이다. 전 국토의 40%에 가까운 땅이 부동산 매입으로 이루어진 영토인데 가장 먼저 1803년 유럽에서 전쟁으로 극심하게 재정난을 겪고 있던 프랑스 나폴레옹에게 루이 14세의 이름을 기리는 루이지애나(Louisiana, 214만 km^2)를 1,500만 달러를 주고 매입하고, 다음으로 1853년 애리조나(Arizona)와 뉴멕시코(New Mexico, 8만 km^2)를 멕시코로부터 1,000만 달러에 사들였다. 그리고 1867년 크림 전쟁으로 극도로 재정난을 겪고 있던 러시아로부터 알래스카(Alaska, 152만 km^2)를 아주 저렴한 가격 720만 달러에 매입하였다. 1917년 버진 아일랜드(Virgin Islands) 서인도제도 50여

개 섬(346km²)을 덴마크로부터 2,500만 달러에 사들였다. 멕시코 땅인 텍사스는 여러 가지 이유와 사건을 들어 무력으로 합병을 시키는 등 지속적으로 영토 확장을 한 덕분에 세계에서 세 번째로 넓고 기름진 옥토를 자랑하고 있으며, 우리나라의 약 100배에 가까운 영토를 가지고 있다.

미국을 처음 방문한 일정은 1995년 7월 9일 서울에서 LA를 거쳐 미국 인디애나(Indiana)폴리스공항에 도착하는 일정이었다.

당시만 해도 미국을 가려고 하면 신원보증과 입국 목적, 체류 기간, 은행 잔고증명 등으로 미국 대사관에서 심사를 거쳐야 갈 수 있는 시절이었다. 그러나 우리는 영남대학교와 자매결연한 미국 인디애나 주립대학교 초청으로 떠나기 때문에 모든 서류상 절차는 학교에서 대행하고, 우리는 가고자 하는 의사표시와 경비만 지급하면 갈 수 있었다. 경비가 적은 금액은 아니었다. 솔직하게 필자는 여행에 취미가 있어 그렇게 했다고 생각하지만, 경비 전액을 빚을 내어서 일정에 참여했었다. 기회는 평생에 한 번뿐이니까 다녀와서 더욱 열심히 노력하여 더 좋은 삶을 살아가며 아름답고 값진 추억을 남기기 위해서다. 가는 목적은 인디애나 주립대학교 학술연수를 하기 위한 일정이었다. 연수를 마치고 미국 동부와 서부를 여행하는, 일명 '고급수학여행'이었던 셈이다.

첫날은 도착하자마자 교내에 투숙하고 다음 날부터 수업에 들어갔다.

교육 프로그램도 좋았지만, 자연학습시간에 옥수수 농장을 안내받았다. 농장 주인에게 현재 경작하는 농지의 넓이가 어느 정도 되는지 물어보니 어림

옥수수 농장

잡아 야구장 100개 크기 이상 된다고 한다. 몇 명의 인원이 농사에 종사하느냐고 물어보니 자신의 가족과 직원 2명이 합쳐서 영농하며, 씨뿌리고 농약을 치는 것은 항공기로, 수확은 트랙터를 사용하고 있다고 한다.

청개구리

넓은 마당에는 할아버지 트랙터(소형), 아버지 트랙터(중형), 자기 자신의 트랙터(대형)가 나란히 전시하듯 자리 잡고 있었다. 그들은 3대에 걸쳐 옥수수 농사를 짓

맹꽁이

옥수수 저장고

고 있다.

이 많은 옥수수를 어떻게 생산에 이어 판매까지 하느냐고 물어보니 판매할 수 있는 만큼 팔고 나면 나머지는 정부가 수매해서 수출하고 있다고 한다. 우리나라에도 동물 사료로 수출한다고 하며 옥수수 원료로 만든 볼펜과 모자를 하나씩 우리 학생들에게 선물했다. 마지막으로 농장 주인 부부와 기념촬영을

옥수수 농장 영농자 부부

인디애나 주립대학교 총장으로부터 수료증을 받는 필자

하고 아쉽지만, 작별 인사를 했다. 그리고 교과과정을 이수한 학생들은 수료식과 더불어 총장에게 순서대로 수료증을 수여 받고, 오후에는 주 정부청사를 방문했다.

청사 내에서는 직접 주지사의 안내를 받으며 이곳저곳을 둘러보았다. 지사는 자기 집무실을 안내하면서 자기 의자에 앉아보라고 권하며 기념촬영도 하라고 한다. 생각보다 젊어 보이는 지사는 저녁 만찬에도 참여하여 자리를 빛내주기까지 했다. 주지사와 필자는 단둘이 술잔을 주고받을 기회가 있어 필자가 어깨걸이를 하고 원샷을 하자고 권하니 서슴없이 술잔을 들고 원샷을 하고 나서는 "이렇게 술을 마시는 것은 생전 처음이다."라며 입가에 웃음이 만연했다. 필자도 함께하는 술잔이라 기분도 좋았지만 아름다운 추억으로 오

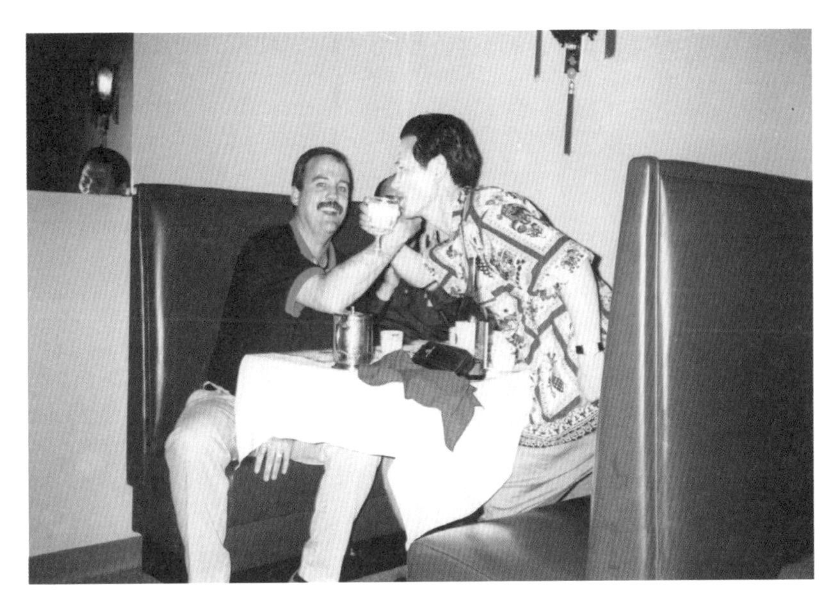

인디애나주지사와 원샷

래도록 간직하고 싶었다.

다음 날 우리는 국내선 항공편으로 인디애나에서 뉴욕(New York)으로 이동했다. 워낙 넓은 영토를 가진 미국이기에 동부에 가까운 인디애나에서 동쪽 끝 대서양에 접한 뉴욕까지 비행시간이 3시간 가까이 소요된다.

가는 도중 기내에서 내려다보는 농경지는 산이라고는 눈을 뜨고 찾아보아도 보이지 않는다. 가도 가도 끝이 없고 평야에서 평야로 이어져 농지정리가 잘된 들판에는 다양한 농작물이 수도 없이 식재되어 있다.

이렇게 넓고 기름진 옥토 덕분에 미국은 캘리포니아(California)주에서만 농산물을 경작해도 미국 국민 모두가 먹고살 수 있고 미국 전 국토에 농작물을 경작해서 수확하면 전 세계 인구가 먹고살 수 있다고 한다. 그래서 농담인지 진담인지 미국이 지구상의 모든 국가를 상대로 전쟁을 해도 미국이 승리할 것이라고 한다. 필자는 광활하고 기름진 옥토에 너무나도 크게 감동하였다. 많은 사람이 "미국에 가서 살고 싶다."고 하는 말을 많이 들어본 기억이 새로워진다. 심지어 인접 국가인 멕시코에서는 미국으로 밀입국하기 위해 버스 내 손잡이 윗부분 짐칸에 이불을 여러 번 감아 덮고 반듯하게 누워 소화물로 위장하고 국경을 넘어 미국에서 돈을 벌어 본국으로 돌아간다고 한다.

환경의 지배를 받지 않을 수 없는 인간은 '누구나 좋은 환경, 훌륭한 부모, 아름다운 저택, 풍부한 살림살이를 누리며 살아가기를 원하지 않을까.'라는 생각을 하며 뉴욕공항을 빠져나왔다.

뉴욕에서는 제일 먼저 엠파이어스테이트 빌딩(Empire State Building)을 방문했다. 이 초고층 빌딩은 뉴욕시 맨해튼 지구에 있으며 1931년에 완공되었다. 일명 '마천루'라 불리며 1973년까지 세계에서 가장 높은 건물로 많은 사람에게 사랑을 받아왔다.

건물 높이가 381m, 102층으로 이루어져 있다. 건물 내에 사무실 면적만 180만 m^2나 된다고 한다. 86층과 102층에는 전망대가 있어 360° 돌아가며 뉴욕 시내 전경을 한눈에 바라볼 수 있다. 86층까지는 초고속 엘리베이터를 타고 오르기 때문에 많은 사람이 올라가서 뉴욕 시내를 바라보는 재미를 느낄 수 있다. 그러나 87층부터는 나선형 계단으로 걸어서 한 사람씩 올라가야 한다. 필자는 102층에 올라가고 싶었지만, 단체관광이고 시간이 부족한 이유로 올라가고 싶은 마음을 접어야 했다. 1951년 빌딩 꼭대기에 약 68m 높이 텔레비전 송신탑이 설치되었다고 한다.

유엔본부

유엔(United Nations)은 1945년 10월 24일에 설립되었으며, 목적은 전쟁을 예방하고 방지하며 평화를 유지하여 세계 모든 사람이 경제와 사회, 문화 등에서 협력을 통해 모두 함께 살아가기 위함이다. 뉴욕에 있는 유엔본부는 내부입장은 불가하고 외관을 조망하는 일정이다. 그래서 유엔 가입국(2021년 현재 193개국)의 국기가 펄럭이는 유엔본부 앞에서 사진 촬영으로 만족하고 돌아서야 했다.

누구나 외국 여행을 하게 되면 유럽연합(EU)을 제외하고는 지구상 대부분의 나라에서 여행경비를 달러로 사용하고 있다. 그런데 달러에는 1달러, 2달러, 5달러, 10달러, 20달러, 50달러, 100달러의 지폐가 주로 통용되고 있다. 그러나 누구도 달러 지폐 앞면의 모델이 누구인지 모르고 사용하고 있다.

순서대로 살펴보면 1달러의 모델은 조지 워싱턴(George Washington,

1732~1799)으로 미국 독립전쟁 당시 총사령관이며 초대 미국 대통령이다.

2달러 모델은 토머스 제퍼슨(Thomas Jefferson, 1743~1826)으로 미국의 제3대 대통령이며, 초대 미국 국무장관을 지내고 미국 독립선언서를 작성한 분이다.

5달러 모델은 미국 제16대 대통령 에이브러햄 링컨(Abraham Lincoln, 1809~1865)으로 남북전쟁을 승리로 이끌어 흑인 노예들을 해방했다.

10달러 모델은 알렉산더 해밀턴(Alexander Hamilton, 1755~1804)으로 워싱턴 총사령관의 부관참모이며, 미국 초대 재무장관이자 중앙은행 설립자이다.

20달러 모델은 앤드루 잭슨(Andrew Jackson, 1767~1845) 미국 제7대 대통령으로 미국 민주당 첫 번째 대통령이며, 귀족이 아닌 서민 대통령이다.

50달러 모델은 율리시스 심슨 그랜트(Ulysses Simpson Grant, 1822~1885) 미국 제18대 대통령으로 남북전쟁 당시에 북군 총사령관이며, 승리로 이끈 주역이다.

100달러 모델은 벤저민 프랭클린(Benjamin Franklin, 1706~1790)으로 피뢰침을 발견한 과학자인 동시에 미국 독립전쟁 때 프랑스의 지원을 이끌어 승리에 크게 이바지한 정치가이다.

지폐 인물 모두가 미국이 지구상의 최상위 국가로 성장 발전시키는 데 지대한 공이 있는 인물들이다.

우리는 전 세계인들의 정치, 경제, 문화의 중심지라고 할 수 있는 뉴욕시 맨해튼 중심가로 접어들었다. 수많은 빌딩이 숲을 이루고 있어 건물 꼭대기를 쳐다보느라 목이 아프다.

1995년 당시 우리나라 건축물 중 제일 높은 건물은 여의도 63(층)빌딩이었다. 이곳 맨해튼 중심가에서는 63층은 쳐다볼 필요조차 없는 높이의 서열에 속한다. 최하로 80층 이상은 돼야 쳐다보려고 할 정도이다. 현지 한국인의 설명으로 이것도 카네기 저것도 카네기 돌아가면서 집게손가락을 가리키며 카네기(Carnegie) 빌딩을 연속으로 소개한다. 아마도 1870년대 앤드루 카네기(Andrew Carnegie)는 철강산업을 독점하다시피 경영한 덕분에 많은 돈을 벌어서 빌딩을 맨해튼에서 제일 많이 보유하고 있다는 설명인 것 같다.

맨해튼 시가지

그리고 석유산업을 독점 경영한 존 데이비슨 록펠러(John Davison Rockefeller), 금융 분야의 제이피 모건(J.P. Morgan) 등 세 사람은 동시대에 사업을 전국에 걸쳐 독점할 정도로 사업수완이 좋아서 세계인들에게 세기의 부호로 알려져 있다.

맨해튼 중심가를 두루 살펴보고 간단한 쇼핑을 한 다음 마지막 뉴욕 여행지 워싱턴광장으로 향했다. 바다 한가운데 우뚝 솟아 있는 자유의 여신상을

자유의 여신상

보기 위해서다. 이 자유의 여신상은 미국 독립 100주년을 기념하기 위해 프랑스에서 선물한 것이다. 받침대로부터 높이가 92m에 이르는 자유의 여신상은 오른손에는 자유를 상징하는 횃불을 들고 있으며, 왼손에는 독립기념일(1776년 7월 4일)이 적힌 독립선언서를 들고 있다.

1884년 프랑스에서 완성하여 1886년 이곳으로 옮겨졌다. 그리고 1984년 유네스코 세계문화유산에 등재되었다. 필자는 일정에 없어 바다를 건너가지 못하고 멀리서 기념촬영을 하고 조망으로 대신했다. 그리고 한 가지 더 부연하면 이 자유의 여신상은 프랑스의 에펠탑을 설계 관리 감독한 구스타브 에펠이 설계에 참여한 기념물이다.

세계에서 제일 부자 나라 미국에서 정치, 경제, 문화의 중심이 되는 뉴욕 워싱턴광장 한 모퉁이에 거지가 있으리라고는 생각도 못 했다. 돈을 담는 그릇을 앞에 놓고 원(One) 달러를 요구하는 거지가 다가오면서 손으로 구걸한다. 필자가 1달러를 건네주니 고마운 표시로 고개 숙여 인사를 한다.

'아무리 부자나라도 사주팔자에 있는 가난은 나라도 못 막는다.'는 속담을 여실히 보여준다. 세계 최고의 부자국가에도 빈부가 공존하고 있다는 것을 확인하는 순간이었다. '가난은 죄가 아니다.'는 속담이 있지만 노력하지 않는 죄가 성립되지 않을까 생각하며 거지와 이별을 했다.

세계적인 도시 뉴욕은 영국의 국왕 찰스 2세가 동생 요크(York) 공작에게 뉴 암스테르담이었던 이 땅을 하사했고, 요크 공작은 자신의 이름을 따서 이름 앞에 뉴(New, 새로운)를 넣어 '뉴욕(New york)'이라는 이름으로 변경하여 지금까지 불리고 있는 세계 최고의 도시이다.

워싱턴 기념비(출처 : 미국 엽서)

워싱턴(Washington)은 미국의 수도이다. 수많은 사람에게 워싱턴 D.C.라고 불리고 있다. 원래 지명은 Washington, District of Columbia(콜롬비아 특별행정 지역 워싱턴)이다. 워싱턴 D.C.는 포토맥 강변에 내셔널 몰을 중심으로 미국이 건국 후 수도 확정을 고려

해서 계획적으로 건설한 도시이다. 내셔널 몰을 중심으로 우측으로는 링컨기념관이 있고 그 뒤에는 백악관이 있으며, 좌측은 제퍼슨 기념관이 있고 그 뒤에는 국회의사당이 있다. 내셔널 몰 중앙에는 유럽과 이집트에서 볼 수 있는 오벨리스크 모양의 높이가 170m나 되는 워싱턴 기념비(Washington Monument, 탑)가 있다. 기념비를 중심으로 50개의 성조기가 원을 그리고 있다. 이것은 미국 연방 50개 주를 상징한다. 과거 1607년 영국식민지 시절 이 땅은 버지니아(Virginia)주였다. 버지니아는 '처녀'라는 뜻이 담겨있다.

엘리자베스 1세(출처 : 계몽사백과사전)

이유는 영국 엘리자베스(Elizabeth) 1세 여왕이 평생 결혼하지 않고 처녀로 살았기에 처녀 여왕의 뜻을 기리기 위해 버지니아라고 불리게 되었다고 한다. 그래서 우리는 버지니아주가 아닌 워싱턴 D.C.에 있는 국회의사당을 먼저 방문하기로 했다.

미국 국회의사당(출처 : 미국 엽서)

국회의사당에 의회가 열리지 않

아서 의사당 내부를 이곳저곳 두루 살펴볼 수 있었다. 높이가 50m 이상 되는 건물 가운데 우뚝 솟는 돔(Dome)이 원을 그리고 있다.

이곳을 로툰다(Rotunda) 홀이라고 한다. 로툰다 홀 천장을 쳐다보면 중앙에 조지 워싱턴, 그리고 좌측과 우측에는 자유를 상징하는 여신과 승리를 상징하는 여신이 워싱턴을 보좌하고 있는 천장벽화가 그려져 있다.

그리고 로툰다 홀 아래에는 조지 워싱턴의 동상이 세워져 있다. 민의의 전당에 조지 워싱턴을 이렇게 부각해놓은 것이 전혀 이상할 것이 없다. 수도 워싱턴도 조지 워싱턴의 이름을 따서 워싱턴이라 이름을 지었고 워싱턴 기념비(탑)를 수도 워싱턴기념비, 조지 워싱턴기념비 양분화로 생각해도 아쉬움이 없을 것 같다. 그리고 미국 국민이 손에 제일 많이 만지는 지폐 원(One) 달러 모델도 조지 워싱턴이다.

이렇게 미국 전역에 워싱턴이라는 지명을 비롯한 워싱턴과 연관된 것들이 수없이 많다. 이렇게 신의 반열에 가까울 정도로 미국 국민 모두에게 사랑과 존경을 한몸에 받을 수 있는 것은 초대 대통령 조지 워싱턴이기에 가능하다. 그러면 조지 워싱턴이 누구인지 알아보고 여행을 하기로 하자.

조지 워싱턴은 버지니아주의 농민의 아들로 태어났다. 일찍 아버지를 여의고 형인 로런스 그리고 어머니와 함께 살았다.

정규 교육 과정을 많이 받지는 못해도 수학에 재능이 뛰어나 측량기사가 되었으며, 버지니아 의용군에 들어가 민병대 장교로 임관했다. 그리고 1775년 5월 대륙회의에서 버지니아주 대표단으로 참석하여 대륙군 창설 맴버로서 대륙군 총사령관에 임명되었다.

그리고 미국 독립전쟁 동안 총사령관으로서 그 당시 세계 최강국인 영국과의 전쟁에서 보잘것없는 대륙군 군사를 이끌고 전투에 매진하여 승리한 주역이다.

조지 워싱턴(출처 : 계몽사백과사전)

전쟁이 끝이 나고 최고 권력의 중심에 있는 총사령관직을 스스로 사임하였다. 자기가 할 수 있는 임무는 종전이 마지막이라고 생각하고 낙향하여 권력에 사심이 없다는 것을 온 국민에게 보여주기도 했다. 그리고 제헌의회 의장에 추대되었으며 드디어 헌법이 발효되면서 1789년 지구상에 대통령이라는 단어가 처음 탄생하면서 미국 초대 대통령에 당선되었다. 지구상에서 대통령이라는 직명이 처음으로 불린 유일한 대통령이다.

1792년에 다시 대통령에 당선되었고 1796년 3번째 대통령에 추대되었다. 그러나 의회나 국민의 요구를 뿌리치고 내가 아니라도 미국을 이끌어갈 대통령이 얼마든지 있을 것이라고 하며 본성과 초심을 잃지 않고 민주주의의 전통을 수립하기 위하여 대통령 자리에서 물러났다. 권력에 매혹되지 않고 스스로 물러나는 대통령, 미국 국민들의 자손만대까지 존경받아 마땅하다고 생각한다. 필자는 대통령 사임서를 읽어보고 '지구상에 또다시 이런 대통령이 탄생할 수 있을까.' 하는 마음에 더욱더 존경스러움을 느꼈다.

백악관은 미국 대통령이 상주하는 집무실이며 화이트 하우스(White House)라고 한다. 원래는 화이트 하우스가 아니었다. 1812년 6월 미국이 영국 선박을 납치하는 사건이 빈번하게 벌어지자 영국이 미국에 대해 선전포고를 하면서 캐나다 주둔 영국군과 미군이 전투를 하게 되었다. 처음에는 미군이 우세했지만, 나중에는 영국군이 워싱턴 D.C.까지 쳐들어와서 백악관을 불태워 버렸다. 미영전쟁의 결과는 제7대 대통령인 앤드루 잭슨의 맹활약으로 미국이 승리하게 되며 전쟁이 끝난 1815년 검게 타서 흉물에 가까운 건물을 흰 페인트로 단장해서 '화이트 하우스'라 이름하고 공식적으로 '백악관'이라고 한다.

백악관(출처 : 미국 엽서)

백악관 옥상에는 오늘도 어김없이 성조기가 펄럭이고 있다. 미국의 성조기는 1777년도에 처음 만들어졌다고 한다. 그 당시에는 가로줄이 13개이고 좌측 상단에 별이 13개가 그려져 있었다. 미연방국이 13개 주로 출발해서 가로줄이 13개이고 별 13개는 13개 주를 나타낸다. 지금의 성조기는 하와이가 1958년 8월 21일 미국의 50번째 주로 편입되고 1960년도에 만들어진 별 50개의 성조기이다.

우리는 백악관에 들어갈 수 없어 백악관을 배경으로 단체 사진과 개별 사진을 촬영하고 백악관에는 '미국 제42대 대통령 빌 클린턴이 근무하고 있겠

에이브러햄 링컨과 링컨기념관(출처 : 계몽사백과사전)

지.'라고 생각하며 바로 이웃에 있는 링컨기념관으로 자리를 옮겼다. 링컨기념관에는 링컨 석조 동상(소파에 앉아있는 자세)이 우리를 기다리고 있었다.

세계인들이 너무나 많이 기억하는 링컨 대통령은 1860년 미국 대선에서 미국 공화당 출신으로 제16대 대통령에 당선되었다. 당선되기 전부터 노예해방이라는 정치적인 이슈 때문에 북부는 산업경제로 노예제도가 필요 없었다. 남부는 영농경제로 노예가 지극히 많이 필요했었다. 그래서 결국에는 1861년 미국은 남과 북으로 국가가 둘로 나누어졌다. 남부에서는 대통령까지 선출하여 하나의 국가라는 모양을 갖추었다. 1861년 3월 4일 에이브러햄 링컨은 대통령 취임식에서 미국 분열을 기도하는 어떤 행위도 용납하지 않겠다고 연설했다.

마침내 1861년 4월 12일 미국의 남북전쟁이 시작되었다. 수많은 인명을 빼앗아가며 4년이나 지속되었다. 1863년 1월 1일 링컨 대통령은 미국 전 지역에 노예 해방과 노예들에게 영원한 자유를 주겠다고 선언했다. 그리고 이를 계기로 북군에 유리한 게티즈버그 전투에서 북군이 승리한다. 그리고 그 자리에서 사상자를 수습해서 국립묘지를 조성했다. 그리고 1863년 11월 19일 묘지 봉헌식에 링컨 대통령이 참석하여 세계적으로 짧고도 유명한 명연설을 한다.

"국민의, 국민에 의한, 국민을 위한 정부(Government of the people, by the people, for the people)." 이 명연설은 미국을 비롯해 지구상의 모든 국가와 국민에게 연설 중의 명연설로 알려져 있다. 그러나 링컨 대통령은 전쟁의 승리를 목전에 두고 1865년 4월 14일 저녁 연극 관람을 하기 위해 워싱턴 포드 극장에 들렀다가 그 자리에서 암살되고 말았다. 범인은 남부군을 지지하고 북군을 배격하는 배우 존 윌크스 부스(John Wilkes Booth)였다고 한다.

이어서 부통령인 앤드루 존슨이 17대 대통령의 자리에 올랐다. 그 후 북군의 맹렬한 공격으로 1865년 5월 10일 미국 남부 대통령인 데이비스(Davis)가 북군에 사로잡히게 되어 남부군이 항복함으로써 지긋지긋한 남북전쟁이 북군의 승리로 끝이 나고 말았다.

링컨 동상을 배경으로 사진 촬영을 하고 역시 워싱턴 D.C.에 있는 스미소니언박물관으로 이동했다. 스미소니언박물관은 영국의 과학자이며 부호인 제임스 스미스손(James Smithson)의 협찬으로 1846년에 건립된 박물관이다. 박물관 내에는 국립 자연사박물관, 국립역사기술박물관, 국립항공우주박물관, 국립동물원, 해수어장 등 19개의 박물관과 미술관 그리고 도서관 등이 있으며 종합박물관으로 세계최대 규모를 자랑한다. 우리는 이 많은 박물관을 모두 둘러볼 수는 없어 시간에 맞추어 국립자연사박물관을 단체로 둘러보았다. 주로 코끼리, 코뿔소, 물소, 사자, 바다코끼리 등 대형 동물을 박제해서 전시해 놓았으며 수많은 동물을 사진으로 실제 크기와 같이 확대해서 벽에다 전시한 것이 이색적으로 눈에 많이 띄었다.

그리고 오늘의 마지막 일정으로 알링턴 국립묘지를 참배하고 주변을 둘러보기로 했다.

알링턴 국립묘지의 존 에프 케네디 대통령 묘지
(출처 : 미국 엽서)

알링턴 국립묘지(Arlington National Cemetery)는 워싱턴 D.C.와 포토맥강을 사이에 두고 버지니아주에 있는 면적 1.6km^{2}의 국립묘지이다. 그리고 링컨 기념관과 알링턴 국립묘지는 포토맥강을 사이에 두고 거의 마주 보고 있다. 1864년에 설립되었으며 미국의 남북전쟁, 제2차 세계대전, 월남전쟁, 한국전쟁 등 여러 전쟁터에서 목숨을 잃은 미국의 영웅 병사들이 고요히 잠들어 있는 곳이다. 장군이나 사병이나 모두가 4.3m^2(약 1.5평)에 묻혀있다.

그리고 1963년 11월 22일 텍사스주 댈러스에서 암살당한 존 에프 케네디(John F. Kennedy) 대통령의 묘지가 이곳에 있다. 대리석 바닥으로 조성된 묘소 뒤에는 영원한 불꽃(꺼지지 않는 불꽃)을 설치하여 지금도 멈추지 않고 계속 타오르고 있다. 참배객들과 관광객들이 줄을 지어 이곳을 다녀가고 있다.

존 에프 케네디 대통령(출처 : 계몽사백과사전)

나이 43세에 대통령에 당선된 케네디 대통령은 미국에서 지금까지 최연소 대통령으로 기록되고 있다. 그가 대통령이 된 동기부여는 나이 20세 하버드 대학교 재학 시절에 유럽여행을 60일간 다녔다고 한다. 팔자소관인지 여행을 하면서 전쟁의 격전지를 둘러보았다.

우연인지 운명인지 여행지에서 장차 대통령이 되겠다는 꿈을 꾸었다고 한다. 필자는 여행하면서 배우자를 만나고, 직업을 변경하고, 주거지를 옮기고 하는 사람들을 많이도 봐 왔다. 그래서 여행은 삶의 질에 변화를 가져오는 최고의 활력소가 된다고 전하고 싶다.

그리고 세계적인 폭포 나이아가라(Niagara Falls)를 보기 위해 뉴욕공항을 출발해 버펄로공항(Buffalo Niagara International Airport)에 도착하니 벌써 해가 저물어가고 있다. 버스로 이동해서 미국지역 나이아가라폭포에 도착하기도 전에 어둠이 짙어 폭포 야경만 볼 수 있었다. 미국지역의 폭포는 강물이 흘러와서 캐나다 방향으로 떨어지는 모습만 볼 수 있다. 그래서 나이아가라폭포는 미국과 캐나다를 국경으로 분리하고 있다. 세계에서 떨어지는 폭포의 너비가 제일 넓은 폭포는 나이아가라폭포다.

세계에서 제일 큰 남미의 이구아수폭포는 폭포의 숫자가 많아 폭포군을 이루고 있어 제일 크다고 한다. "과연 이곳이 나이아가라폭포구나." 하고 외쳐보며 주변을 잠시 둘러보고 숙소로 향했다.

다음 날 캐나다 지역에서 폭포를 관람하기 위해 버스를 타고 국경으로 이

나이아가라폭포와 빅토리아 여왕(출처 : 계몽사백과사전)

동했다. 인솔자가 여권만 거두어 간단하게 입국 절차를 마치고 캐나다 나이아가라 지역에 도착했다.

정면에서 나이아가라를 바라보는 그 자체만으로 가슴 벅찬 감동이라 아니할 수 없다. 우리 일행은 옵션으로 US 20달러를 주고 유람선을 탔다. 그리고 우의를 입고 떨어지는 폭포 아래서 폭포수를 즐겁게 맞으며 영원히 기억 속에 남게끔 여행을 유익하고 즐겁게 보냈다.

그리고 캐나다 온타리오호수(Lake Ontario)로 이동하여 호수에 발을 담그며 여유로운 시간을 보내고 현지식으로 점심 식사를 마치고 나서 국경을 넘어 미국으로 입국했다. 그리고 버펄로공항으로 이동하여 뉴욕공항을 거쳐 국내선으로 갈아타고 샌프란시스코로 가는 길을 서둘러야 했다.

뉴욕공항에 도착한 우리는 항공권을 받아쥐고 탑승시간을 기다리고 있을 때 공항에서 잊지 못할 사건이 발생했다.

공항 내 게이트 입구에 우리 일행 모두가 모여 미국 서부 샌프란시스코를 가기 위해 비행탑승 시간을 기다리며 벤치에 옹기종기 모여 있었다. 그런데 난데없이 청춘남녀 한 쌍이 나타나 서로 껴안고 키스를 하면서 헤어지는 아쉬움에 눈물짓는 연기를 하고 있다. 필자가 보기에는 남성은 전쟁터에 나가기 위해 출국하는 것 같고, 여성은 비행 탑승구까지 와서 눈물을 흘리며 배웅하는 것 같이 보였다. 우리 일행은 물론이고 주변의 모든 사람이 눈이 뚫어지게 쳐다보았다. 이윽고 남성은 손을 흔들며, 탑승구 안으로 들어가고 여성은 눈물을 흘리며 돌아서는 장면으로 막을 내린다. 그때 필자 옆자리에 앉아 있던 학생회장이 "어? 내 가방이 없다." 여기도 저기도 가방이 없다는 소리가 들린다. 필자처럼 양쪽 다리 사이에 가방을 두고 구경한 사람은 이상이 없으나 가방을 옆이나 뒤에 두고 구경했던 사람은 모두가 가방이 사라지고 없다. 날치기 주연들은 앞에서 연극을 하고 조연들은 탑승객 뒤에서 가방을 훔쳐 간 사건이었다. 가방을 잃어버린 일행들은 집에 도착할 때까지 불편하기가 그지없었다. 웃을 수도 없고 울 수도 없는 이 사건을 뒤로하고 샌프란시스코에 가기 위해 비행기에 올랐다.

샌프란시스코의 자존심이라고 할 수 있는 금문교(Golden Gate Bridge)는 샌프란시스코 국립공원 여행안내서와 공원 관계자의 설명을 요약하면 거미가 천장에서 떨어졌다가 스프링처럼 튀어 올라가는 것을 보고 착안을 해서 설계했다고 한다.

금문교

캘리포니아의 표상인 이 금문교는 베이(bay) 입구에 놓여 있으며 샌프란시스코시와 마린 카운티를 연결하고 있다. 급한 조수와 강한 바람 그리고 예측 불가능한 여러 조건에도 불구하고 엔지니어링의 귀재 조셉 스트라우스(Joseph Strauss)는 시속 100마일의 바람을 견디고 교량의 중간부위가 27.7피트 정도까지 흔들릴 수 있도록 고안된 약 1,937m에 달하는 현수교를 설계하였다.

금문교 설계자인 조셉 스트라우스

이 금문교는 1937년 완공과 더불어 독특한 오렌지 색깔과 아트데코(Art Deco) 스타일로 공학기술과 설계의 경이적인 표상으로 인식되었다. 1987년 5월 금문교는 50주년을 기념하여 전 구간에 걸쳐 차량을 통제하고 개통식 때와 같이 보행자들이 걸어서 다리를 건널 수 있도록 허용했다. 이 특별한 기회를 잡기 위해 동트기 전부터 80만 명의 인파가 몰려들었으나 그중 단지 20만 명이 도로를 꽉 메우자 그들의 무게로 인해 아치형의 교량 중간 부분이 완전히 평평하게 되었다고 한다. 그리고 보행자들은 평상시에 동쪽 보도를 이용하여 다리를 걸어서 건널 수 있다.

샌프란시스코시의 멋진 스카이라인 베이를 떠다니는 보트들 그리고 광대

금문교 다리의 와이어로프

한 태평양에 어우러진 장엄한 경치는 샌프란시스코가 세계에서 가장 아름다운 도시 중 하나로 손꼽히는 이유를 충분히 설명해주고도 남는다. 일본이 제2차 세계대전 때 진주만 폭격을 하기 전 전투 사령관이 금문교를 한 번이라도 보았으면 미국에 대한 전쟁 도발을 하지 않았을 것이라고 공원 관계자가 마지막 설명으로 마무리한다.

금문교 입구에는 금문교를 설계한 시카고 출신 조셉 스트라우스 동상이 서 있고 또 그 옆에는 금문교 다리 교각과 교각 사이를 잇는 와이어로프(Wire Rope)를 단면으로 잘라서 둘레의 크기를 알 수 있게 전시해 놓았다. 이렇게 무겁고 길이가 2km나 되는 와이어로프를 육지도 아닌 바다에서 어찌 하늘 높이 연결해놓았는지 도무지 이해가 되지 않는다. 일본이 진주만을 폭격하기 전 이 금문교를 보았다면 설계 공법과 기술 면에 감동해서 전쟁 도발을 엄두도 내지 못했을 것이라는 말에 동감이 간다. 베이브리지(Bay Bridge)는 샌프란시스코와 오클랜드를 잇는 13.68km를 두 개의 다리로 건설하여 1936년에 개통이 되었다. 오클랜드에서 예르바부에나섬(Yerba Buena Island)까지는 캔틸레버 형식의 다리이고, 예르바부에나에서 샌프란시스코까지는 현수교이다. 현수교의 중간 부분이 물 위 200피트에 유지하고 있는 육중한 교각에 엠파이어스테이트 빌딩보다 더 많은 콘크리트가 소모되었다고 한다. 이 베이브리지를 걸어보는 일정을 마치고 미국 동 · 서부의 마지막 여행지 로스앤젤레스(Los Angeles)로 이동했다.

제일 먼저 한국인의 집성촌 코리아타운에 들렀다. LA 코리아타운은 우리나라 대도시 달동네처럼 주택이나 도로 사정은 별로 차이가 없다. 그러나 시설과 환경은 너무도 열악하다. 무슨 이유로 이와 같은 고생을 하며 살아가는지 도무지 이해가 가지 않는다.

그리고 '왜 많은 한국인이 미국에 와서 살기를 원하며 이렇게 이민을 올까?'라고 곰곰이 생각해보았다. 필자의 생각으로 한인촌에 먼저 정착한 한인 가족들이 장차 삶의 질이 어떻게 바뀌게 되는지 알 수는 없지만 외롭고, 쓸쓸하고, 향수에 젖어 동서나 형제, 친지들을 초청해 이주시켜 더불어 같이 살아가는 것이 유일한 답이라고 생각했다.

한국인들이 제일 많이 하는 직업이 세탁소나 동네슈퍼, 미장원, 식당, 이발소, 가구점 등이다. 오늘이 1995년 7월 21일이다. 원래 미국 한인사회에서는 상가에 권리금이 없었다고 한다. 그런데 한인촌 1세대가 한국에서 미국으로 갓 이주 온 한국인에게 세탁소 바닥사용권과 시설비 명목으로 주고받은 금액이 사회 통념상으로 이어져 권리금이라는 단어가 정착되었다고 한다. 그리고 차이나타운은 코리아타운보다 시설과 환경이 아주 좋은 것 같다. 그리고 부자 동네 로데오거리로 들어서자 이웃 나라에 입국한 기분이다.

지금까지 다녀온 지역과는 너무도 차이가 크게 난다. 이곳은 백인들만 살고 있다. 백인 중에서도 부자들만 사는 지역이라고 한다. 아무리 자본주의 사회라도 빈부의 격차가 엄청나게 있는 것 같다. 바로 이웃에 이렇게 잘살고 있는 지역이 있어 많은 사람이 미국인이 되기를 희망하며 수단과 방법을 가리지 않고 미국 국적을 취득하기 위해 원정출산을 계획하거나 이민하기 위한 노력을 한다. 인접 국가 멕시코에서는 밀입국을 계획하는 등 수많은 사람이

할리우드

경제나 군사 면에 세계 최강국인 미국 국민이 되기를 희망하는데 이해가 된다. 우리나라를 비롯한 대부분 국가가 혈통을 중요시하여 부모님의 국적을 따르는 속부(屬父)주의를 택하여 자녀들의 국적을 정한다. 그러나 미국은 출생지를 중요시하여 속지(屬地)주의를 택하고 있다. 미국에서 태어나야 미국 국민으로 인정한다. 그래서 신생아는 미국영토(영역, 항공기나 선박 등)에서 태어나야 미국인이 될 수 있다. 개척자와 이민자들로 이루어진 미국이 '지금은 속지주의가 맞지만, 세월이 흘러 민족이 토착화되면 속부주의로 바뀌지 않겠나.'로 생각하며 영화 그리고 드라마의 생산지 할리우드로 출발했다. 할리우드는 캘리포니아주 로스앤젤레스 중심부에서 북서쪽으로 13km 떨어진 지점에 있으며 1910년 LA시로 편입되었다. 1920년 영화 촬영소가 설립되었으며 할리우드의 대명사처럼 유니버설 스튜디오(Universal Studios)가 자리 잡고 있다. 입장료 1인당 35달러를 지급하고 입장을 하여 생전 처음 영화 촬영소를 두루 살펴보았다.

유니버설 스튜디오

세월이 흘러 필자가 이렇게 여행서를 출간할 줄 알았다면 세트장 사진을 많이 찍어와서 책에다 싣는 재미도 있었을 텐데 관람에 집중하느라 세트장 사진이라고는 궁색하기 짝이 없다. 맑은 하늘 아래 갑자기 물 폭탄이 터져 냇가에 냇물이 넘칠 정도로 흘러내려서 감동하지 않을 수 없었다. 한 편의 영화를 관람했다고 궁색한 변명으로 대신하면서 미국 동 · 서부 여행을 마무리하고 숙소로 이동했다.

호텔에서 저녁 식사를 마치고 나서 '선물을 사서 가야지.' 하는 생각이 떠올랐다. 여행 오면서 잘 다녀오라고 용돈을 보태주는 이도 있었다. 그래서 구하기도 쉽고 부피도 작은 커피를 선택했다. 커피를 사기 위해 호텔을 나섰다. 어둠이 컴컴한 밤거리를 한참이나 헤매고 다녀도 가게라고는 보이지 않는다.

유니버설 스튜디오 전경과 원피스를 입은 마릴린 먼로와 함께

그때 맞은 편에서 중년 남성이 “어디 가십니까?”라고 한다. “아, 한국 사람이구나!”, “커피 사러 다니는 중입니다.”, “이곳에는 커피 파는 가게가 없습니다. 빨리 호텔로 돌아가십시오. 이렇게 다니다가 자칫하면 총을 들이대고 돈(Money)을 요구할 수 있습니다. 재수가 없어 잘못하면 큰일 납니다. 어서 빨리 가시오.” 우리는 그 길로 “고맙습니다.”라고 인사를 하고 뒤로 돌아서 정신없이 호텔 방향으로 걸음을 재촉했다.

미국 국민들은 많은 사람이 총기를 소지하고 있어 다발적으로 총기 사고가 자주 일어나는 나라이다. 이유는 미국은 개인이 총기를 소지할 수 있는 권리가 있는 나라이다. 원조는 영국의 제임스(James) 2세 때 발생한 권리장전이라고 한다. 예를 들면 절에 가는 불교 신도에게 국가가 공권력을 투입해서 절에 가지 말고 교회 가서 예수를 믿으라고 한다. 이렇게 되면 개인의 자유와 행복추구권이 박탈되어 버린다. 이를 방어하고 절에 갈 방법은 오로지 개인이 총기를 소지하고 정당방어를 해야 절에 가서 기도할 수 있다는 것이다. 그 당시 신생독립국가인 미국에서 사회보장제도와 민주주의가 정착되지 않는 시절에 미국이라고 이와 유사한 사건이 일어나지 않는다는 보장이 없었다. 그래서 1791년 미국 연방정부의 수정된 헌법 10조 중 연방정부를 견제하는 제1조가 종교 및 언론과 표현의 자유를 할 수 있다. 제2조 개인이 무장할 권리를 가지고 있어야 한다. 이렇게 헌법에 명시되어 있어 미국에서 한 해 동안 4만여 명에 가까운 인명이 총탄에 의해 목숨을 잃어 가고 있지만, 규제나 단속할 길이 없다. 지금도 개인이 총기를 소지할 수 있는 제도가 이어져 오고 있어 미국 국민은 마음만 먹으면 언제든지 총기를 소지할 수 있다. 호텔에 돌아와서는 아무 생각 없이 내일 귀국을 위해 조용히 잠을 청했다.

길고도 짧은 여행에 많이 보고, 많이 듣고, 많이도 배웠다. 막상 집으로 간다고 하니 아쉽기도 하다. 이제 짐을 싸서 공항으로 가는 일밖에 없다. 그래서 필자는 인솔자에게 어제저녁에 있었던 이야기를 털어놓았다. 인솔자가 하는 말이 그러면 서울 가는 비행기 탑승시간이 12시 40분으로 충분한 시간이 있으니 일행 모두가 쇼핑센터에 들러서 기호품이나 선물 등을 사자고 한다. 얼마나 반가운지 웃지는 못하고 입술이 스스로 벌어진다.

쇼핑센터 매장에 들어갔다. 규모가 엄청나다. 우리가 먹고, 자고, 입고하는 모든 생활용품이 각양각색으로 너무도 많이 진열되어 있다. 식품 진열장에는 싱싱한 과일과 채소 사이로 차가운 운무(김)가 연기처럼 피어오르고, 원하는 제품은 분야별로 진열되어 있어 돈이 없어 못 사지 물건이 없어 못사는 일은 없을 것 같다.

필자는 어제저녁 많이도 찾아 헤매던 커피를 우수 상품이라고 생각되는 것을 골라 구입할 수 있었다. 그리고 주임교수님은 골프채를 세트로 구매하면 검색대를 통과할 수 없으니 상표를 떼고 일부를 필자에게 쥐여주며 서울까지 좀 수고해 달라고 한다. 그리고 뉴욕공항에서 가방을 잃어버린 분들은 새 가방을 구입하는 등 모두가 만족스러운 쇼핑을 하고 귀국길에 올랐다. 그리고 얼마 지나지 않아 한국에도 홈플러스, 이마트 등 우리가 LA에서 쇼핑한 매장들이 오픈하기 시작해 자동차 문화가 발달한 덕분에 오늘날 선진국과 같은 삶의 질을 누리고 사는 대한민국이 되었다고 생각한다.

지난 1995년 미국 동 · 서부를 여행했을 때는 서부에 있는 라스베이거스(Las Vegas)와 그랜드캐니언(Grand Canyon)이 일정에 없었다.

그래서 미국 서부로 여행을 떠나고 싶은 마음이 간절했었다. 그 후 2009년 6월 28일 가족들과 친척들로 여행팀을 구성해 필자의 인솔하에 미국 서부 여행을 떠났다.

제일 먼저 지질학자들이 신의 최후의 최대 걸작으로 표현하는 그랜드캐니언에 도착했다. 그랜드캐니언은 미국 서부의 애리조나(Arizona)주에 있는 암벽과 암벽 사이를 굽이굽이 흐르는 콜로라도강(Colorado River)의 계곡

그랜드캐니언

그랜드캐니언(출처 : 현지 여행안내서)

을 말한다. 장엄하고도 웅장하고 거대한 아름다움은 보는 이들이 넋을 놓을 지경에 이르게 한다. 이곳은 1540년 스페인 장교에 의해 발견되었으며 이후 백인들 사이에 알려지기 시작했다. 그리고 수 세기에 걸쳐 세계인들에게 알려져 지금은 세계적으로 유명한 관광지 역할을 하고 있다. 골짜기의 너비가 0.5km~31km에 이르며, 깊이가 1.5km, 길이가 446km이다.

대부분이 평지인 이곳은 수직으로 깎아지른 암석층이 20억 년에 걸쳐 형성되었으며 검붉은 색을 띠고 있다.

가이드 스티븐 조의 설명을 빌리자면 그랜드캐니언의 협곡을 흐르는 콜로라도강을 경계로 남쪽 사우스림(South Rim)과 북쪽 노스림(North Rim)은 서로 각기 다른 식물 분포를 보인다. 사우스림은 대부분 지역이 사막으로 선인장, 용설란(龍舌蘭) 등과 향나무 종류와 소나뭇과 피뇬소나무(Pinyon Pine) 등이 있는데, 이들 침엽수는 자가면역을 관리하기 위하여 물을 뿌리에 오래 저장할 수 있어 사막에서도 자생할 수 있는 식물로 여기저기 분포되어 자라고 있다.

노스림 지역은 고온에도 습기가 있어 자작나무와 사시나무, 소나무 등 침엽수 등이 자생하고 있으며 산양과 다람쥐 등이 서식하고 있다. 특히 매 종류가 집단을 이루어 살고 있는 풍경을 볼 수 있다. 콜로라도강의 깎아지른 협곡에는 수없이 많은 전망대가 있다. 시간이 허락되면 신이 창조했다는 예술 같은 계곡과 협곡을 전망대에서 동서남북으로 돌아가며 있는 그대로 감상할 수 있다. 그리고 계곡과 계곡 사이를 넘나드는 다양한 300여 종의 새들의 비행은 더위에 지친 여행객들의 눈을 시원하게 풀어주고도 남는다.

매년 500만 명에서 800만 명의 관광객을 유치하고 있는 그랜드캐니언은 몇 년 전 지구상에서 세계인들이 제일 많이 여행하고 싶은 곳이었으며, 가장 많은 사람이 찾는 여행지 설문 조사에서 세계 1위를 한 적이 있는 곳이다. 그리고 동행한 피부색이 다른 외국인 관광객들이 흥분과 감동에 겨워 어찌할 줄 모르는 표정이 너무나 인상적이었다.

마지막 일정인 그랜드캐니언 경비행기 관광(옵션 US 150달러)에는 우리 일행 중 필자 혼자서 참가했다. 계곡과 협곡, 콜로라도강 풍경을 상공에서 45분간 눈으로 아낌없이 주워 담으며 오늘의 일정을 마무리하고 숙소가 있는 유타(Utah)주 케납으로 출

그랜드캐니언 경비행기 투어

브라이스캐니언

발했다.

브라이스캐니언은 유타주에 있는 붉은 사암층으로 첨탑 같은 모양을 하고 있어 신의 예술품이라고 불리고 있는데 몸체를 뒤집어 보면 동굴 속 종유석처럼 보인다. 대리석보다는 덜 단단하고 흙벽돌보다는 좀 더 단단한 붉은 사암으로 이루어진 브라이스캐니언은 지구상 어디에서도 찾아볼 수 없는 흰색과 빨강, 노란색이 섞여 있어 보는 이들로 하여금 처음에는 눈동자가 크게 벌어지다가, 다음에는 접근하여 만져보고 싶은 마음이 발동하여 온몸이 근질근질하기 시작한다. 그러나 우리는 보는 것으로 만족하고 사진으로 남겨 영구적으로 감상하는 방법을 선택했다.

협곡으로 내려가는 길이 크게 갈지자 형태로 뚜렷하게 형성되어 있어 천천

자이언캐니언

히 내려가 골짜기에서 위를 쳐다보며 풍경을 충분히 감상하고 올라오는 것도 브라이스캐니언의 또 다른 재미를 느낄 수 있다.

유타주에 있는 자이언캐니언(Zion Canyon)은 그랜드캐니언과 브라이스캐니언 사이에 있는 '신의 정원'이라고 불리는 곳이다. 브라이스캐니언은 여성적인 면이 있으며, 자이언캐니언은 남성적인 면을 지니고 있다.

자이언캐니언은 깎아지른 절벽에 검붉은 사암으로 이루어져 들어가는 골짜기 입구부터 예사롭지 않다. 드높은 협곡과 풀 한 포기 없는 절벽을 바라보면 신의 정원답게 관광객들의 시선을 압도하고도 남는다. 잠시 쳐다보고 있노라면 자신의 몸과 마음이 거대한 자연 앞에서 작아지는 것을 느낄 수 있다. 장엄하고 웅장한 협곡의 분위기 때문이다. 이와 같은 이유를 들어 그랜드캐니언, 브라이스캐니언, 자이언캐니언을 이름하여 미국 서부의 3대 협곡이라고 부르고 있다. 3대 협곡을 자세히 둘러보려면 한 달이라는 시간을 가지고도 모자란다고 한다.

우리들의 여행 일정은 그랜드캐니언에서 1박 1일, 브라이스캐니언과 자이언캐니언에서 1박 1일로 잡혀 있다. 그래서 3대 협곡 메인 관광지라고 불리는 곳을 이곳저곳 두루 살펴보고 이틀 만에 다음 여행지인 라스베이거스로 출발했다.

가는 길에 글랜캐니언(Glen Canyon)댐을 지나게 되어 잠시 차에서 내려 휴식을 취하면서 댐을 둘러보았다. 글랜캐니언댐은 1956년 공사를 시작해서 1964년에 완공되었다. 댐의 높이는 216m, 두께는 최대 106m, 본체의 길이는 475m로 8개의 발전기가 전기를 생산하고 있다. 그리고 글랜캐니언댐의 다리는 1959년에 완공되었으며 미국에서 두 번째로 큰 아치형 철교이다. 글랜캐니언댐으로 인해 만들어진 파월호수(Lake Powell) 역시 미국에서 두 번째로 큰 호수로, 물을 채우는 데 17년이 걸렸다고 한다.

라스베이거스에 도착하자마자 숙소인 플라밍고 호텔(Flamingo Las Vegas Hotel)을 찾아갔다. 플라밍고 호텔은 객실을 3,460개나 보유하고 있는 대형호텔로 규모 면에서 엄청난 크기를 자랑하고 있다. 룸 넘버(Room number) 방향 표시를 잘 이해하지 못하면 자기 방을 찾아가는 것도 어려움이 따를 지경이다.

호텔 체크인 후 바로 세계 최고의 위락시설을 자랑하는 라스베이거스 시내 초호화 야경을 보려고 거리로 나섰다. 휘황찬란한 조명 아래 야경도 야경이

플라밍고 호텔 카지노

지만 노상에 관광 인파가 얼마나 많은지 제대로 원하는 방향으로 걸어갈 수 가 없다. 이 초호화 네온사인(Neon Sign)을 제작하는 데 우리나라 LG전자가 참여했다고 한다.

시내 야경을 1시간 정도 관광하고 나서 일행 모두가 호텔 1층 카지노에 입장하여 시간 가는 줄 모르고 돈을 벌기 위해(?) 열심히 자기 실력을 유감없이 발휘하고 있었다. 그런데 인근에 우리나라 사람으로 보이는 분이 아기를 안고 이리저리 자기 가족들 모니터를 둘러보고 있는데 미국인 경비원이 다가와서 어린이는 입장할 수 없으니 밖으로 나가 달라고 요청한다. 그러나 그분은 들은 척도 하지 않는다.

얼마 후 한국인으로 보이는 건장한 청년이 나타나 지금 바로 밖으로 나가지 않으면, 벌금을 부과하겠다고 강력하게 요구한다. 그 후 그분이 아기를 안고 밖으로 나가는 모습은 지금도 눈에 선하다.

우리 일행 모두가 일정을 마무리하고 밖을 나오는 순간 그분은 손녀와 둘이서 어린이들이 입장하지 못하고 시간을 보내는 놀이시설에서 가족들을 기다리고 있었다. 필자가 다가가서 "아기가 예쁘게 생겼는데?"라며 이름을 물어보니 혜린이라고 한다. 우리 아이들과 이름이 똑같아서 그날의 추억을 잊지 않고 지금도 기억하고 있다.

다음 날 일찍 라스베이거스 시내 관광을 위하여 숙소를 나섰다. 시내는 절대다수가 호텔 내 카지노가 있는 건물들이다. 호텔 규모 면에서 우리나라는 객실이 많아야 300~400개의 객실이 대부분인데, 여기는 호텔 간판이 붙어

당시 세계에서 제일 큰 MGM 그랜드 호텔

있으면 객실이 3,000~4,000개 이상이다.

그래서 객실이 제일 많은 호텔은 어떻게 생겼는지 가서 보기로 했다. 도착하니 가까이서 쳐다볼 수 없을 정도로 어마어마한 크기의 호텔이 눈에 들어온다. 세계에서 제일 큰 MGM 그랜드 호텔이라고 한다. 객실이 몇 개냐고 물어보니 5,005개라고 한다. 하룻저녁에 객실 모두 입실을 가정하고 방 1칸에 2명이 숙박을 한다고 계산하면 만 명 이상이 잠을 자고 있다는 통계가 나온다. 그리고 하나의 대지 위에 빌딩이 10개 이상이 모여 빌딩 숲을 이루고 있다. 빌딩 전체가 뉴욕 호텔(New York Hotel)이라고 한다. 이렇게 수많은 호텔이 영업을 하고 현상 유지를 하는 이유가 있다. 원래 네바다주 라스베이거스 지역은 풀 한 포기 없는 사막 지역이다. 미국 서부지역 LA 또는 샌프란시스코에서 그랜드캐니언을 가려면 절대다수가 중간정착지인 라스베이거스를 거쳐야 갈 수 있다. 세계 여러 나라 사람들이 그랜드캐니언을 여행하면서 라스베이거스를 여행하지 않는 사람은 없다고 보면 된다. 우리 일행들도 예외는 아니다.

건물 전체가 뉴욕 호텔

그리고 미국 서부에는 그랜드캐니언을 비롯해서 많은 협곡과 요세미티 국립공원 등 여러 국립공원을 보유하고 있다. 협곡과 국립공원은 관광자원이 많아도, 관광으로 얻어지는 수익률은 아주 저조하다. 그래서 국가에서 연구한 것이 전혀 이용가치가 없는 네바다주 사막에 먹고 자고 즐길 수 있는 거대한 도시 계획을 세운다. 그게 바로 세계적으로 유명한 라스베이거스다.

호텔 업주들은 영업으로 수익을 얻어 국가 경제에 일익을 담당하고 수많은 종업원은 직장이 생겨 가족을 부양하는 등 국민경제에 큰 도움이 된다. 이런 것을 일컬어 일거양득이라고 한다. '돌멩이 하나로 새 두 마리를 잡는다.'는 뜻이다.

이 모두가 누구에 의해 새 두 마리를 잡는가를 한 번 생각해 보자. 세계 각국에서 여행자들이 돈 보따리를 들고 와서 호텔에서 먹고 자고, 카지노에서 돈도 따고 잃어도 주고 한 덕분이다.

생각해 보면 한마디로 미국에 왔으면 구경만 하지 말고 돈도 좀 쓰고 가라는 뜻이다. 그래서 필자는 계획적인 위락시설 도시라고 표현하고 싶다. 라스베이거스는 지구상에서 토지이용 가치를 최고로 그리고 성공적으로 극대화한 세계 최고의 위락시설 도시이다.

우리는 헤어지기 섭섭한 라스베이거스를 뒤로하고 다음 여행지 캘리코 은광촌으로 이동했다.

서부지역 민속촌으로 불리는 캘리코 은광촌은 그 옛날 서부 개척시대인 1881년을 기점으로 은 발굴을 위해 수많은 사람이 모여들어 캘리포니아 최대 규모 도시 중의 하나로 발전했다. 그러다가 1896년경 갑작스러운 은값의 하락으로 인해 대다수 사람이 이곳을 떠나 은광촌은 방치되고 유령의 마을로

캘리코 은광산

캘리코 은광촌

변했다. 이를 주 정부에서 부분적인 보수를 하여 지금은 은광촌이 관광지로 바뀌었다.

우리 일행은 캘리코 은광촌에 들러서 그 옛날 광부들의 삶의 현장을 둘러보고 기념 촬영을 마친 후 다음 여행지로 이동했다.

요세미티 국립공원(Yosemite National Park)은 1872년 국립공원으로 지정된 옐로스톤 국립공원(Yellowstone National Park) 다음으로 1890년대 지정된 국립공원이다. 요세미티 국립공원은 일정상 전체는 들러볼 수 없고 100분의 1에 불과한 요세미티 국립공원 골짜기에 있는 와워나나무(Wawona Tree)와 엘카피탄(El Capitan)바위, 요세미티폭포(Yosemite Falls), 면사포폭포(Bridalveil Fall) 등을 관광하기로 했다.

와워나(Wawona)는 '큰 나무(Big Tree)'라는 뜻이다. 공원 골짜기 도로 한가운데 사진과 같이 터널(Tunnel)을 형성하고 있는 와워나나무가 관광객들을 맞이하고 있으며 승용차들은 큰 나무 터널(Big Tree Tunnel)을 이용해서 왕래하고 있다. 그래서 공원 인근에는 와워나나무 이름과 같은 호텔이 있고 와워나 벌판 등이 조성돼 있다.

와워나나무(출처 : 요세미티 엽서)

필자는 자동차 대신 걸어서 통나무 터널을 지나면서 여행길에서 '중도 보고 소도 볼 수 있다.'고 하더니 오늘 필자가 중도 소도 아닌 생전 처음 통나무 터널을 지나가는 기회를 가져보았다.

엘카피탄바위는 일명 '장군바위', '대장 바위'라고 불린다. 하나의 바위 자체만으로 세계에서 제일 큰 바위이며 높이가 무려 914m나 된다. 멀리서 쳐다보아도 고개를 들어야만 전부가 보일 정도로 장엄하고 웅장하다. 그리고 환상적인 분위기를 연출한다. 수직으로 깎아지른 이 화강암 절벽은 암벽 등반을 취미로 생활하는 사람들의 동경의 대상이라고 할 수 있으며 요세미티 국립공원의 볼거리로 여행객들의 발길을 멈추게 하는 데 부족함이 없다.

요세미티폭포는 요세미티 국립 공원에서 여행자들이 가장 많이 찾는 요세미티의 백미라 할 수 있는 관광명소이다. 높이가 739m이고 너비가 28m이며, 크게 3단 폭포로 이루어져 있다. (상) 어퍼폭포(Upper Falls)는 높이가 436m, (중) 케스케이트폭포(Cascade Falls)는 206m, (하) 로어폭포(Lower Falls)는 97m로 이어져 물이 세차게 흘러내리고 있어 바라만 보아도 가슴 벅찬 감동을 한몸에 느낄 수 있다.

'요세미티'라는 명칭은 초창기에 인디언족 토착민들이 살고 있을 때 백인들이 사냥과 관광을 위하여 가끔 나타나고 사라져 자기들을 해치고 갈 수 있다는 생각에 위험을 알리는 신호, 즉 인디언들의 암호 '요세미티(백곰이 나타났다)'라는 용어에서 유래되어 요세미티라고 불

장군바위

요세미티폭포

면사포폭포

리게 되었다고 한다.

면사포폭포(Bridalveil Fall)는 떨어지는 물의 양이 적을 때 바람에 폭포수가 날려서 그 모습이 신부가 결혼식 때 머리에 쓰는 면사포 같다고 해서 면사포폭포라고 한다.

폭포의 높이가 188m이고 너비가 12m이며, 요세미티폭포와 더불어 세계 여러 나라의 수많은 관광객을 끌어들이고 있다. 그리고 요세미티 국립공원에는 폭포도 많고, 절벽도 많고, 호수도 많다. 모두가 100만 년 전 빙하기 때 빙하가 녹아 웅장한 화강암 바위와 절벽이 모습을 드러내고 더불어 자연스럽게 폭포가 생겨나고 폭포수가 흘러 머시드강으로 흘러가며 잔잔한 호수들을 만들어낸다.

세월이 흘러 골짜기는 깊어지고 넓어져 V자와 U자형 골짜기를 만들어 오늘날 세계적으로 유명한 요세미티 국립공원으로 불리고 있다. 죽기 전에 꼭 한 번은 가봐야 한다는 전설을 가지고 있는 요세미티 국립공원과 작별의 아쉬움을 뒤로하고 우리의 마지막 여행지 샌프란시스코의 금문교(Golden Gate Bridge)로 가기 위해 버스에 몸을 실었다.

금문교는 1995년 처음 미국 동 · 서부 여행할 때 다녀왔던 곳이다. 샌프란시스코(San Francisco)의 상징이며 샌프란시스코와 소살리트(Sausalito)를 이어주는 오렌지색 다리이다. 안개가 자주 끼어 잘 보이게 하려고 오렌지색으로 칠했다고 한다. 태평양을 접하고 있어 해풍과 안개가 이른 아침이면 수시로 금문교를 덮고 있어 오렌지색으로 마감하여 그 아름다움은 가히 환상적이라 할 수 있다.

큰 바다 태평양(Pacific Ocean)은 지금으로부터 500년 전 항해사 마젤란(Magellan, 1480~1521)이 스페인 세비야에서 1519년 9월 20일 출발하여 남아메리카 동쪽 해안을 따라 남쪽으로 내려가다가 1520년 10월 자신의 이름 마젤란해협을 발견하고 11월 28일에 마젤란해협을 벗어나 눈앞에 나타나는 크고 평평하고 잔잔한 바다가 보이기에 '태평양'이라고 명하여 지금까지 공식적으로 불리는 지구상에서 가장 큰 바다, 태평양이다.

오늘 일정은 금문교 다리 입구를 잠시 걸어 보면서 기념 촬영을 한 다음 유람선을 타고 금문교 다리 밑을 통과해서 태평양 연안을 관광하는 일정이다. 샌프란시스코와 일본 동경 그리고 우리나라 서울은 지구상 위도가 거의 같은 위치에 있어 샌프란시스코에서 정서쪽으로 직진을 계속하면 일본 동경을 거쳐 서울에 도착할 수 있다.

우리 일행은 모두가 가족과 친인척들로 화기애애한 분위기 속에서 술잔을 기울이며 미국 서부 일정을 기분 좋게 마무리하고 귀국길에 올랐다.

생각만 해도 어깨가 움츠려지는 눈과 얼음 그리고 빙하로 덮여있는 알래스카(Alaska)를 만나기 위해 2019년 6월 4일 캐나다(Canada) 밴쿠버(Vancouver)를 거쳐 앵커리지(Anchorage)로 가는 비행기에 몸을 실었다.

알래스카는 원래 러시아 영토였다. 흑해를 접수하기 위해 남진 정책을 펼친 러시아는 크림반도에서 영국, 프랑스 등 연합군과의 치열한 전쟁으로 인해 국가가 극심한 재정난을 겪게 된다. 그래서 러시아는 재정난을 극복하기 위해 본토와 떨어져 있으며 너무나 추워 이용가치가 적다고 판단되는 알래스카를 매각하기로 한다.

매입 상대는 그 당시 영토확장에 많은 관심이 있는 미국이었다. 매매 협상에서 주도적인 역할을 한 인사는 에이브러햄 링컨(Abraham Lincoln) 대통령이 재선에 성공한 지 40일이 지난 1865년 4월 14일 워싱턴 공연장 포드극장에서 암살됨으로 인해 대통령직을 승계한 앤드루 존슨(Andrew Johnson) 미국 17대 대통령의 국무장관 윌리엄 스워드(William Seward)이다.

러시아는 전쟁자금으로 한 푼의 달러라도 필요할 때였고, 미국은 러시아가 북아메리카 쪽에 영토확장과 세력을 방어하는 데 절호의 기회였다. 이와 함께 캐나다의 영토확장을 저지하기 위한 수단과 방법으로 쌍방이 매매조건을 충족시키기에 충분한 역사적인 사건이었다.

스워드 국무장관은 러시아의 극심한 재정난을 이용하여 당시의 알래스카(우리나라 15배에 가까운 면적 152만 km^2)를 1876년 3월 30일 단돈 720만

제임스 쿡 선장(좌), 윌리엄 스워드 국무장관(우)

달러에 매매계약을 체결한다.

그러나 미국 내 여론은 얼음으로 뒤덮인 동토가 무엇으로도 미국 국익에 도움이 되지 않는다고 비아냥거리는 사람들이 있는가 하면, 왜 돈을 주고 매수하느냐고 여론이 얼음장같이 싸늘한 분위기였다. 그러나 1890년도에 금광이 발견되고, 1959년 알래스카가 미국의 49번째 주로 편입되었으며, 1960년에는 석유가 발견되어 미국의 경제와 안보 면에서 효자 노릇을 하고 있다. 미국으로서는 담 넘어 호박이 넝쿨째로 굴러온 셈이다.

알래스카 입국 심사는 캐나다 밴쿠버에서 입국 심사(Immigration)가 전산으로 자동처리되어 무사히 알래스카 수도 앵커리지에 도착할 수 있었다.

알래스카 제일의 도시 앵커리지는 한쪽에는 쿡만(Cook Inlet), 다른 한쪽에는 추가치 마운틴(Chugach Mountains)이 함께 하고 있다. 앵커리지시의 경계는 1,955마일에 걸쳐 원을 그리듯이 둘러싸여 있으며, 델라웨어주와 거의 같은 규모이다.

앵커리지는 알래스카의 중심이자 규모가 가장 큰 도시로 인구는 약 254,000명이며, 전체 주 인구의 40%가 이곳에 거주하고 있다. 다운타운 앵커리지는 바둑판 눈금처럼 잘 정리 · 정돈되어 있어 이동이 편리하고 어느 곳이라도 쉽게 찾아갈 수 있다. 동서 거리는 알파벳순으로 되어 있는 반면, 남북도로는 숫자가 매겨져 있다. 비록 건축학상으로 아름다운 도시는 아니지만, 여름의 앵커리지는 다양한 행사로 관광객들에게 강렬한 인상을 주는 곳이다.

알래스카 여행에 첫발을 내려놓은 턴어게인 암(Turnagain Arm)은 세계 10대 절경으로 꼽힐 정도로 아름다운 풍경을 자랑한다. 트램을 타고 정상으로 이동하면 턴어게인 암의 절경을 한눈에 볼 수 있으며 정상에는 미니기념품 가게와 더불어 알래스카의 역사적인 사건들을 벽면에 사진으로 전시해 놓았다.

턴어게인 암 스카이 트램

위디어는 알래스카 남쪽에 있는

프린스 윌리엄 사운드 바다 빙하 유람선

작은 항구 도시로 알래스카 남쪽으로 이동하면서 빙하로 인해 침식된 피오르드 지형을 쉽게 볼 수 있다. 공룡의 발처럼 들쭉날쭉한 산 끝이 바다와 닿아 있고 일부에는 커다란 빙하가 서서히 흘러 내려오기도 한다. 위디어에는 작은 요트부터 커다란 유람선까지 각종 배가 정박해 있는 모습을 쉽게 볼 수 있는 곳이다.

물개들의 일광욕

이곳 프린스 윌리엄해협(Prince

William Sound)은 빙하 유람선 투어를 할 수 있으며, 바다에 둥둥 떠 있는 흰 얼음 조각들과 푸른 하늘이 만들어 내는 조화는 오직 위디어에서만 볼 수 있다. 특히 이곳 빙하 주변에는 물개, 해달, 고래 등의 동물들이 관광객들의 눈에 자주 띄어 즐거움을 선사하기도 한다.

프린스 윌리엄해협 바다 빙하 유람선인 크루즈선을 타고 세 시간 동안 이동하면서 해상 빙하 및 바다의 여러 서식 어종들을 관람하는 것은 육지 여행에서 경험하지 못한 또 다른 즐거움과 낭만으로 다가온다. 바다 여행에 대한 보람이 한층 더 쌓이는 것을 느낄 수 있는 곳이다.

포티지 빙하(Portage Glacier) 관광코스는 평평한 길을 30분간 걸으며 빙

포티지 빙하

바이런 빙하

알래스카에 자생하고 있는 야생화들

하 관광을 하는 여행이다. 산더미처럼 쌓인 빙하 일부가 녹아서 흘러내리는 빙하수를 두 손에 담아 먹어보는 기분은 말로써 표현할 수 없을 정도로 가히 환상적이라 할 수 있다.

바이런(Byron) 빙하 관광코스는 바이런 베이스 정상까지 도달할 수 있는 짧고 쉬운 코스이다. 가파른 빙산과 탁 트인 전망을 바라보며 바이런계곡을 따라 형성된 작은 빙하와 빙산을 감상하며 일행 모두가 주어진 30분간 산책로를 따라 걸어보는 체험으로 오늘 일정을 마무리했다. 내려오는 하산길에 알래스카에서 여름 한 철에만 야생화를 볼 수 있다고 해서 모양과 색깔이 다른 야생화 석 점을 사진에 담아 보았다.

거울호수

거울의 호수는 거위와 거머리가 많이 서식할 정도로 수질이 좋다. 아마도 중국의 구체구 경해(鏡海)와 같이 물이 깨끗하고 맑은 호수라고 해서 '거울의 호수'라고 이름을 지은 것으로 짐작된다.

앵커리지에서 북쪽 하이웨이를 약 3시간 정도 따라가면 매킨리(Mckinley)산 등반가들의 출발지점인 탈키트나(Talkeetna)에 도착한다.

이곳에서 경비행기를 타고 매킨리산의 비경을 관광할 수 있으며 6월에는 고도 2,000m 상당의 베이스캠프(Base Camp)에 내릴 수도 있어 저공비행 중 알래스카의 대표적인 동물 무스(Moose)와 갈색 곰을 볼 수도 있다. 특히 이곳은 매년 수십 개국의 나라에서 수천 명의 등산가가 매킨리 등정을 시도한다. 실제로 등반의 시작과 끝은 바로 이곳 탈키트나에서 이루어지고

탈키트나 산악인 묘지

고상돈, 이일교 묘비

있다.

1979년 5월 29일 미국의 최고봉(6,194m)인 이 알래스카 매킨리봉 정상을 정복한 후 하산길에 불의의 자일사고로 추락사한 고상돈 씨를 기념하기 위해서 세워진 산악인 묘지가 있고, 1989년에 세워진 고상돈, 이일교 대원의 추모비 뒷면에는 그들을 기리는 아름다운 추모 시와 태극기가 새겨져 있다.

해발고도 6,194m를 자랑하는 매킨리산은 북미에서 가장 높은 산으로 현지어로 '위대한 것'이라는 뜻의 '드날리'라고 불리기도 한다. 우리나라에서는 경험하기 힘든 압도적인 스케일로 회색곰, 무스, 순록 등 37종의 포유동물을 비롯하여 알래스카 주조로 알려진 뇌주, 검둥수리 등 100여 종이 넘는

갈색곰(출처 : 알래스카 엽서)

조류가 서식하는 야생동물의 보고이기도 하다. 공원 내의 해발고도가 평균 1,000m나 되어 북방 침엽수림 지대와 툰드라 지역에 걸쳐있는데 이 때문에 갖가지 동물이 서식하고 계절별로 다양하게 변화하는 자연의 모습을 즐길 수 있는 곳이다.

매킨리산 경비행기 투어는 약 1시간 동안 북미 최고봉인 매킨리산을 공중에서 한눈에 내려다볼 기회를 가져볼 수 있으며 평생 보기 어려운 설원에 덮인 아찔한 매킨리산의 절경을 감상하며 추억 속에 담아 볼 수 있다.

그리고 수 천만년 전부터 뒤덮인 설원과 빙하 그리고 얼음 그 자체가 태고의 신비를 말해주고 있다.

우리 일행은 매킨리산 설원에 모두 내려 설원의 풍경과 신비로움을 마음껏 즐기며 기념 촬영을 마치고 탈기트나 출발지로 되돌아 왔다.

앵커리지박물관(Anchorage Museum of history and art)은 알래스카에서 가장 큰 도시인 앵커리지 중심에 있는 앵커리지 역사 · 예술박물관으로 1968년에 오픈되어 알래스카 작가들의 회화 작품 60점과 역사적인 유물 2,500점을 전시해 놓고 있다.

알래스카 갤러리 2층에는 알래스카 역사에 관한 작품이 전시되어 있으며 알래스카의 에스키모(Eskimo), 인디언 등에 관한 약 1,000여 점의 작품이 전시되어 있어 역사에 관심이 많은 여행자들에게 상당히 인기를 얻고 있다.

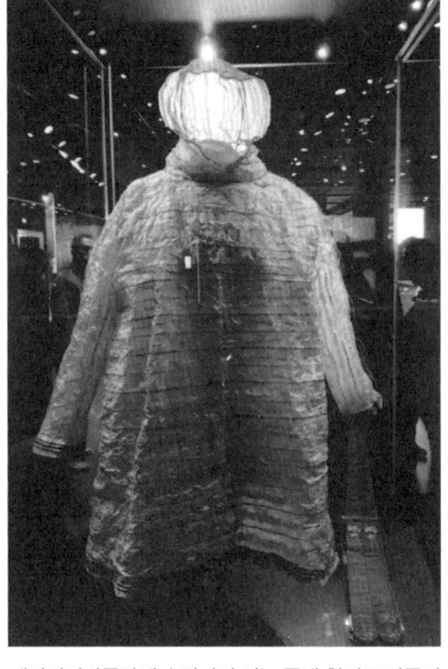
앵커리지박물관에 소장되어 있는 물개 창자로 만들어진 바람막이

이 박물관에는 앵커리지박물관 숍(Shop), 갤러리 카페, 도서관 등이 있으며, 아트(Art)에 관한 강의도 하고

매킨리 설원에 착륙한 경비행기

사슴과인 무스

있어 시간이 허락되면 강의를 한 번 들어보는 것도 여행자들에게 유익한 하나의 팁이다.

후드호수(Lake Hood)는 세계최대의 수상비행장이다. 개인소유의 경비행기, 에어택시 등이 이륙하고 착륙하는 모습을 볼 수 있으며, 낚시와 사냥도 즐길 수 있다. 호수의 남쪽 해안가에는 알래스카 항공유물박물관이 자리 잡고 있는데, 구형 항공기들도 전시되어 있다. 그리고 여름철 이 호수에서 이 · 착륙하는 비행기 수는 하루 800여 편에 달할 정도로 분주함을 눈으로 확인할 수 있다.

우리는 일정에 없는 여행지이기에 차창관광으로 대신하고 다음 여행지로 이동했다.

에스키모는 알래스카, 캐나다, 러시아, 그린란드 등의 북극해 연안에 거주하던 민족들로 최초 캐나다 인디언들이 날고기(생고기)를 먹고 생활한다고 해서 불리게 된 이름이다. 이들은 개와 사슴과에 속하는 무스, 순록 등을 기르며, 여름에는 북극해에서 자생하는 물고기들과 물개, 바다사자, 바다코끼리, 바다표범 등을 잡아서 고기는 식용 그리고 겨울 식량으로 저장하고, 가죽은 옷이나 신발, 모자 등을 만들어 사용했다. 이들은 또 기름은 등잔불로 사용하였고, 여름에는 동물의 가죽으로 천막을 치고 살다가 겨울이 오면 얼음집(Ice House), 일명 이글루에서 추위를 피해 살았다고 한다.

지금은 고도로 발달한 문명 덕분에 지구상 어디에서도 찾아볼 수 없다. 그

개썰매박물관에 있는 조형물과 박물관 모습

개썰매박물관에 있는 조형물과 박물관 모습

래서 필자가 현지 가이드에게 "흔적이나 자취라도 찾아볼 수 없을까?"라고 질문을 하니 그 당시 교통수단으로 이용한 개썰매박물관이 있다고 한다.

개썰매박물관은 입구에서부터 요란하다. 지난날에 썰매를 끌고 다니던 개의 동상을 세워놓았고, 박물관 내부에는 개와 개 썰매에 사용하던 장신구들을 하나도 빠짐없이 제작과 보수과정을 거쳐 바닥에 실물과 다름없이 설치해 놓았다.

벽면에는 그 당시 기념사진들을 빼곡히 진열해서 여행자들의 눈길을 사로잡는다. 그리고 후원에는 개 썰매를 체험할 수 있는 개 썰매장이 있다.

'언제 어디서 개 썰매를 타 볼 수 있을까.' 하는 마음에 필자는 개 썰매를 타기 위해 개 썰매장으로 향했다.

개 썰매는 농가에서 사용하는 경운기를 개조해서 만든 썰매(수레)였다. 정원은 4명이고 썰매를 끌고 가는 개 8마리가 합동으로 개 썰매 관리자의 지시

개 썰매 시승

개 썰매 체험

에 따라 시속 20~30km의 속도로 정해진 코스 한 바퀴를 돌아온다.

원래 개 썰매는 눈 위에 바퀴가 없는 썰매로 여러 마리의 개들이 소나 말처럼 끌고 다니며 에스키모인들의 교통수단으로 이용했었다. 비록 오리지널 개 썰매는 아니지만, 개들이 끌고 가는 수레를 썰매로 생각하고 개들과 함께 즐겁게 지내게 된 것을 만족하게 생각하며 아름다운 추억으로 간직하고 개 썰매장을 나왔다.

연어양식장

연어양식장은 방문 시기에 따라 금방 부화한 연어뿐만 아니라 다양한 크기의 연어들을 구경할 수 있는 곳이다.

연어는 가을에 강이나 하천에서

제임스 쿡(출처 : 계몽사백과사전)

제임스 쿡 동상

산란하며 봄에 넓은 바다로 내려가 2~3년에 걸쳐 성장한 후 가을에 자기가 태어난 강이나 하천으로 돌아오는 본능적인 회귀 현상이 있어 모천에서 산란한다. 연어는 봄에 방출하고 가을에 수확을 위하여 매년 양식을 하고 있다. 연어양식은 봄에 씨앗을 뿌리고 가을에 수확하는 농작물과 같은 수산업이다.

캡틴 쿡 공원(Resolution Park Captain Cook Mounment)의 제임스 쿡 동상은 영국 탐험가 제임스 쿡(James Cook)이 1778년 알래스카에 정박하였고, 마지막 항해를 한 200주년을 기념하기 위해 만들어졌다.

결심의 공원(Resolution Park)은 앵커리지의 다운타운 끝자락에 있으며, 이곳에서 봄과 가을에 가끔 벨루가(Beluga) 고래가 나타나기도 하여 운이 좋은 관광객은 벨루가 고래를 바라볼 수 있는 '행운의 공원'이라고 한다.

초콜릿 공장 알래스카 와일드 베리 프로덕츠(Alaska Wild Berry Products)을 견학하는 이유는 1946년 이후로 매년 여름에 알래스카에서는 장미과(果) 열매를 줍는 행사가 있는데 이것을 계기로 알래스카 와일드 베리 공장을 만들어 잼이나 젤리 등으로 바꾸어 판매하는 기업이 있기 때문이다. 이 전통은 지금까지 이어져 초콜릿, 캔디, 젤리, 잼 등이 만들어지는 공정 과정을 볼 수 있고 시식도 할 수 있다.

그래서 필자는 일행들과 이곳을 견학하면서 초콜릿과 캔디 등을 시식하고 달콤한 맛을 즐기는 것으로 알래스카의 마지막 일정을 마치고 다음 여행을 위하여 앵커리지공항으로 이동했다.

캐나다 Canada

캐나다는 공식적으로 1867년부터 영연방국가인 동시에 독립국가이다. 세계에서 러시아 다음으로 넓은 영토를 가지고 있으며 면적은 997만 6,139km²이다.

단풍잎은 캐나다 국기를 상징하고 원을 그리는 13개의 문양은 13개 주를 뜻한다

행정구역은 13개 주로 형성되어 있으며, 3개 주는 대부분 사람이 살지 못하는 빙하와 설원 그리고 도서 지역이다. 그래서 10개 주와 3개 준주로 분리하고 있다. 인구는 약 3,450만 명으로 북태평양 연안과 대서양 동남부 연안 인근 수도 오타와, 퀘백, 몬트리올 등지에 인구의 약 70% 정도가 집약적으로 모여 살면서 문화와 산업의 중심지 역할을 하고 있다. 주요 언어로는 영어와 프랑스어를 사용하고 있으며, 인구분포는 영국계가 30%, 프랑스계가 25%, 유럽계가 15%, 원주민 인디언이 2%, 혼혈인이

롭슨산 주립공원

25%의 분포를 보인다.

종교는 로마가톨릭이 45%, 개신교가 25% 정도를 차지하고 있다.

비행기는 알래스카 앵커리지에서 출발해 캐나다 밴쿠버(Vancouver)에 2019년 6월 7일 20시 30분에 도착했다. 다음 날 먼저 롭슨산(Robson Mountain, 높이 3,954m) 절경을 관람하기 위해 전망대로 이동했다. 산이 너무나 높아 눈과 구름이 덮여 선명하게 볼 수 없으며 촬영에도 어려움을 겪었다.

캐나다 로키의 관광코스는 밴쿠버에서 출발, 아이스필드 파크웨이(Icefields Parkway)를 이용해 북톰슨강(North Tomson River)을 거슬러 올라가며 로키산맥의 절경을 관광하고, 밴쿠버로 돌아올 때는 남톰슨강(South

Tomson River)을 따라 내려오면서 로키산맥의 비경을 관광한다. 북톰슨강과 남톰슨강이 만나는(두물머리) 프레이저강(Fraser River)을 따라 내려오는 과정이 로키산맥의 전 구간 관광을 마무리하는 일정이다. 그리고 세계적으로 유명한 나이아가라폭포는 미국 여행편에 소개한 것으로 대신하기로 한다.

로키산맥 최고봉 롭슨산(해발 3,954m)

캐나다는 지구상에 존재하고 있는 영연방 52개국 중 영토가 제일 넓은 국가이며, 국가원수는 영국 엘리자베스 2세(Elizabeth II)이다. 여왕을 대리하는 총독이 상주하고 있으며 국민이 선출한 총리가 국가를 대표하고 있다. 산업은 목축업, 농업, 임업, 공업, 수산업 등이 전반적으로 발달해 있으며, 세계적인 산림국 캐나다는 목재펄프, 신문용지 등을 제일 많이 수출하고 있다. 필자는 평소 로키산맥의 설산과 빙하 그리고 우거진 산림과 더불어 맑은 물이 흐르는 시냇가를 많이도 그리워하며 살아왔다. 그래서 호텔에서 조식 후 아이스필드 파크웨이를 따라 로키산맥을 여행하기 위해 가는 길을 서둘렀다.

아이스필드 파크웨이는 세계 최고의 드라이브 코스로 꼽히는 곳이다. 재

아이스필드 파크웨이

스퍼(Jasper)에서 레이크 루이즈(Lake Louise)까지 이어진 232km의 구간으로 달리는 동안 산과 호수 등 푸른 자연을 마음껏 즐길 수 있으며 이름이 하이웨이(Highway)가 아니라 파크웨이(Parkway)인 것을 보면 얼마나 멋진 모습을 보여주는 곳인지 짐작할 수 있다.

병풍처럼 펼쳐지는 멋진 캐나다 로키산맥의 파노라마와 영롱한 에메랄드빛 호수 덕분에 하루를 꼬박 투자해도 아깝지 않을 만큼의 가치가 있는 드라이브 코스이다.

아이스필드 파크웨이를 따라가다 보면 앨버타주의 밴프 국립공원에 있는 보우호수의 남쪽 끝에 크로우 마운틴이 품고 있는 까마귀 발 빙하를 만날 수 있다. 흘러내린 빙하의 형상이 마치 세 개의 까마귀 발가락과 같아서 20세기 초반에 지어진 이름인데, 1930년대에 가장 아래쪽에 있는 발가락이 녹아내려 사라졌다고 한다. 높은 산꼭대기에 있는 거대한 얼음 덩어리처럼 보이는 까마귀 발 빙하는 칼로 깎은 듯한 암석층이 그대로 드러난 산 위의 능선을 따라 차디찬 기운을 뿜어내고 있다.

까마귀 발 빙하

밴프 국립공원에서 가장 크고 아름다운 호수라고 불리는 보우호수는 까마귀 발 빙하와 보우 빙하에서 흘러내린 물이 모여 만들어진 호수이다. 초록과 파랑을 동시에 품고 있는 보우호수의 물은 우기 뒤에는 갈색빛을 띠며, 로키 산맥의 호수 중에서도 가장 멋지고 색다른 풍경을 선보인다. 이 호수는 아이스필드 파크웨이와 매우 가까우면서 밴프 국립공원에서 가장 크기 때문에 피크닉과 산책을 즐기기에 매우 적합한 장소이다. 특히 동틀 무렵에는 호수 위로 비치는 햇빛이 마치 거대한 벽을 이루어 아름다운 풍경을 보여주는 곳으로 여행자들의 발길이 끊임없이 이어지는 곳이다. 필자 역시 그중의 한 사람이다.

보우 빙하는 보우폭포와 보우호수, 보우강의 근원지이다.

캐나다 앨버타주 밴프 국립공원에 있는 보우 빙하들이 녹아서 120m 높이의 보우폭포로 이어진다. 폭포수는 보우호수를 거쳐 보우강으로 이어지는데, 보우강은 캘거리와 위니펙호수를 거쳐 허드슨만까지 흘러가게 된다. 빙하가 자신의 일부를 녹여내어 거대한 강을 형성하는 모습을 두고 사람들은 빙하의 눈물이 모여 만들어진 자연이라고 묘사하기도 한다. 보우 빙하는 이처럼 웅장한 자연의 근원지인 동시에 폭포와 호수 그리고 강을 여행자들에게 선사하여 캐나다 밴프 국립공원을 한층 더 빛나게 하고 있다.

보우호수

재스퍼 국립공원은 로키의 숨은 보석이다.

캐나다 로키산맥 국립공원 중 가장 넓은 재스퍼는 10,000km^{2}가 넘는 면적을 자랑하며 대부분 사람의 손길이 닿지 않은 고산 야생지대로 이루어져 있다. 세계지도에서 두 번째로 큰 밤하늘 보호 지구이기도 한 이곳은 밴프 국립공원 바로 북쪽에 있으며, 유명한 아이스필드 파크웨이를 통해 밴프 국립공원과 연결되어 있다. 아이스필드 파크웨이를 따라 달리다 보면 100개가

재스퍼 국립공원

넘는 고대 빙하를 볼 수 있으며 곳곳에 완벽한 캠핑 장소가 있고, 하이킹이나 드라이브로 광활한 자연을 탐험하거나 티 없이 맑은 호수에서 보트를 즐길 수 있다. 이로 인해 수많은 야생동물을 감상하는 등 연중 다양한 활동이 마련되어 있어 많은 여행자가 이곳을 찾고 있다.

콜롬비아 대빙원의 6대 빙하 중 하나인 애서베스카 빙하는 특수하게 제작된 설상차에 탑승해야 관광을 할 수가 있다. 해발 2,160m 애서베스카 빙원은 북극권을 제외하고는 세계에서 가장 큰 빙원으로 325km^2, 무려 독도 면적의 17배에 이르는 어마어마한 규모를 자랑하는 곳이다. 콜롬비아 아이스필드 센터에서는 애서베스카 빙하 위에 직접 오르는 설상차를 타 볼 수 있어

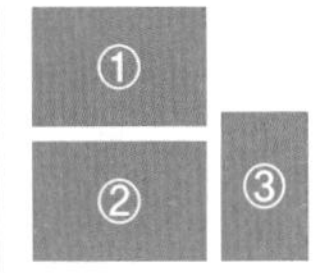

① 아이스필드 설상차
② 애서베스카 빙하
③ 애서베스카 빙하

관광객들에게는 캐나다 로키 여행의 백미라 할 수 있다. 전체 소요시간은 약 1시간 30분(설상차 탑승시간 약 15분), 아이스필드 빙하 지역 관광은 약 30분으로 캐나다 로키 관광지 중 단연 최고의 장소이다. 누구나 캐나다 로키를 여행하며 애서베스카 빙하 위에서 설상차를 타 보고 빙원을 걸어 보면 그 자체가 가슴 벅찬 감동이라 아니할 수 없다. 특히 이곳은 세계 각국의 여행자들이 환희에 찬 얼굴로 서로가 서로를 쳐다보며 미소 띤 표정으로 즐거움을 표현하는 장소이기도 하다.

레이크 루이즈는 로키에 있는 수많은 호수 가운데 가장 아름답기로 유명한

레이크 루이즈

호수이다. 이곳은 눈과 얼음이 덮인 빅토리아 빙산을 배경으로 파란색과 초록색이 조화를 이루고 있으며, 전문 사진작가들도 최고의 경관으로 꼽는 곳이다. 자연이 주는 평화로움과 고요함을 느끼며 일상에서 벗어나 자연의 아름다움을 감상해 볼 수 있는 기회의 장소이다. 그래서인지 필자는 이곳을 캐나다 로키 여행 중 최고의 절경 중의 절경이라며 찬사를 보냈다.

'레이크 루이즈'란 명칭은 영국 빅토리아(Victoria) 여왕의 딸 중 제일 예쁜 넷째 딸 루이즈 캐롤라인 앨버타(Louise Caroline Alberta, 1848~1939) 공주의 이름이라고 하며 호수의 근원인 정면에 눈 덮인 빙산 역시 공주의 어머니 빅토리아 여왕을 기리기 위해 '빅토리아 빙산'이라고 한다.

쿠드니 국립공원은 다른 국립공원들에 비해 상대적으로 덜 알려진 곳으로 사실 여행객보다는 현지 사람들에게 더 인기 있는 국립공원이다. 시간이 허락되면 밴프 국립공원과 워터톤 국립공원을 여행하면서 중간에 들르기 좋은 코스이다. '쿠드니'라는 이름은 원주민어로 '고개를 넘어온 사람들'이라는 뜻을 가지고 있으며, 과거 원주민들은 실제로 로키를 넘어 들소 사냥을 다녔다고 한다. 마블캐니언을 비롯해 싱클레어캐니언, 페인트 팟 등을 볼 수 있고, 레이디엄핫스프링스에서는 온천도 즐길 수 있어 여행에 지친 심신을 달래는 데 제격이라 할 수 있다.

전 세계인들의 관광명소이며 로키 최고의 아름다움을 자랑하는 밴프 국립공원은 1883년 캐나다 퍼시픽 철도를 건설 중이던 인부가 실수로 로키산맥의 동쪽 비탈에서 미끄러져 떨어지면서 온천이 흐르는 동굴을 발견, 세상에 알려지기 시작했다. 이곳은 캐나다 최초인 동시에 세계에서 세 번째로 조성된 국립공원으로 계곡과 산, 빙하, 숲, 초원, 강이 6,641km^{2}에 이르는 광대한 면적에 펼쳐져 있다. 밴프 국립공원을 방문한 이들은 레이크 루이즈강가를 산책하고, 아이스필드 파크웨이를 드라이브하고, 온천에 몸을 담글 수 있어 지루함을 느끼지 않는 곳이기도 하다. 또한 1,600km가 넘는 산책로는 하이킹을 좋아하는 이들에게 천국에 발을 들여놓은 느낌을 주며, 천국이 따로 있는 것이 아니고 이곳이 바로 천국이라고 생각하며 여행의 보람을 한 번 더 느끼게 하는 여행 코스이다.

밴프 스프링스 호텔은 오늘 저녁 우리가 하룻저녁 묵어가는 호텔이다. 이 호텔은 묵지 않더라도 꼭 한번 가봐야 하는 곳으로 1888년 250개의 객실과 함께 개장했을 때 부유한 유럽 관광객들이 많이 찾던 곳이다. 이곳은 호텔이

밴프 스프링스 호텔

라기보다는 중세의 전설에 등장하는 성과 같으며, 로키 자락에 둘러싸여 있어 환상적인 전망과 풍경을 자랑한다. 또한 보우폭포와 골프코스, 스프레이강이 내려다보인다. 호텔이 밴프 국립공원 내에 자리 잡고 있으므로 로키산과 공원을 관광하기에도 편리하며 이곳까지는 차로 캘거리에서 2시간, 밴쿠버에서 9시간, 에드먼턴에서 4시간 30분 정도가 소요되는 거리에 있다.

필자는 호텔을 나오면서 어제저녁 잠자리가 좋아 오늘 하루가 즐거울 것이라고 구술하면서 보우폭포로 향했다.

밴프 스프링스 호텔 아래에 있는 보우폭포는 높디높은 폭포가 아니라 높낮이가 작은 곳에서 떨어지는 폭포이다. 그러나 높이와는 달리 거센 물살로 그 소리만큼은 매우 우렁차다. 겨울 동안에는 상대적으로 그 소리가 작지만, 봄에는 보우 빙하(글래이셔만)로부터 녹은 물이 흘러내려 와 거대한 폭포의 장관을 연출한다. 또한 이곳은 마릴린 먼로가 주연한 영화 '돌아오지 않는 강(The River of No Return)'의 배경으로도 유명한 곳이다.

보우폭포

영화 '돌아오지 않는 강'의 촬영지로 유명한 보우강은 강의 모습이 활(Bow)을 닮았다 하여 이름이 붙여졌다. 보우강 중간에는 작은 폭포가 있는데 이곳에서 마릴린 먼로 주연의 영화 '돌아오지 않는 강'을 촬영했다. 이런 이유로 명성을 얻은 보우강의 한 자락에는 휴가를 보내기 가장 이상적인 곳으로 손꼽히는 도시 밴프가 자리 잡고 있다. 보우강은 캘거리와 위니펙을 거쳐 허드슨만으로 흐르고 있으며, 강가에 거대한 설산과 아름다운 호수들이 장관을 이루고 있어 여행자들의 발길을 멈추게 하고 있다.

밴프 국립공원 곤돌라

밴프 국립공원에서 곤돌라를 타

로키 마지막 숙박지 쓰리밸리 호텔

면 산 정상인 2,281m까지 단 8분 만에 오를 수 있고, 곤돌라를 타지 않아도 탑승장인 해발 1,583m까지는 차로 오를 수 있어 병풍처럼 둘러싼 로키산맥의 웅장함을 온몸으로 느낄 수 있다. 360도로 펼쳐지는 3천 미터급 산과 계

쓰리밸리 호텔 정원

로키산맥 설경

곡, 밴프를 가로지르는 보우강과 미네완카호수의 파노라마를 볼 수 있는 이곳에서 로키산맥을 올려다보면 눈으로 덮인 산맥이 마치 스위스의 알프스 몽블랑이라고 착각이 들 정도로 가히 환상적이다.

그리고 현대적인 감각과 자연의 완벽한 조화로 이루어진 캐나다 제3의 도시 밴쿠버는 태평양과 접해 있는, 대륙에서 돌출한 작은 반도에 자리 잡고 있다. 현대적인 감각과 함께 자연의 웅장함이 공존하고 있어 아름다운 모습으로 유명하다. 연중 다양한 행사가 펼쳐지며, 잘 가꾸어진 공원, 세계적인 수준의 호텔, 레스토랑, 쇼핑센터 등이 있는 매력적인 도시이며 또한 스키, 윈드서핑, 스쿠버 다이빙 등의 스포츠를 즐기기에도 좋다. 캐나다는 영어와 불어를 공식어로 사용하고 있지만 브리티시 컬럼비아주에서는 영어가 주로 쓰인다.

밴쿠버에 있는 거대한 스탠리 공원은 밴쿠버의 최고 명소 중 하나로 뉴욕의 센트럴 파크보다 약 10% 정도 더 큰 공원이다. 공원 안에서 버스를 탈 수 있으며, 자전거를 빌릴 수도 있는데 자전거를 탈 때는 헬멧을 꼭 착용해야 한다. 이밖에도 공원 안에는 아쿠아리움, 토템폴 등 볼거리가 다양하다.

캐나다에서 가장 큰 규모의 밴쿠버 차이나타운은 북아메리카에서 샌프란시스코 차이나타운 다음으로 큰 곳이다. 잘 보존된 옛 건물들, 상점, 사찰, 중국식 정원 등이 있다.

캐나다의 중국 이민 역사는 굉장히 오래되었다. 1800년대 중반 캐나다 내륙을 연결하는 철도 건설을 위해 캐나다로 건너오기 시작했으며 지금까지 정착해 살고 있다. 차이나타운은 중국 문화센터(Chinese Cultural Center)를 중심으로 자리 잡고 있다. 많은 건축물이 있지만, 그중에서도 폭이 182cm에 불과한 삼기 빌딩(Sam Kee Building)이 가장 흥미로운 볼거리로 등장한다. 필자는 스탠리 공원과 차이나타운은 시간적인 여유가 없어 차창관광으로 대신하여 아쉬움이 남는 곳이다.

밴쿠버의 과거를 간직하고 있는 개스타운(Gastown)은 1867년 잭 데이튼이 이민을 와서 마을을 발전시켜서 형성된 마을이다. 마을 중심부에는 잭 데이튼의 동상이 있으며, 유럽풍의 건물들과 낭만적인 분위기의 거리로 '아름다운 거리 상'을 8번이나 수상했고 밴쿠버 시민의 산책로로 사랑받고 있다. 하지만 무엇보다 개스타운을 가장 유명하게 하는 것은 15분마다 증기를 뿜으며 국가를 연주하는 세계에서 유일한 증기 시계(Steam Clock)이다. 이 증기 시계는 1975년의 디자인을 바탕으로 1977년 시계 제작자 레이먼드 사운더(Raymond Saunders)가 만든 것으로, 밴쿠버 시내 빌딩에 열을 공급하는 지하 열 공급 시스템에서 나오는 증기로 움직이고 있어 시계 주변에는 수증기가 연기처럼 피어오르는 것을 볼 수 있다. 필자는 증기 내뿜는 모습을 보지 못해 아쉬움이 남아있다.

증기 시계

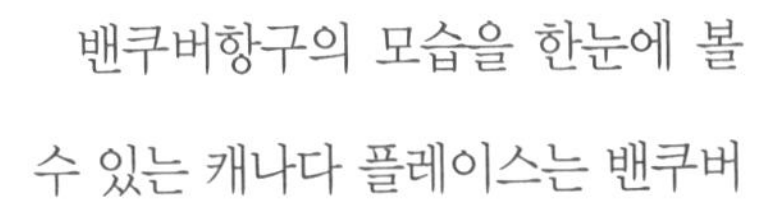

밴쿠버항구의 모습을 한눈에 볼 수 있는 캐나다 플레이스는 밴쿠버 항구의 모습에서 빠지지 않고 등장하는 곳이다. 흰 돛이 펄럭이는 범선 모양의 건물은 국제회의장으로 쓰이고 있으며, 이곳에는 밴쿠버 무역 · 컨벤션 센터 외에도 크루즈 선박 터미널, CN 아이맥스 극장, 상점, 레스토랑, 호텔 등이 자리 잡고 있다. 밴쿠버 무역 · 컨벤션 센터는 세계 최고의 시설을 자랑하며, 최대 10,000여 명 규모의 회의를 주최할 수 있는 곳이다. 바로 옆 아이맥스 극장에서는 5층 건물 높이의 거대한 스크린에 박진감 넘치는 영화를 연중 상영하고 있다.

밴쿠버에서 놓치면 후회하는 명물 플라이오버는 아름다운 캐나다 전망을 남녀노소 누구나 즐길 수 있는 캐나다 밴쿠버의 관광 명물로 비교를 거부하

캐나다 플레이스

는 비행 시뮬레이션이다. 커다란 돔형 스크린으로 도약하여 진짜와 견줄만한 이 시뮬레이션은 바람과 향기, 안개까지 재연하는 신개념 4D 체험 관광이다. 플라이오버를 체험하게 되면 캐나다의 아름다운 지역 구석구석을 관람하며 앞으로 맞이할 관광지에 대해 더욱더 큰 기대감을 심어주는 매력적인 체험을 맛볼 수 있다.

스크린 신개념 4D 체험 플라이오버

수상경비행기

그리고 밴쿠버 앞바다에는 해수면 위에서 뜨고 내리는 경비행기가 있다. 탑승 인원 8~10명으로 관광객들에게 인기를 끌고 있으며 우리 일행들은 시간적인 여유가 없어 눈으로만 바라보고 실제 탑승할 수는 없었다.

수상경비행기를 탑승하지 못한 아쉬움을 달래며 캐나다 여행을 마무리하고 공항으로 가는 버스에 몸을 싣고 차창으로 밴쿠버와 이별을 했다.

Part 2.

중앙아메리카

Central America

자메이카 Jamaica

자메이카(Jamaica)는 카리브해의 섬 가운데 세 번째로 큰 섬으로 쿠바에서 남쪽으로 145km, 히스파니올라섬(서쪽 3분의 1은 아이티, 동쪽 3분의 2는 도미니카공화국)에서 서쪽으로 200km 떨어져 있는 나라다. 아메리카 대륙에서 영어 사용국가 중 미국과 캐나다에 이어 세 번째로 인구가 많다. 사탕수수와 코코아, 커피 농장에서 일했던 아프리카 노예의 후손인 흑인과 물라토가 인구의 대부분을 차지한다.

1960년대에 자메이카에서 시작된 새로운 대중음악 레게(Reggae)는 전통적인 흑인 댄스뮤직에 미국 솔뮤직(Soul Music) 등의 요소가 곁들여져 형성되었으며 세계적으로 팝 음악에 폭넓은 영향을 미쳤다.

행정구역은 14개 주로 되어 있다. 국토면적은 1만 991km^{2}로 케이맨해구와 자메이카해협 사이에 위치한 전략적인 요충지이며, 파나마운하의 주요 무역항로에 자리 잡고 있다.

자메이카는 동서 길이 235km, 남북 길이 60~80km로 대부분이 산지이고, 좁고 불연속적인 해안평야가 펼쳐져 있다. 중앙부에는 척량산맥이 북서

~남동 방향으로 뻗어 있고, 동부에서 블루마운틴(2,256m)을 최고봉으로 하는 산지를 이룬다. 기후는 연중 고온의 해양성 열대기후이다. 기온은 남동부 해안지대를 제외하고 연중 24~27℃이며 무역풍의 영향을 받는다. 1~3월 평균기온은 21~27℃, 4~10월은 27~36℃이며, 우기는 5~6월, 9~11월에 집중된다. 지형과 무역풍의 영향으로 동부에서는 연 강수량이 2,000mm를 넘고 블루마운틴의 강수량은 서인도제도에서 최고인 5,600mm에 달하나, 남서부 저지에서는 1,000mm 이하에 머문다.

자메이카는 팝 음악에 의해 세계적으로 널리 알려져 있으며 세계 팝 문화에 큰 영향을 주었다. 유명한 가수들이 레게라고 불리는 음악을 통해 세계에 자메이카의 음악을 알려왔다. 그리하여 레게리듬은 밥 말리(Bob Marley), 피터 토시(Peter Tosh), 지미 클리프(Jimmy Cliff) 등의 유명한 레게 스타에 의해 세계에 널리 퍼졌으며, 최근에 더욱 유명한 레게 음악가는 샤바 랭스(Shabba Ranks), 부주 반턴(Buju Banton), 패트라(Patra) 등이 있다. 레게 음악이 일반적으로 가장 유명하고 독특하지만, 재즈나 칼립소 등의 곡도 널리 연주된다.

수도는 킹스턴(Kingston)이며, 인구는 약 297만 명이다. 주요 언어는 영어를 사용하며 아프리카 노예의 후손인 흑인이 전체 인구의 90%를 차지한다. 종교는 기독교, 가톨릭, 성공회가 65%를 차지하며 기타 15% 등 전체 인구의 약 80%가 종교를 가지고 있다. 시차는 한국시각보다 14시간이 늦다. 한국이 저녁 18시일 때 자메이카는 새벽 04시를 가리킨다.

자메이카에서 가장 아름다운 해변으로 알려진 닥터스 케이브 해변(Doc-

닥터스 케이브 해변

tor's Cave Beach)은 몬테고베이(Montego Bay) 바다 연안에 있으며, 과거에 재력가이고 의사로 활동하던 사람이 자기 소유의 클럽을 정부에 기증한 것으로 전해지고 있다. 그 당시 클럽을 출입하려면 동굴 속으로 들어가야 출입할 수 있었다고 한다. 그래서 '닥터스 케이브 해변'이라고 이름이 지어져 지금까지 불리고 있다. 그리고 영국의 유명한 의사가 "닥터스 케이브 해변의 바닷물이 피부와 근육 그리고 뼈와 관절 치료에 도움이 된다."고 언론에 밝히면서 주변의 많은 나라와 유럽 각국의 관광객이 많이 찾는다고 한다.

영국식 저택 로즈홀 그레이트하우스는 몬테고베이에서 동쪽으로 15km를 이동하면 카리브해 언덕 푸른 동산에 자리 잡고 있다. 이곳은 1770년도 영국인 농장주에 의해 지어진 저택이며, 한때는 농장에 수많은 노예를 거느리고

로즈홀 그레이트하우스

지역 유지로 활동했다고 전한다. 그러나 19세기에 들어와서 그의 부인 애니 파머가 자신의 애인 흑인 노예들을 여러 명 살해하고 자기 남편까지 살해하여 세상에 알려지게 되었다. 지금은 관광지로 활용하고 있으며 그녀가 사용하던 화려하고 우아한 가구들과 그녀의 침실, 그녀의 손때가 묻은 생활공간들을 두루 살펴보고, 마지막에는 인근에 있는 그녀의 석조무덤까지 관람하고 숙소가 있는 수도 킹스턴으로 가기 위해 길을 서둘렀다.

다음 날 세계적인 팝가수이며, 자메이카 민중의 영웅 밥 말리(Bob Marley, 1945~1981)의 박물관에 들렀다.

밥 말리의 영어식 본명은 로버트 네스타 말리(Robert Nesta Marley)이다. 그는 수도 킹스턴 슬럼가 트렌치타운에서 영국인 장교와 흑인 어머니 사이

밥 말리 포스터

에 혼혈아로 태어났다. 일찍 아버지가 영국으로 귀국하여 아버지라고 제대로 부르지도 못하고 편모슬하에서 자랐다. 용접공으로 생계를 유지하며 틈나는 대로 음악을 배워서 1960년부터 그룹 '웨일러스(Whalers)'를 만들어 연주와 노래를 하며 가수의 길을 걸었다고 한다. 주로 민중을 좋아하고 사랑하는 노래를 불렀으며, 민중을 박해

세계적인 팝 가수 밥 말리박물관

박물관 옆집 기념품가게

하고 저해하는 세력에 맞서 노래로서 저항하다가 36세의 젊은 나이에 지병인 뇌종양으로 죽음을 맞이한 인물이다. 그가 죽고 나서 발매된 앨범 '레전드(Legend)'는 전 세계적으로 기록에 가까운 1,200만 장이 판매되었다고 한다. 그로 인하여 지금은 자메이카 건국 이래 제일 유명 인사가 되었으며 밥 말리박물관 주변을 위주로 마을과 거리에 빈자리가 없을 정도로 밥 말리 포스터를 장식하고 있다. 박물관 입구에는 기타를 메고 있는 그의 동상을 비롯해 내부에는 그가 사용하던 악기부터 그가 공연장에서 활동한 의복과 장신구 그리고 그가 사용한 가재도구와 잠자던 침실, 밥 말리가 일상생활에 사용한 모든 것을 빠짐없이 전시해 놓았다. 그리고 박물관 이웃에는 기념품 가게들이 도로를 가득 메우고 있다.

기념품 가게와 구시가지 그리고 킹스턴항구에 들러서 카리브해 어부들의 삶의 현장을 두루 살펴보고 숙소가 있는 몬테고베이로 돌아왔다.

그랜드케이맨 Grand Cayman

오늘은 자메이카 몬테고베이에서 파나마시티를 경유하여 쿠바에 입국하는 일정이다. 그러나 갑작스러운 항공노선에 결항이 생겨 출국할 수가 없다. 마냥 기다리며 무료한 시간을 보낼 수가 없어 가능하면 빠르게 쿠바에 갈 수 있

호텔에서 바라보는 해변

호텔 풀장

는 항공권을 물색한 결과 영연방국가인 그랜드케이맨을 경유해서 쿠바로 가는 항공노선을 선택했다. 그러나 그랜드케이맨에서는 하룻저녁을 묵고 다음날 쿠바로 가는 비행기가 있어 일정에 없던 그랜드케이맨을 1일 코스로 여행을 하지 않을 수 없다. 이와 같은 일정은 하나의 국가라도 더 다녀올 기회이기에 여행 마니아로서는 즐거운 일이 아닐 수 없다.

그랜드케이맨은 자메이카 북서쪽 290km 지점에 있으며, 길이가 최대 35km이고 최대너비가 13km이다. 면적은 197km^{2}이며, 해수면을 포함하면 264km^{2}이다. 그랜드케이맨섬(Grand Cayman Island), 리틀 케이맨섬(Little Cayman Island), 케인맨 블랙섬(Cayman Black Island), 이렇게 세 개의 섬으로 구성되어 있는데 수도가 있는 가장 큰 섬 그랜드케이맨섬에서만 하루 일정을 소화하기로 했다. 그랜드케이맨은 영연방국 '미니국가'로 표현하면 제일 좋을 것 같다. 가이드의 설명에 의하면 정부에는 수상이 있고, 영국 여왕이 임명한 총독이 있다고 한다. 어느 분이 직책상으로 서열이 높으냐고 질문을 하니 정부 요인들의 모임이나 행사 때는 좌석 배치를 좌우로 나란히 배정한다고 하며 국회의원이 4명이라고 한다. 그리고 법률 안건이 국회에서 통과되어도 총독이 "NO!"라고 답을 하면 입법할 수 없다고 한다.

우리나라 읍 · 면사무소 크기의 국회의사당이 있으며, 종합병원은 하나뿐이고 중 · 고등학교 역시 1~2개 정도 있다고 한다.

그래서 원하는 지역을 요약해서 두루 살펴보고 저녁에는 식사를 마치고 일정에 없는 나라를 여행하는 보람과 추억을 그냥저냥 지나치고 싶지 않아 일

주점 여사장과 함께

행 모두가 주점에 들러 맥주와 와인으로 카리브해 섬나라 정취를 느끼면서 즐겁게 시간을 보내고, 늦은 밤 걸어서 숙소를 찾아가는 기분은 말로 표현할 수 없이 좋았다.

쿠바 Cuba

쿠바(Cuba)의 정식명칭은 쿠바공화국(Republic of Cuba)이다.

북쪽으로 300km의 플로리다해협을 사이에 두고 플로리다반도(半島)가 있고, 북동쪽은 올드바하마해협(海峽)을 사이에 두고 바하마가 있다. 동쪽은 윈드워드해협을 사이에 두고 아이티가 있으며, 서쪽은 유카탄해협을 사이에 두고 유카탄반도와 마주한다. 서인도제도에서 가장 큰 쿠바섬과 약 1,600개의 작은 섬으로 구성된 아메리카 대륙 최초의 공산국가이다. 1898년 12월 10일 스페인으로부터 해방되었고 미 군정 실시 후 1902년 5월 20일 미국으로부터 독립하였다.

수도 하바나항구(출처 : 쿠바 엽서)

1959년 1월 카스트로 정권 수립

후 오랜 내전과 금수 조치, 설탕 생산량 격감, 연료 부족, 소련 · 동구권에 대한 과도한 경제적 의존 등으로 경제가 악화함에 따라 국민의 국외 탈출과 생필품 부족, 도시 빈민 등 많은 문제가 발생했다.

인디오 아버지와 흑인 어머니 사이에 태어난 혼혈인
(출처 : 쿠바 엽서)

쿠바는 전체 인구의 약 51%가 물라토(흑인과 에스파냐계 백인의 혼혈)이고 그다음으로 에스파냐계 백인(37%), 흑인(11%), 중국인(1%) 순으로 구성된다. 전통적으로 백인과 메스티소(Mestizo)가 쿠바의 정치 · 경제 · 문화를 주도했으나, 최근에는 인종통합을 지향하고 있다. 공용어는 에스파냐어(語)를 사용하나, 도시에서는 영어도 통용된다. 종교는 원천적으로 자유이나 국민의 대부분인 85%가 가톨릭교도(카스트로 집권 이전)이고 그밖에 그리스도교, 여호와의 증인, 유대교, 산테리아(Santeria, 아프리카 기원의 쿠바 종교) 등도 믿는다.

쿠바섬은 '앤틸의 진주'라고 불리면서 세계인들에게 동경의 섬으로 알려진 곳이다. 원래 약 11만 2,000명에 달하는 인디언이 살았으나 에스파냐가 정복한 이후 거의 사라졌다. 1970년대에 하바나(Havana)의 인구가 증가하자 빈민 문제 해소를 위하여 농촌인구의 도시 유입을 규제하였다. 미국으로의 밀입국은 미국과 쿠바 간의 외교 문제였다. 하지만 2014년 말 미국과 쿠바는 약 50여 년간의 적대적인 관계를 청산하고 전격적인 외교 관계를 발표한 후 현재 추가 작업이 진행 중이다. 쿠바문화는 에스파냐인과 아프리카인의 전통이 혼합된 형태이다. 에스파냐의 기타와 아프리카의 드럼이 어우러져 쿠바음악에 독특한 요소를 가미해주듯이 종교에서도 이러한 혼합 형태가 나타나는데 아프리카의 전통은 라틴아메리카의 문화와 불가피하게 섞이게 되었다.

수도는 하바나이며, 인구는 2021년을 기준으로 하여 약 1,132만 명으로 집계되고 있다. 국토면적은 110,900km^2, 한반도의 2분의 1 크기로 카리브해에서 제일 큰 섬나라이다.

시차는 한국시각보다 14시간이 늦다. 한국이 저녁 18시일 때 쿠바는 새벽 04시를 가리킨다.

쿠바의 수도 하바나 여행자는 반드시 거쳐 가는 혁명광장에 들렀다. 혁명광장에서 제일 먼저 눈에 띄는 것은 내무부 건물 정면에 건물 전체의 4분의 1을 가리고 있는 혁명가 체 게바라의 부조상이다. 체 게바라는 쿠바의 국민이 아니다. 아르헨티나 수도 부에노스아이레스에서 태어나 의과대학을 졸업하고 의사면허를 소지한 인물이다.

졸업 후 그는 모터사이클을 타고 남미를 여행하던 중 포르투갈과 스페인 그리고 미국의 영향력 아래 고달프고 비참하게 살아가는 국가와 국민을 보고 회의를 느꼈다고 한다. 그래서 그는 의사라는 직업을 외면하고 혁명가의 길을 걸어가게 된다. 그리고 그는 쿠바혁명에 지대한 관심이 있는 피델 카스트로를 만난다. 꿈이나 정신적으로 동질성에 가까운 두 사람은 의기투합해서

체 게바라 부조상

쿠바혁명에 불을 지피고 총력을 다한다. 마침내 그들은 혁명에 성공하고 중남미에서 처음으로 공산국가를 표방한다. 이국땅 쿠바에서 체 게바라는 국가 서열 이인자 자리에 올랐다. 그러나 그는 여기에 연연하지 않고 남미 여러 국가의 혁명을 위하여 쿠바를 떠나 이웃 나라 볼리비아로 잠적해 혁명을 시도한다.

가이드의 설명을 빌리자면 애석하게도 그는 볼리비아 정부군과 CIA에 의해 39세의 젊은 나이에 살해되었다고 한다. 사후 그는 쿠바혁명에 지대한 공을 인정받아 쿠바의 영웅으로 부상하며 쿠바의 상징적인 혁명광장, 수많은 사람이 우러러보는 자리에 그의 부조상이 설치되었고 필자가 지금 이렇게 바라보는 기회가 닿았다.

필자 생각으로 체 게바라는 피를 나눈 형제보다 더 친한 국가평의회 의장 카스트로와의 절친한 우정의 보답이라 짐작해본다. 그리고 바로 반대편에 높이가 109m에 달하는 기념탑은 쿠바에서 국민 영웅으로 추앙을 받으며 쿠바국민 모두가 존경하는 호세 마르티(Jose Marti, 1853~1894)의 기념관이 있는 기념탑이다. 1층 기념관에는 그의 성장에서부터 생애, 독립전쟁에서 투쟁하는 과정을 낱낱이 기록하여 전시해 놓았다.

호세 마르티기념관

쿠바 제2차 독립전쟁은 1895~1898년 3년간 지속되었다. 전쟁터에서 그는 젊은 나이에 전쟁 개시 한 달여 만에 스페인군에 의하여 처참한 죽임을 당한다. 그리고 그의 사후 3년이 지나 쿠바는 스페인으로부터 독립을 쟁취한다.

쿠바의 수도 하바나에 있는 호세 마르티 국제공항도 그의 이름을 따서 지어진 이름이다. 엘리베이터를 타고 전망대에 올라가면 하바나 시내가 한눈에 펼쳐 보인다. 그리고 도로를 가득 메우며 지나가는 각양각색의 자동차들이 여행자들의 피로한 눈을 즐겁게 만들어주고 있다.

국회의사당 카피톨리오(출처 : 쿠바 엽서)

카피톨리오(Capitolio) 국회의사당은 친미독재자 제라도마차도가 미국 국회의사당을 모델로 3년 동안 힘없고 배고픈 노동자들을 강제로 동원하여 1929년에 완공한 건물이며 미국의 국회의사당을 건축한 사람이 지은 건물이다. 카피톨리오라는 이름도 그의 이름을 따서 지었다고 한다. 1959년 쿠바혁명이 완료될 때까지 국회의사당으로 사용하다가 지금은 과학 아카데미와 그 외 여러 용도로 사용하고 있다고 한다. 다방면으로 건물을 쳐다보아도 '과연 쿠바에 이렇게 우아하고 웅장한 건물이 어떻게 존재할 수 있을까?'라는 의문이 든다. 수도 하바나의 스카이라인을 풍미하고도 남는다고 표현을 하고 싶다.

내부관람은 일정에 없어 기념사진으로 만족하고 건너편 골목길로 접어들어 시내 관광으로 여가를 보냈다. 그런데 골목길에는 10층 미만의 빌딩들이 좌우로 줄을 지어 있지만 리모델링할 자재들의 수급이 어려운지, 페인트가 부족한지 화재가 지나간 것처럼 어두컴컴하고 건물과 건물 사이로 조명이라고는 전혀 찾아볼 수가 없다. 사람들이 생활하고 거주하고 있는지가 의문스럽고 거리에는 오가는 사람도 보이지 않아 더는 머물 생각이 없어 다음 장소로 이동하려고 가던 길을 되돌아 왔다.

헤밍웨이(출처 : 계몽사백과사전)

헤밍웨이(Hemingway, 1899~1961)는 미국인 소설가이다.

시카고에서 태어나 젊은 시절에 기자가 되었다. 제1차 세계대전 때 이탈리아 전투에 참여해 전쟁 중에 부상당하고부터 소설을 쓰기 시작했으며, 쿠바로 건너가 장기간 체류하면서 여러 편의 저서를 남겼다. 그래서 쿠바 하바나는 그의 제2의 고향이라 불리고 있으며 그의 박물관도 하바나 시내 중심에 있다. 1926년 소설 《해는 또다시 떠오른다》를 발표하면서 세상에 이름을 알리게 되었고 1929년에는 자신이 전쟁터에서 실전한 경험을 살려 《무기여 잘 있거라》를 발표하여 소설가로서 그리고 작가로서 자신의 입지를 확고히 했다.

훼밍웨이 기념사진들

헤밍웨이 작품과 관계되는 서적들

그는 1952년 저서 《노인과 바다》로 퓰리처상을 받았으며, 1954년에는 노벨문학상을 받았다. 그리고 그의 작품으로는 《누구를 위하여 종을 울리나》, 《킬리만자로의 눈》 등의 유명한 작품이 있다.

그의 박물관은 크지도 작지도 않으며 소박하고 아담한 분위기로 주로 그가 살아온 과정에서 추억으로 남아있는 사진들을 모두 액자에 넣어 생활공간의 벽에 차곡차곡 부착해 놓은 것이 필자의 눈길을 사로잡았다. 그리고 그의 작품과 소품들을 전시하고 있으며 가재도구와 더불어 침실에는 그가 잠자던 침대와 그가 사용한 구형 전화기까지 옆자리에 고스란히 남아있다.

멕시코 Mexico

고원지대를 중심으로 형성된 마야 · 아즈텍 문명의 유적지로 유명한 멕시코는 BC 2000년경부터 농경사회가 형성되었고, BC 1200년경에 성립된 올메카 문화를 비롯하여 테오티우아칸문명, 마야문명, 톨테카 왕국, 아스테카 제국 등이 흥망성쇠를 거듭해왔다. 수준 높은 고대 문명을 이룩했던 멕시코는 1521년 스페인의 침략으로 식민지로 전락해 고유문화가 거의 사라졌으며, 1810년에 독립을 이루었다. 그러나 국토의 대부분을 미국에 빼앗겼다. 중남미의 고원 국가 멕시코는 한반도의 9배 면적을 갖고 있으며 국토의 절반이 해발 900m가 넘는다. 동북부는 해발 2,500m가 넘는 산악지형이며, 북부는 미국과 국경지대로 사막 고원이다.

남부의 유카탄반도는 열대우림이다. 인구의 60%는 백인과 인디오의 혼혈인 메스티소, 30%는 인디오, 10%가 백인, 삼보, 물라토로 구성되어 있다. 종교는 95%가 가톨릭, 3%는 개신교를 믿는다. 정식명칭은 멕시코합중국(United Mexican States)이다. 중부 아메리카 최대의 연방공화국으로, 국명은 아즈텍족의 군신(軍神)인 '멕시틀리(Mexitli)'에서 유래한다. 북쪽은 미국, 남쪽은 과테말라 · 벨리즈와 접하고, 서쪽은 태평양, 동쪽은 멕시코만(灣)에 면한다. 국토면적이 한반도의 약 9배이며, 세계 14위에 해당하는 크기이다. 북으로는 미국과 3,200km의 국경을 접하고 있으며, 해안선의 길이는 9,220km로 캐나다에 이어 아메리카 대륙에서 두 번째 규모이다. 지형의 구조로 보아 북아메리카의 일부이긴 하나, 민족적으로는 라틴아메리카이며, 남 · 북 아메리카의 육교부(陸橋部)를 차지하므로 중앙아메리카 일부라고도 할 수 있다. 멕시코는 마야 · 아즈테크 · 톨테크문명 등 아메리카 인디오의 찬란한 토착 문명을 지니고 있으며, 스페인 식민통치를 통해 서구 문명이 유입되어 혼합 문명이 형성되어 있다. 현재는 미국의 영향으로 점차 미국화되고 있으며, 국민의식 저변에 미국에 대한 경계심이 깔려 있기는 하나, 현재는 미국의 영향으로 점차 미국화되고 있으며 미국과 유사한 사회로 변모하고 있다.

국민성은 친절하고 낙천적이나, 배타적이기도 하다. 동양인에 대한 감정은 멕시코 원주민의 조상이 동양인이라는 이유에서 좋은 편이다. 종교의 자유가 인정되어 있으나 스페인 식민 경험의 영향으로 가톨릭이 전체의 93% 정도를 차지하고 있을 만큼 구교도가 많다. 종교적인 행사는 매우 성대하게 진행되는 편이다.

수도는 멕시코시티(Mexico City)이며, 면적은 1,964,375km^{2}이다. 인구는 2021년을 기준 약 1억 3천만 명으로 집계되고 있으며, 주요 언어는 스페인어를 쓰고 있다. 시차는 한국시각보다 15시간 늦다. 한국이 18시면, 멕시코는 03시를 가리킨다.

치첸이트사 엘 카스티요 피라미드(출처 : 멕시코 엽서)

멕시코 유카탄주에 있는 치첸이트사(Chichen–Itza)는 7~13세기의 거대한 도시 유적지다. 주요 유적으로는 한 변의 길이가 60m, 높이가 24m 되는 엘 카스티요(El Castillo) 피라미드를 들 수 있다. 4개의 경사면에 한 면의 계단이 91개로 4를 곱하면 364개가 된다. 꼭짓점 1개를 더하면 365개가 된다. 오늘날 1년 365일과 숫자가 정확하게 일치한다. 인류 조상들의 슬기와 지혜에 감탄하지 않을 수 없다. 1988년 세계

대형 경기장(축구장)

재규어와 독수리 제단(출처 : 멕시코 엽서)

문화유산에 등재되었다고 하며 수년 전에는 계단을 걸어서 올라갈 수 있었지만, 관광객들이 무질서하게 오르고 내리다가 넘어져 크게 다치는 바람에 지금은 관광객 출입을 일절 금지하고 있다.

필자 역시 오르고 싶은 마음은 간절했지만, 기념촬영으로 만족해야 했다.

마야유적지의 정수이며 세계 7대 불가사의인 치첸이트사 가운데 엘 카스티요 피라미드는 보존상태가 아주 양호해서 세월을 무색하게 하고 있으며, 주변에는 넓고 넓은 대형 경기장(길이 168m, 너비 70m)을 비롯한 나선형(높이 12.5m)으로 올라갈 수 있는 관측소와 재규어와 독수리 제단이 있다. 모두가 재물 잡이 의식 사원이라고 한다.

전사의 신전은 4개의 계단으로 구성되어 있으며, 주변에는 마야문명의 전

전사의 신전(출처 : 멕시코 엽서)

성기에 1,000여 개의 돌기둥이 있었다고 한다. 지금은 200여 개로 돌기둥에 그 당시 병사들의 계급을 상징하는 동물들(뱀, 독수리, 재규어 등)을 새겨 놓았으며, 지휘관이 사열을 받을 때 구령에 맞추어 "위치로!" 하면 병사들은 자기 계급과 일치하는 돌기둥 앞에서 부동자세로 사열했다고 한다. 대형 경기장(축구 경기장)에서 병사들이 운동경기를 하여 우승자는 전사의 신전에 제물로 바치는데, 용감무쌍한 병사들은 앞을 다투어 우승하기 위해 최선의 노력으로 경기에 임했다. 요즈음 같으면 제물로 바치기 위한 경기에 참여해서 우승하려고 하는 병사가 과연 있을까 싶다. 없다고 믿어 의심치 않는다.

'마야문명 시절 전통적인 관습과 풍속으로 이승보다는 저승에서의 삶이 영원무궁하다고 믿으며 신전에 제물이 되면 저승에서 제왕으로 군림하며 평생을 살아가는 거로 생각해 죽음도 두려워하지 않고 신전의 제물이 되고자 했을 것'이라고 필자는 미루어 짐작하며 한 걸음 한 걸음 대형 경기장을 둘러보았다.

칸쿤리조트 호텔 백사장

청춘남녀의 신혼여행지로 설명이 필요 없는, 바다가 투명한 에메랄드빛으로 유명한 카리브해의 유카탄반도 칸쿤(Cancun)은 카리브해 연안의 휴양지로 최고를 자랑하고 있다. 치첸이트사에서 칸쿤에 도착한 시간은 오후 17시경이다. 호텔에서 짐을 정리하고 레스토랑으로 이동했다. 유카탄반도의 오아시스라는 리조트 호텔은 세계 각국의 색다른 음식들을 20여 개 이상의 레스토랑, 바에서 마음껏 즐길 수 있는 곳이다. 메뉴는 뷔페식으로 무한대로 먹고 마실 수 있으며 맥주, 와인, 양주, 칵테일까지 부담 없이 무한정으로 즐길 수 있다. 필자는 음식문화가 나라마다 차이가 있다고 생각하며 이 집 저 집 들어가서 맛만 보고 5번째 중국집에서 마음에 드는 음식을 기분 좋게 먹고 난 후 아무리 공짜라도 더는 배가 불러 먹고 마실 수가 없었다. 그러나 간단하게 양주나 한두 잔 마셔볼까 해서 양주 코너에 들렀다. 예상대로 눈에 익은 양주는 한 병도 없고 그저 이름도 성도 모르는 양주들로, 고객들이 주로 마시고 남은($\frac{1}{4}$, $\frac{1}{2}$, $\frac{3}{4}$) 병들만 진열되어 있을 뿐이다.

유카탄반도 칸쿤 레스토랑

모두가 오픈한 술병이다. 좋아하고 즐기지도 않은 술, 혹시나 먹고 배탈이라도 나지 않을까 하는 걱정이 앞선다. 눈과 마음으로 이것저것 마셔보고 자리를 떠났다. 그래도 미련이 있어 가게마다 나라마다 음식 종류와 맛과 질이 어떻게 다른지 이 집 저 집 들어가서 한 바퀴 돌아가며 눈요기만 했을 뿐이다. 가게마다 모두 먹고 마시지는 못해도 마음은 모두 먹고 마셨다고 생각한 후 넘쳐나는 음식, 과일, 고기, 채소 등을 뒤로하고 내일 일정을 위하여 숙소로 발걸음을 옮겼다.

벨리즈 Belize

벨리즈(Belize)는 중남미의 유카탄반도에 위치한 나라로 수도는 벨모판(Belmopan)이다. 과테말라, 멕시코와 국경을 접하고 있고 동쪽으로는 카리브해를 마주하고 있다. 해안은 길게 연결되어 맹그로브, 작은 규모의 군도 그리고 하얀 모래로 뒤덮여 있고, 마야산을 중심으로 서쪽과 남쪽으로 길게 무수한 강들이 연결되어 있다.

기후는 아열대성으로 2월 말~5월은 뚜렷한 건기이고, 6~11월은 우기이다. 8~9월에 짤막하게 건기가 끼어들기도 한다. 벨리즈의 평균기온은 12월에 23℃, 7월에 29℃이다. 연평균강수량은 북부지역이 1,350mm인데 비해 남부지역은 4,500mm로 큰 폭으로 증가하지만, 지역에 따라 해마다 상당한 차이가 있다.

매년 7~11월에 허리케인으로 피해를 본다. 수도를 벨리즈시에서 벨모판으로 옮긴 이유도 1961년 허리케인으로 황폐화되었기 때문이다. 벨리즈는 산과 늪지, 열대 정글로 이루어진 나라이다. 남반부 지역은 침식작용 때문에 구릉과 골짜기가 형성된 카르스트 지역으로 과테말라 국경에서 북동쪽으로 뻗어 있는 마야산맥이 우뚝 솟아있다. 이 마야산맥의 지맥이며, 국내 최고봉인 빅토리아산(1,112m)이 있는 콕스콤산맥이 바다 쪽으로 뻗어 있다. 해안 앞바다에는 세계에서 두 번째로 큰 보초(堡礁)가 있다.

위치는 중미의 카리브해에 면하여 과테말라와 멕시코 사이에 있다. 종족의 구성은 메스티소가 44%, 크리올료가 30%, 마야인이 11%, 기타 15%이다. 국민 대부분은 혼혈인종이다. 흑인과 흑인계 민족이 해안지대에 주로 살고, 마야 인디오들은 인가가 드문 내륙에 주로 산다. 벨리즈의 경제는 정부가 어느 정도 관여하는 개발도상의 자유시장 경제체제이다.

국토의 약 14%만이 경작할 수 있고, 노동력의 약 3분의 1이 농업에 종사한다. 벨리즈는 입헌군주국이다. 명목상 국가원수는 영국 여왕이며, 이를 대표하는 총독이 통치한다. 현재 집권당은 국민연합당이다. 벨리즈를 무력으로 되찾아야 할 '잃어버린 땅'으로 보는 과테말라로부터 국가안보를 위협받고 있으며, 국내에 주둔해 있는 영국군에 의존해 이에 맞서고 있다.

로마가톨릭교가 주를 이루나 감리교나 영국성공회를 믿는 소수민족도 꽤 있다. 메노파 교도들은 무리를 지어 베리체 강변의 내륙에 살고 있다. 영어를 공용어로 사용하며 그 외에 스페인어, 마야어, 가리푸나어(카리브어)를 사용하고 있다.

면적은 한반도 크기의 10분의 1인 22,965km^{2}이며, 인구는 2021년 현재 약 40만 5천 명으로 집계되고 있다. 그리고 시차는 한국시각보다 15시간 늦다. 벨리즈가 새벽 3시면, 한국은 저녁 6시가 된다. 한화 1만 원이 벨리즈화로 약 18.2벨리즈 달러이며, 전압은 110V 60Hz를 사용하고 있다.

필자는 세계 각국을 여행하면서 지구촌 여러 영연방국가들의 국민경제와 환경 분야 그리고 국민의 의식 수준이 매우 높다는 것을 여러 차례 느꼈다. 그런데 벨리즈는 방문 첫날부터 지금까지 경험해 보지 못한 어처구니없는 난관에 봉착하는 사건이 발생했다.

멕시코에서 출국 심사를 마치고 벨리즈 입국을 위하여 벨리즈 출입국관리사무소에 들렀다. 간단하게 직원과 인사를 나누고 입국을 요청했다. 직원이 하는 말이 오늘은 입국신청서 용지를 모두 사용하고 없어 입국 수속절차를 진행할 수 없다고 한다. 필자는 화가 나서 "여보시오! 당신들이 하는 업무가 출입국 관리를 하고 있으면서 입국신청서 용지가 없다는 말을 말이라고 하느냐?"고 항의를 해도 대답이 없다. 없다고 이야기하면 없는 줄 알아야지 왜 말을 많이 하느냐는 식이다. "장난하지 마시고 빨리 입국시켜 주십시오."라고 요구를 했다. 정말 없다고 대답을 한다. "없으면 구해서 입국을 시켜야지 머나먼 타국 코리아 여행자이며, 당신들의 국가 방문자에게 이렇게 노숙자 취급을 해서 되겠습니까?" 하니 내일이면 해결된다고 한다. 내일로 미루지 말고 오늘 해결해달라고 요구를 해도 내일 영국 영사관에 가서 입국 신청 용지를 가지고 와서 정리해 드리겠다고 한다. 그러면 출입국관리사무소에서 오늘 식사도 대접하고 잠도 재워달라고 하니 "No!"만 연발한다.

"여보시오. 우리가 여기서 내일까지 기다리라는 말씀이지요?", "아닙니다. 우측 모퉁이를 돌아가면 호텔이 있습니다. 호텔에 가서 주무시고 식사도 하십시오.", "비용은 벨리즈 정부에서 부담하시지요?" 또 "No, No"를 연발한다.

원래 모든 국가의 출입국관리사무소 직원과 여행자는 100% 갑과 을이다.

사법권을 가지고 있어 시키는 대로 하지 않으면 100% 불이익이 돌아온다. 국경선 부근에 호텔이 있는 곳은 생전 처음 보는 장면이다. 어쩔 수 없이 호텔에 들어갔다. 먹고 잠자는 데는 부족함이 없으나 1층에 카지노가 있는 호텔이다. 그제야 비로소 입국 신청 용지가 없다는 이유를 알고도 남는다. 정부에서 하는 정책사업이라서 호텔 측과 출입국관리사무소 직원들이 '짜고 치는 고스톱'이라 의심할 여지도 없다.

여행자들의 약점을 이용해 법의 테두리 안에서 금전을 편취하는 행위가 분명하다. 한마디로 먹고 자고 카지노에 돈도 좀 잃어주고 벨리즈에 입국하라는 일종의 명령이다. 우리 일행들은 생각만 해도 괘씸하기 짝이 없다. 여행 하루 일정을 취소당하고 식비와 숙박비용을 성과 없이 지불해야 하기에 손해가 이만저만이 아니다. 그래서 카지노에는 출입을 금지하고 식비는 최소의 경비를 이용하기로 약속하고 잠자리에 들었다.

다음 날 조식을 하고 10시경에 출입국관리사무소에 도착했다. 직원이 조금 기다리라고 하더니 조금이 1시간이다. 11시 가까이에 서류가 방금 도착했다고 하면서 용지를 나누어 준다. 영연방국가 벨리즈는 자기 나라에 찾아오는 여행객을 귀하게 모시지는 못하더라도 소액의 금전에 눈이 멀어 시간을 황금으로 여기는 여행자들에게 민폐를 끼쳐 국가 간의 신뢰를 무너뜨리는 행위를 하고 있으니 한심하기 짝이 없다. 평생을 두고 잊지 못할 사건을 뒤로하고 웃으면서 오늘 일정을 위해 열심히 걷고 또 걷는다.

그리고는 알툰하(Altun Ha)유적지로 이동했다. 밀림 속의 알툰하유적지는 마야문명의 유적지로 13개의 신전과 2개의 중심광장으로 이루어져 있고,

마솔리사원의 제단 그리고 킨치아하우의 마야 최대의 흙으로 만든 두상이 발견된 곳이다. 알툰하는 마야문명 시절 250~900년대에 제례의식을 치르던 중심신전이었다.

알툰하 여행 일정을 마무리하고 석식 후 투숙을 위하여 벨리즈시티로 이동했다. 식사 후 국경을 통과하는 과정에 많은 신경을 쓰느라 피로가 겹쳐 바로 잠자리에 들었다.

다음 날 벨리즈의 최대 관광지 그레이트 블루홀 투어에 참여하기로 했다. 경비행기를 타고 기내에서 내려다보는 블루홀은 일명 산호 싱크홀이라고 한다. 경비행기는 3인승, 5인승으로 구분되어 있다. 가격은 5인승을 5명이 탑승할 때 제일 저렴하다. 출발해서 블루홀까지 가는 시간은 20분, 상공에서

경비행기 탑승

하늘에서 바라본 블루홀

블루홀 관람하는 시간 20분, 돌아오는 시간 20분, 한 시간 코스이다. 벨리즈를 여행하는 사람 중 십중팔구는 블루홀을 보기 위해 여행한다고 보면 된다.

우리 일행도 예외 없이 5명이 5인승을 탑승하고(필자는 조종사 옆자리에 탑승), 조종사의 서비스로 좌우로 회전하며 탑승자 모두가 균등하게 볼 수 있게 했다. 20분간 상공을 날아다니며 투어를 마친 우리는 무사히 출발지에 도착했다. 탑승자 모두가 비용 200달러가 아깝지 않다고 이구동성으로 야단이다.

과테말라 Guatemala

과테말라(Guatemala)는 멕시코의 남부 국경에 접한 중앙아메리카 북서단에 있는 나라이다. 이 나라는 험준한 산악 지대와 울창한 정글로 되어있으며 중미의 지협에 위치한 고원 국가이다. 북쪽은 멕시코, 동으로는 벨리즈, 동남쪽은 엘살바도르와 온두라스가 접경이며, 남쪽은 태평양과 접하고 있다. 해발 2,000~3,000m의 산과 산맥이 목축지대인 말라리아 평원을 배후로 중남부 내륙을 동서로 가로지르고 있으며 서쪽 멕시코 국경지대에서 동쪽으로 가면서 고도가 낮아진다. 주로 5~11월이 우기에 속하나, 북부 저지대는 연중 비가 내린다.

과테말라는 수도권 지역, 고원지대(중앙, 서부, 북부), 평원지대(동부), 마야유적지가 있는 북부의 페텐(Petén) 밀림 지역, 해안 저지대(카리브해 연안과 태평양 연안) 등으로 나눌 수 있다. 과테말라는 열대기후 지역에 속하지만 따뜻한 해수와 불규칙한 지형의 영향으로 다양한 기후가 나타난다. 지형은 대부분이 산악지형이며 좁고 긴 태평양 해안평야와 석회암이 많은 평평한 고원 지역도 있다.

수도인 과테말라시티는 고지대 평야에 위치하고 있으며 인구 밀집지이다. 연중 한국의 봄이나 초가을 날씨와 비슷하여 연평균기온이 15~25℃ 정도이며, 아침저녁으로 약간 시원한 편이다. 12~2월은 한국의 가을과 비슷하다. 정식명칭은 과테말라공화국(Republic of Guatemala)으로 커피 재배로 국가 경제를 유지하고 있다. 마야문명의 중심지였으며, 현재 종족 구성은 메스티소(라디노인 : 에스파냐계 백인과 인디오의 혼혈)가 약 59.4%를 차지하고, 약 40%는 마야 인디오가 차지한다. 에스파냐어가 공식어이지만 약 20여 개의 인디오 방언도 사용된다. 96%의 국민이 가톨릭을 믿고 있다. 과테말라의 북동부와 유카탄반도는 마야족 문명의 중심지였다. 특히 페텐호수 북쪽 지방은 300~900년대에 이들 마야족에 의해서 체계적인 신성문자(神聖文字), 정밀한 태양력, 영(0)을 포함한 20진법, 세련된 조각, 회화 등 고도의 문명이 발달했던 곳이다.

면적은 한반도 크기의 2분의 1인 108,889km²이며, 인구는 2021년 현재 약 1,825만 명으로 집계가 되고 있다. 시차는 한국시각보다 15시간 늦다. 과테말라가 새벽 3시면, 한국은 저녁 6시가 된다. 환율은 한화 1만 원이 과테말라 약 70케찰이며, 전압은 110V 60Hz를 사용한다.

과테말라 티칼 마야문명의 유적지 그리고 멕시코(Mexico) 치첸이트사와 온두라스(Honduras) 코판(Copan)유적지를 마야문명의 3대 유적지라고 한다. 과테말라 티칼유적지는 과테말라 북부 페텐지방의 열대 정글 숲속에 쌓여 있다.

총면적 16km²의 면적에 석조건축물이 3,000개 이상 사방으로 흩어져 수

티칼유적지(신전) – 출처 : 과테말라 엽서

세기 동안 잠자고 있던 유적지이다. 미국인 탐험가에 의해 발견되고부터 세상에 알려지기 시작해 정부 당국에서 숲속의 쾌적한 정비로, 지금은 매년 30만 명 이상의 관광객을 유치하는 마야유적지로 과테말라 최고의 관광상품이다.

돌계단으로 피라미드식 신전을 짓기 시작한 것은 지금으로부터 약 2,300년 전 1호 신전을 시작으로 6호 신전에 이르기까지 수많은 인력을 동원해 과테말라 최대 도시 유적지를 건설한 마야인들에게 무한한 존경과 경의를 표하고 싶다. 1호 신전과 2호 신전은 서로 마주 보고 있으며, 1호 신전은 재규어 조각이 발견되어서 일명 '재규어신전'으로 불린다. 2호 신전은 나무로 된 사다리를 이용해서 제단에 올라갈 수 있다. 그리고 이곳저곳에 백성들을 다스리던 궁전을 비롯한 석물로 만든 조상들의 무덤과 비석, 제사를 지내던 제단, 친선을 도모하는 광장과 운동경기장, 주거를 상징하는 침실, 주방, 목욕탕 등 그 옛날 과테말라 조상들의 삶의 흔적이 고스란히 남아있다.

유적지 내 수많은 석조건물을 하나하나 모두 둘러볼 수는 없고 아침부터 저녁 해 질 무렵까지 티칼 마야유적지에 시간을 투자해도 헤어질 때는 시간을 좀 더 투자했으면 하는 아쉬움이 남는다. 그러나 잠도 자야 하고 내일 일정을 위하여 다시 온다 간다는 기약 없는 인사를 건네고 숙소로 향했다.

안티구아(Antigua)는 아구아화산과 아까떼낭고화산, 푸에고화산에 둘러싸인 도시로 200년간 스페인 식민지 시절 과테말라 수도였다. 1773년 산타마르타 대지진으로 도시 전체가 너무나 심각한 상태로 손상을 입어 더는 수도의 기능을 잃어버린 도시라고 판단된 정부는 지금의 과테말라시티로 수도 이전을 확정했다. 스페인 정부가 본토보다 야심 찬 계획으로 200년 동안 가꾸어온 수도가 하루아침에 대지진으로 폐허로 변해버린 도시이기에 지금도 안티구아 시내를 둘러보면 가끔 눈에 들어오는 그날의 참상이 방치된 상태로 그대로 보존되고 있다. 한 가지 예로 안티구아대성당은 스페인 식민지 당

안티구아대성당

안티구아 혁명광장

시 중남미(라틴아메리카)에서 가장 큰 성당이었다고 한다. 식민지 당시에는 중미와 남미 일부(라틴아메리카 북부) 지금의 10여 개 국가를 스페인 왕실에서 보낸 총독이 관장하던 명실상부한 수도라고 하지만, 지금은 그 옛날의 영광들은 어디에서도 찾아볼 수 없다.

우리는 안티구아대성당 식민지 시대박물관 그리고 아르마스광장과 혁명광장을 거쳐 커피박물관 등을 관람하고 나서 현지식으로 점심 식사를 마치고 과테말라시티로 이동했다.

과테말라시티 국립고고학박물관은 현대미술관과 역사박물관, 자연사박물관이 함께 있으며 1948년에 설립하였다. 스페인이 200년이라는 긴 세월 동안 식민지통치를 하여 세계적으로 유명한 소장품은 없지만, 마야문명 시대

고고학박물관 전시 작품들

묘지의 석물과 인류문화의 변천사에 사용한 생활용품들이 다양하게 전시되어 있다.

당국의 허술한 관리에도 불구하고 보호되고 보존할 수 있었던 이유는 울창한 열대우림이 사람들의 발걸음을 멈추게 했기 때문이다. 이곳은 통제된 밀림 속에 유구한 세월 동안 마야인들의 생활문화가 고스란히 남아있었다. 그래서 정부의 박물관 건립 추진사업과 고고학 · 역사학자들의 발굴작업에 많은 도움이 되었다고 한다. 지금도 많은 과테말라의 고고학자들은 밀림 속에 버려져 묻힌 채 남아있는 유적지와 유물들이 얼마나 더 있는지를 아무도 모른다고 한다.

그리고 황색인종 어린아이의 엉덩이에서부터 등에 걸쳐 나타나는 푸른 점, 즉 몽고점은 태어난 다음에 나타나서 7~8세가 되면 사라지는 소아반, 아반이라고 하는데 통상 '몽고반점'이라고 불린다. 이곳 어린아이들도 몽고점이 있다고 해서 필자가 부모의 허락을 얻어 어린아이의 엉덩이 위에 몽고반점을 확인할 기회가 있었다. 몽고반점을 확인하는 순간, 말로만 들었던 아시아의 황색인종이 베링해협을 건너 알래스카 → 캐나다 → 미국 → 멕시코 → 중미와 남미 최남단에 이르기까지 북미(잉글랜드 아메리카) 인디언, 중남미(라틴아메리카) 인디오들이 우리와 고대 조상을 같이하는 혈 골로 나누어진 형제지간이라는 것을 처음 확인하는 순간이었다.

온두라스 Honduras

온두라스(Honduras)는 북쪽은 카리브해, 남쪽에는 태평양의 해안선에서 약 150km 정도 떨어져 있는 국토로 북동쪽에서 남동쪽으로 뻗어 있는 중앙아메리카 산계에 의하여 양쪽으로 나누어진다. 국토의 54%는 산악 지대, 경작이 가능한 땅은 15%, 영구초원은 14%이다.

온두라스는 면적 11만 2,088km^2 정도로 약 한반도의 반 크기를 가지고 있는 국가이다. 정식명칭은 온두라스공화국(Republic of Honduras)이며, 수도는 테구시갈파이다. 이곳은 89%가 메스티소(백인과 인디오 혼혈)이며, 7%가 인디오 그리고 스페인 백인이 2%, 흑인이 2% 정도 된다. 공용어는 스페인어를 사용하고 있으며, 종교는 로마가톨릭이 97%로 지배적이나 개신교와 기타 종교도 믿고 종교의 자유가 헌법에 보장되어 있다. 온두라스는 4분의 3 이상이 산악 지대이다.

저지대는 해안평야와 강 주변 지역으로 이루어져 있다. 남부의 저지대는 해안에 있는 작은 평야를 가로질러 남쪽으로 흘러 폰세카(Fonseca)만으로 들어가는 촐루테카강 하곡으로 이루어져 있다. 넓은 북쪽 저지대는 동서로 약 640km 펼쳐진 카리브해 해안평야와 손가락처럼 북쪽 산맥을 향해 뻗어 있는 울루아 · 아관 · 파투카강 등의 하곡으로 이루어져 있다.

대체로 서쪽에서 동쪽으로 경사진 온두라스의 산들은 대부분 태평양 연안의 활화산 밖에 자리 잡고 있어, 이웃 나라들이 심한 화산폭발이나 지진을 겪은 데 비해 자연재해가 거의 없는 편이다. 해안 저지대는 무덥고 습하지만, 산악 지대는 서늘한 편이다. 수도인 테구시갈파는 월별 평균기온이 낮은 섭씨 25~30℃, 밤은 섭씨 14~18℃이다. 내륙과 태평양 쪽은 5~12월 사이가 우기이며, 카리브해 지역은 연중 비가 많은 편이다. 하지만 9월과 11~2월 사이에 비가 특히 많이 내리고 9월은 허리케인이 내습한다. 2~4월 사이의 기후가 가장 좋다.

온두라스의 공용어는 스페인어이고 전국에서 통용된다. 예외적으로 극히 일부 지역에서는 영어, 현지어(미스키트, 산보)가 사용되고 있지만, 스페인어가 공용어이다. 또 이런 현지어 외에도 렌카스, 철티에스, 히카케스, 로파야스의 현지어가 방언으로 남아있다. 20세기에 들어 혼혈인 증가로 현재의 인종구성은 메스티소(혼혈)가 91%로 압도적으로 많고, 그 밖에 인디오 6%, 흑인 2%, 백인 1%로 구성되어 있다. 백인은 주로 스페인계통이고 흑인의 다수는 카리브 해안 지방에 살고 있다.

인구는 2021년 현재 약 1,006만 명으로 집계되고 있으며, 시차는 한국시각보다 15시간 늦다. 온두라스가 새벽 3시이면 한국은 저녁 6시가 된다. 환율은 한화 1만 원이 온두라스 약 192렘삐라이며, 전압은 110V 60Hz를 사용한다.

코판유적지

라틴아메리카에서 마야족을 비롯한 인디오들이 이룩한 찬란한 마야문명은 기원을 전후해서 농경사회를 바탕으로 그들만의 독특한 태양력을 비롯한 뛰어난 천문학 그리고 피라미드 신전과 제단, 목각 석각들의 조각·문자 등이 남겨져 있어 남북아메리카 대륙에서 으뜸가는 유적지라고 말할 수 있다. 특히 온두라스의 코판 유적지는 지금까지 알려진 마야유적지로 대륙의 최남단에 자리 잡고 있으며 과테말라 부근 온두라스 북서지방 모타과강 유역에

코판유적지

건설된 최대의 도시국가이다. 그리고 1980년 유네스코 세계 문화유산에 등재되었다. 300~900년대에 이르기까지 문명의 최고 전성기를 누리다가 어느 날 갑자기 소리소문없이 사라진 마야인들의 유적지는 주로 석물로 조성된 피라미드 신전, 제단과 왕들의 명에 의하여 왕들의 업적이 새겨진 비석들이 유적지를 대변한다. 특히 비석에는 왕이라고 추정되는 인물과 사람, 동물, 문양, 문자 등으로 4면을 장식하고 있지만, 이것을 해석하는 문헌 참고자료가 발굴된 적이 전혀 없어 정확하게 '누가? 언제? 어떻게?' 하는 설명을 아무도 명확하게 할 수 없다고 한다. 그래서 수백 년 전 마야인들의 유물과 유품이라 생각하고 '전설 따라 삼천리' 같은 현지 가이드의 설명에 귀를 기울이는 방법 외에는 아무것도 없다.

코판유적지

그래서 우리나라에 현존하고 있는 비석에 대해서 잠시 살펴보기로 하자.

비석은 2가지 종류로 분류하고 있다. 비석 머리 부분이 둥글게 이무기를 새겨 놓은 비석이 있으며, 비석 머리 부분이 기와지붕 모양을 한 비석이 있다. 전자는 황제나 왕이 임명한 관직에 근무한 자의 비석이고, 후자는 지방 장관(시 · 도지사)이 임명한 관직에 근무한 자의 비석이다. 비석에 머리 부분이 없는 비석은 비석이 아니고 표석이라고 한다. 비석 전면에는 품계와 관직을 쓰고 본관, 성, 이름을 쓰고 지묘(之墓)라고 쓴다. 뒷면에는 비문을 쓰며 살아생전 가족관계나 업적에 관한 내용을 주로 쓴다. 그리고 설명을 부연하면 이무기는 용(龍)이 아니다. 마땅히 있어야 할 뿔이 없는 용이다. 용이 승천하지 못하고 물속에 산다는 전설상의 큰 구렁이, 거대한 뱀을 이르는 말이다. 용은 오직 황제의 비석에만 새길 수 있다. 용은 임금 외에는 누구도 사용하지 못한다. 만약 사용자가 나타나면 반역자라는 죄목으로 삼족을 멸한다. 이 모두가 조선 시대 관행이며 지금도 경복궁 왕의 처소 강녕전에 가면 용마루가 없다. '한 지붕 밑에 용이 하나가 아니고 둘'은 있을 수 없다는 뜻이다.

코판유적지에는 대광장의 비석들과 613년 당시의 코판 지도자 왕의 초상화 그리고 운동경기장과 상형문자의 통계 자료를 볼 수 있다. 코판 16 왕이 조각된 아크로폴리스신전 등을 관람 후 온두라스 일정을 마무리하고 엘살바도르 제2의 도시 산타아나로 이동했다.

엘살바도르 El Salvador

중앙아메리카 태평양 연안에 있는 나라로 정식명칭은 엘살바도르공화국(Republic of EI Salvador)이다. 남 · 남서쪽은 태평양에 면하고, 북서쪽은 과테말라, 북동쪽은 온두라스와 접한다. 수도는 산살바도르이다.

중앙아메리카에서 가장 작은 면적(21,040km²)을 가진 국가로서 국토의 90% 이상이 화산활동에 의해 생성되었다(환태평양지진대). 영토는 고원지대와 저지대로 나누어져 있으며, 고원지대는 온화한 기후, 저지대는 고온다습한 열대성 기후를 나타낸다.

국토는 화산성(性) 지형으로 되어있고 태평양 연안에 나란한 시에라마드레산계 지맥인 두 산맥과 그사이에 펼쳐진 중앙고원으로 이루어졌다.

이 나라에서 가장 큰 하천인 렘파강은 전체 길이 350km로서, 화산폭발로 냇물이 막혀 생긴 호수에서 흘러나와 북서부 산기슭을 지나 중앙부에서 구부러져 태평양으로 들어간다. 이 강은 최대의 수력 자원이기도 하다. 기후는 습윤 열대성이며 우기(5~10월)와 건기(11~4월)로 나누어지는데, 우기에는 2,000mm 정도의 강수량이 있으나 농업생산을 증대시키기 위해서는 관개시설 정비가 필요하다.

기온은 연평균 24℃이고, 주요 도시는 해발고도 700m 전후의 중앙고원에 있다. 에스파냐인이 건너오기 전에는 이곳에 마야족, 피필족, 렌카족 등의 원주민이 살았으며 주로 농사에 종사하면서 비교적 높은 문화를 가지고 있었다고 한다.

16세기에 에스파냐 탐험가 알바라도가 원주민의 중심도시 쿠스카틀란에 침입하여 1525년 산살바도르를 건설했다. 1542년 이후 과테말라 총독령에 통합되었고 1821년 이 총독령이 독립되어 에스파냐 식민지지배에서 벗어났다.

1822년 과테말라, 온두라스, 니카라과, 코스타리카 등 중앙아메리카 4개국이 중앙아메리카 연방공화국을 결성하고 독립을 달성하였지만, 이 연방공화국은 단시일에 붕괴하였고, 1841년 엘살바도르공화국으로 단독 독립을 이루었다. 그 뒤에도 이 연방공화국의 정치적인 통합을 둘러싸고 분쟁이 계속되었는데 엘살바도르는 항상 재통합 추진의 입장을 주장해 왔다. 1907년 미국의 조정으로 중앙아메리카 5개국 사이에 평화조약을 맺게 되었다.

인구의 75%가 인디오와 백인의 혼혈인 메스티소(라디노), 8%가 인디오, 10%가 백인이다. 문화적으로 유럽의 관습과 인디오의 관습을 함께 유지하며 에스파냐어를 일상어로 사용하는 메스티소 문화가 두드러진다. 주민의 대부분은 가톨릭교도로서, 중앙부 저지대와 그곳을 둘러싼 화산 기슭의 농촌, 도시에 밀집해 있으며 해안평야에는 적다. 그리고 비즈니스 활동은 영어도 가능한 나라이다.

인구는 2021년 현재 약 652만 명으로 집계되고 있으며, 시차는 한국시각보다 15시간 늦다. 엘살바도르가 새벽 3시면, 한국은 저녁 6시다. 환율은 한화 1만 원이 엘살바도르 약 80콜론이며, 전압은 110V 60Hz를 사용하고 있다.

나라 이름 엘살바도르(El Salvador)는 스페인어로 '구세주'라는 뜻이다. 수도 산살바도르(San Salvador)도 '성스러운 구세주'라는 뜻으로 식민지배를 받아온 스페인과는 아직도 깊은 관계와 인연이 작용하는 것 같다.

구스만국립박물관(Museum National J. Guzma)은 식민지전시대전시관과 식민지시대전시관 그리고 오늘날 현대시대전시관으로 분류되어 있으며 총 5개의 전시관으로 되어 있다.

구스만국립박물관(중앙아메리카)

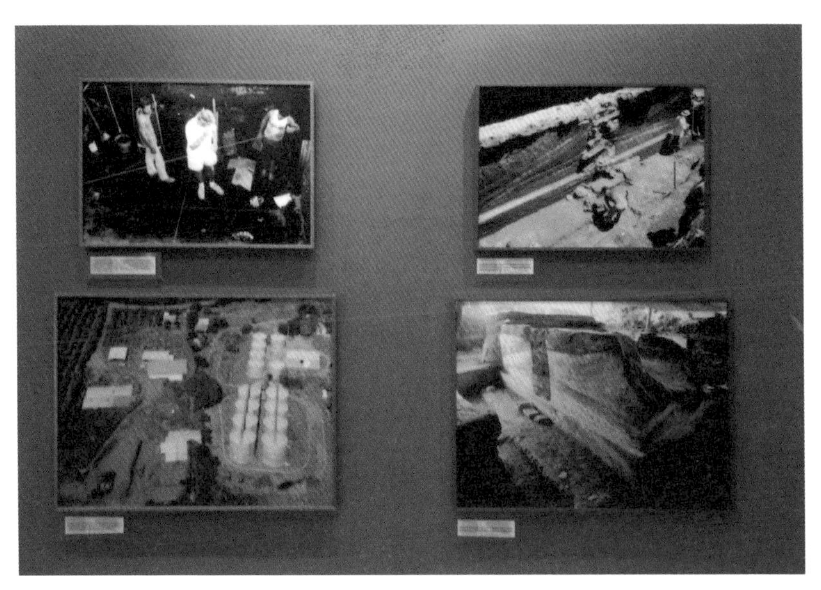

구스만국립박물관

입구에는 그저 평범한 사무실같이 보이는데, 박물관 내부의 규모와 소장품은 여느 국립박물관 못지않은 모습을 보여주고 있다.

현지 가이드 역시 엘살바도르 여행자들에게는 빠질 수 없는 국가 최대의 관광 자원이라고 한다. 이 모두가 마야문명과 오르메카문명의 유적지에서 발굴한 유물들로 엘살바도르 역사와 문화적인 정체

구스만국립박물관

성을 보여주기 위한 개설 목적이었다고 한다. 개관은 9~17시까지인데, 입장료는 외국인은 3달러, 자국민은 1달러를 받고 있다. 전체관람 소요시간은 1.5~2시간 가까이 걸린다.

제1 전시관은 국가 정체성에 관한 설명관이며,

제2 전시관은 이 땅에 처음 정착한 식민지 전 시대 농경사회의 모습

제3 전시관은 농업전시실로 카카오, 커피, 옥수수 등 작물 재배 기술관

제4 전시관은 종교에 관한 변천사, 원주민 토속신앙과 가톨릭 전파과정

제5 전시관은 여러 나라에서 기증한 유물들로 페루, 멕시코, 미국 등에서 기증한 유물들이 눈에 띈다.

엘살바도르는 중앙아메리카 국가 대부분이 카리브해에 면하고 있지만, 유독 엘살바도르만이 태평양 서해를 면하고 있다. 국토면적은 한반도의 10분의 1에 해당하는 크기이지만 식별하기에 좋게 경상북도 면적과 거의 비슷한 면적을 가진 나라이다. 그래서 관광 자원이라고는 다른 나라에 비해 많이 미비한 상태이다. 제2의 도시 산타아나대성당, 코아테팩호수 등을 여유를 가지고 들러볼 수 있으며, 산살바도르 바르보아공원, 악마의 문, 복합도시광장(Multi Plaza), 프렌드랜드 전망대, 메트로폴리탄대성당 등은 시간적인 여유가 있으면 크게 기대하지 않고 둘러볼 수 있는 장소라고 현지 가이드의 귀엣말과 함께 일정을 마무리한다.

니카라과 Nicaragua

정식 국명은 니카라과공화국(Republic of Nicaragua)이며, 수도는 마나과(Managua)이다. 북쪽으로는 온두라스와 코스타리카를 남쪽으로 접하고 있는 니카라과는 중남미의 중앙부에 위치하고 있으며, 서쪽으로는 태평양에 인접해 있고, 동쪽은 카리브해에 인접하고 있다. 중남미국가 중에서 가장 큰 나라인 니카라과의 총면적은 148,000km²(북한보다 조금 크다)이며 남쪽으로 최대 길이가 440km, 동서의 최대너비가 450km이다.

해안 및 남서부의 니카라과호 주변의 평야를 제외하고는 대체로 산지가 발달하였으나, 지리적으로는 네 지역으로 크게 나눌 수 있다. 니카라과는 대체로 우기(5~11월)와 건기(12~4월)가 교차하는 열대 사바나기후지역이다. 전국 평균기온은 24℃, 습도는 85%이다. 저지대에는 열대기후(연평균 25.5℃)가 나타나지만, 고지대는 연평균 15.5~26.5℃로 서늘한 편이다.

총인구의 약 69%가 에스파냐계(系) 백인과 원주민 인디오와의 혼혈족인 메스티소이고, 그 밖에 백인 17%, 흑인 9%, 아메리카 원주민 5%로 구성된다. 인구 대부분이 기후가 온화하고 개발이 진척된 서부 호안저지(湖岸低地)

를 중심으로 한 산기슭과 고원에 수도 마나과를 비롯하여 레온, 그라나다 등의 도시와 촌락에 집중되어 있다. 공용어는 에스파냐어(語)이고, 그밖에 수모 미스키토(Sumo Miskito)어와 영어 등이 사용된다. 대서양 해안지역을 중심으로 영어와 원주민언어를 사용하는 인구가 분포해있다.

니카라과 문화는 두 부분으로 나뉘는데, 니카라과인(人)이 주류를 이루며 태평양 해안에 거주하는 사람들의 문화는 토착 인디오와 16세기 스페인 정착자들의 문화가 혼합된 형태로 많은 도시가 강한 프랑스풍을 나타내고 가톨릭이 지배적이다. 반면에 애틀랜타 해안 쪽의 문화는 영국인이 19세기까지 이 지역을 통치했기 때문에 영국의 영향을 많이 받았으며 신교(프로테스탄트)의 영향이 강하다.

콜럼버스의 4차 항해 때 발견되어 역사적으로 스페인 문화의 영향을 지대하게 받은 곳이지만, 부분적으로는 미국적인 요소도 많은 편이다. 니카라과 국민의 대다수는 무척 다혈질적인 성격으로 불같은 정열을 가지고 있다. 또한 삶에 대한 그들의 방식은 매우 낙천적이다. 그러나 미국의 영향으로 합리적이고 개인주의적인 성향도 엿볼 수 있다.

한편, 니카라과는 환태평양 화산대에 속하고 있는 지형적인 위치로 지금도 활화산이 연기를 내뿜고 있는가 하면 가끔 지진이 발생하기도 한다.

인구는 2021년 현재 약 670만 3천 명으로 집계되고 있으며, 시차는 한국 시각보다 15시간 늦다. 니카라과가 새벽 3시면, 한국은 저녁 6시가 된다. 환율은 한화 1만 원이 니카라과 약 241코르도바오로이며, 전압은 110V 60Hz를 사용하고 있다.

마사야화산 국립공원

마사야화산국립공원은 정상에 마사야화산과 닌다리화산이 가까이 근접하고 있어 이 일대가 화산지대라는 것을 한눈에 알아볼 수 있다. 화산분화구 역시 3개나 형성되어 있어 정상에 올라서자마자 닌다리화산 산티아고 분화구에서 올라오는 메케한 유황 냄새가 코를 찌른다. 바람의 반대 방향에는 분화구에서 올라오는 연기가 시발점부터 선명하게 보이지만 바람이 불어오는 방향에는 연기가 천지를 덮고 있어 가까이 있는 물체도 눈으로 식별할 수 없다. 정상 분화구 폭이 약 500m로, 일시에 바람을 피해가며 구경하는 것은 불가능하다. 그래서 바람의 반대편 관광객들은 운이 좋은 사람으로 보인다.

3개의 분화구 중 산티아고 분화구만이 볼 수가 있고 나머지 닌다리 분화구와 산 페트로 분화구는 당국의 지시 때문에 볼 수가 없다. 입장료 4,500원으로 하나의 분화구만 구경하여 시간과 비용이 아까운 생각이 들어 사화산인 마사야화산을 한 바퀴 돌아보기로 했다.

아포요호수

마사야화산은 제주도 백록담처럼 분화구에 풀이 무성하게 자라고 있어 세계 여러 나라에서 찾아온 여행객들이 간혹 하나둘 짝을 지어 필자처럼 분화구 정상을 한 바퀴 도는 체험에 힘을 보태고 있다. 그리고 전망대에서 내려다보면 화산분화구가 호수로 변한 마사야호수와 아포요호수가 한 폭의 그림처럼 아름답게 필자를 유혹하고 있다.

오늘은 시간적인 여유가 있어 마나과 시내를 관광하기로 했다. 도보로 하는 방법과 쌍두마차를 타고 시내 관광을 하는 두 가지 방법이 있다. 거수로 결정하려고 필자가 쌍두마차를 타고 관광하고 싶은 사람 손들어 보라고 외치니 말이 끝나기가 무섭게 일행들 모두가 100% 손을 든다. 그래서 일행 모두가 쌍두마차에 올랐다. 필자는 좌우와 정면을 한눈에 볼 수 있는 선두 차에

쌍두마차 선두차

올랐다. 일행들보다 많은 가로수와 건축물 그리고 자연환경들을 여유 있게 즐기며 여행으로 얻어지는 자신만의 행복감을 가슴속에 깊숙이 간직하며 보람을 추억 속에 차곡차곡 담아보았다.

점심을 먹기 위해 주차장이 넓은 레스토랑에 들렀다. 식당 마당에는 예상치도 않은 이구아나(Iguana) 5마리가 우리를 기다리고 있었다.

식당을 찾은 고객들에게 얼마나 친숙해졌는지 가까이 다가가도 놀라지도 피하지도 않는다. 기념사진을 찍어도 별 반응이 없다. 아마도 식당에서 고객들의 관상용으로 남아있는 음식물을 먹이로 주고 관심을 두고 관리하는 것 같다. 몸통 전체가 살이 쪄서 오동통하고, 윤기가 있으며, 눈동자는 초롱초롱하다. 식당 고객들을 관리하는지 예의주시하며 쳐다보다가 가까이 접근하

이구아나

면 달아난다. 이구아나는 남아메리카, 피지, 마다가스카르 등에서 서식하며 몸길이가 1.5~2m 정도 성장한다. 빨리 달리고 헤엄도 잘 친다. 주로 나무 위에서 생활하며 열매, 곤충, 쥐, 지렁이 따위를 잡아먹는다. 땅에 구덩이를 파고 20~70개의 알을 낳는데, 도마뱀과는 비슷하다.

1993년에 완공한 메트로폴리탄대성당은 니카라과 본부 성당이라고 한다. 특별한 모양으로 장식한 성당 옥상 부분은 미니돔 수십 개가 오와 열을 맞추어 있다. 필자가 하나, 둘, 셋 하며 숫자를 헤아리니까 현지 가이드 왈 "척 하면 삼척이라고 63개"라고 한다. 어찌하여 63개냐고 물어보니 "니카라과에는 63개의 지역 성당 지부가 있다. 그래서 돔 63개 하나하나가 각기 지역 성당

메트로폴리탄대성당

지부를 뜻한다."고 한다.

"수많은 모형 중에 돔 형식으로 시공한 이유가 있습니까?"라고 물어보니 "지진에 대비해서 내진설계를 공모한 결과 돔 형식의 내진설계가 강진에 견디는 힘이 최고의 점수를 받았다."고 한다. 그러고 보니 이슬람사원의 지붕은 절대다수가 돔으로 시설되어 있다.

메트로폴리탄대성당은 일정에 없어 멀리서 기념사진 한 장만 남기고 다음 여행지로 이동했다. 그라나다 메르세트교회는 담임목사의 안내로 교회 내부를 둘러보았다. 어제가 주일(主日)이다. 오늘은 2014년 2월 24일 월요일이라서 조용하다. 목사님께서 종탑에 올라가 보라고 권한다.

관광 차원에서 교회 종탑에 올라가 보는 것은 매우 드문 일이다. 종탑에 올라가서 종은 흔들어 보았지만, 이유 없이 소리 나게 종을 칠 수는 없었다. 내려다보이는 시내는 온통 유럽식으로 흰색 벽면에 붉은색 지붕이다. 그리고 주일을 부연해 설명하면 기독교에서 일요일을 이르는 말이다. 예수가 부활한 날이 일요일이다. 그래서 기독교의 모든 행사는 주일 일요일에 행하여지고 있다.

메르세트교회

코스타리카 Costa Rica

정식명칭은 코스타리카공화국(Republic of Costa Rica)이며, 면적은 약 51,100km^{2}로 한반도의 4분의 1 정도이다. 코스타리카의 수도는 산호세이고 공용어로 스페인어를 사용하고 있다. 북쪽으로 니카라과, 남쪽으로 파나마와 접하고, 동쪽으로는 카리브해, 서쪽은 태평양에 접하고 있다. 코스타리카는 '풍요로운 해안'이란 뜻이다. 미풍에 하늘거리는 종려나무 숲이 우거진 해변, 짙푸른 녹색 정글이 이어지는 산과 구름, 정글을 가로질러 흐르는 강과 운하, 하얗게 부서지는 폭포와 에메랄드빛 맑은 호수, 이는 코스타리카에서 볼 수 있는 경치의 일부에 불과하다.

국토의 중앙부를 북쪽에서 남동쪽으로 뻗어 있는 산맥과 대서양 연안의 해안평야, 태평양 연안 저지대로 나누어진다. 태평양 연안은 기온이 높고, 비가 적게 내려 해수욕장, 건조열대림 등 관광 자원이 풍부하다.

대서양 연안은 연중 비가 많이 내리며, 북쪽 지역은 습한 늪지대를 형성하고 있다. 기후는 태평양 연안이 습기가 많은 열대기후로 연평균강수량은 1,800~2,500mm 정도 되며, 대서양 연안은 연평균강수량이

3,000~4,000mm로 비가 많이 내리는 지역이다.

평균기온은 해발고도에 영향을 받아 2,000m 이하 고원에서는 14~20℃이다. 코스타리카 인구의 약 95%가 에스파냐계(系)의 백인이며, 2%가 흑인, 백인과 인디오의 혼혈인 메스티소가 나머지를 차지한다. 이것은 중남미 다른 나라와 다른 점이기도 하다. 코스타리카 인구의 97%가 국교인 가톨릭이고 3% 정도가 기독교 등 기타종교이다. 기타종교는 유대교, 불교 등 세계의 여러 종교가 들어와 있다. 일상적으로 사용하는 언어는 스페인어다. 스페인어를 사용하는 인구는 95%로 대부분이며, 이 밖에도 영어 3%, 기타 1%이다.

코스타리카의 국민은 대부분 유럽계로서, 특히 스페인계가 가장 많다. 다양한 인종과 문화는 코스타리카의 문화를 항상 발전시키며 중앙아메리카에서 가장 안정된 국가로 성장시켰다. 코스타리카의 자연환경에 대한 국민의 자부심은 대단하다. 46개의 국립공원, 자연보호지구, 야생동물 보호지구가 지정되어 있으며 이미 정부는 오래전부터 자연보호에 대한 지대한 관심과 노력을 기울여 현재 풍부한 생태보호지구를 갖고 있다. 이곳에는 야생동물, 각종 희귀식물과 생물들이 서식하고 있다.

코스타리카는 폭 125km, 길이 300km에 불과한 조그마한 나라이나, 국민은 수준 높은 문화를 향유하며 항상 즐겁게 살아가고 있다. 코스타리카의 연중 건기는 11~4월이며, 녹음이 짙은 계절은 5~10월이다. 고산지대의 연평균기온은 21℃로서 쾌적하며, 시내는 28℃로 고온 다습하다. 코스타리카는 상춘의 국가로 우기가 되어도 아침은 건조하고 맑다. 그래서 중앙아메리카에서 환경이 제일 깨끗하고 아름답다.

인구는 2021년 현재 약 514만 명으로 집계되고 있으며, 시차는 한국시각보다 15시간 늦다. 코스타리카가 새벽 3시면, 한국은 저녁 6시가 된다. 환율은 한화 1만 원이 코스타리카 약 4,900콜론이며, 전압은 110V 60Hz를 사용하고 있다.

사르세로(Zarcero)는 코스타리카 알라후엘라(Alajuela) 지방 중앙산맥 해발 1,736m의 산악 지대에 위치한 아름다운 도시이다.

사르세로의 랜드마크인 사르세로센트럴파크(Zarcero Central Park)는 1895년에 세워진 이글레시아 데 산 라파엘(Iglesia de San Rafael)교회 입구에 있으며 수도 산호세와는 67km 떨어져 있다.

공원은 1964년 돈 에반젤리스타 블랑코(Don Evangelista Blanco)가 설

사르세로센트럴파크(16개의 관목 아치형 시리즈)

사르세로센트럴파크

계한 수준 높은 정원이며, 그는 평범한 관목과 울타리를 사람과 동물들을 모델로 흥미롭고 추상적인 모양으로 표현했다. 이와 함께 공룡과 헬리콥터 그리고 십자가를 짊어진 그리스도까지 고난도의 작품을 완성했다. 일부 관광객들은 덤불에 새겨진 얼굴과 다른 모양으로 바뀌어 가는 기발한 캐릭터에 놀라기도 하지만 기념사진 촬영에 바쁘다. 그래서 보고 느끼고 감상하는 주어진 시간마저 잊어버리는 안타까움에 아랑곳없이 모두가 정신이 없다. 그리고 관광객들의 가장 많은 관심과 시선을 집중시키는 것은 16개의 관목 아치(Arch)형 시리즈이다. 보고 또 보아도 부족해 헤어질 때 섭섭한 마음을 뒤로하고 다음 일정을 위해 돌아서야만 했다.

아레날 활화산은 코스타리카에서 가장 왕성한 활화산으로 높이가 1,663m

아레날 활화산

원뿔형 화산으로 지금도 분화구에서 화산재와 연기가 피어오르는, 살아 숨쉬는 활화산이다.

오랜 기간 잠잠하던 용암이 1988년 7월에 폭발하여 118명이 사망한 것으로 알려져 있으며, 서쪽은 민가와 마을을 덮쳐 흔적도 없이 사라졌다고 한다. 그러나 동쪽은 화산재와 용암이 흘러내린 흔적조차 없으며 고요하고 평화로웠다고 한다. 이 지역에는 30개 이상의 사설 온천장이 개장되어 있으며, 이곳 타바콘(Tabacon) 온천은 세계 3대 온천으로 불리는 유명한 온천이라고 한다. 아이슬란드 블루 라군과 비교하면 블루 라군은 용암의 열로 데워진 온천수가 호수(넓은 온천탕)로 유입되어 수영도 할 수 있고 온천욕을 즐길 수 있지만, 이곳 아레날화산온천은 주변 계곡마다 용암으로 데워진 온천수가 계

세계 최고의 야외 온천

곡을 따라 흘러내리면서 작은 폭포와 더불어 온천탕을 무려 5개 이상 자연스럽게 만들어 놓았다. 발디(Baldi) 온천장은 최고의 시설을 자랑하는 타바콘 온천장보다 가격도 아주 저렴하고 수려한 자연 환경 속에 산골짜기를 오르고 내려가면서 온도와 자기 취향에 맞는 탕에서 탕으로 옮겨가며 자기 마음이 움직이는 대로 온천욕을 즐길 수 있다. 필자 역시 발디 온천장 온천탕에 들어가 과연 이곳이 지상최대 최고의 노천 온천탕이라고 자부하며 온천욕을 즐겼다. 누구나 주어진 시간 외에 시간적인 여유가 있으면 몇 박 며칠을 투자해도 시간이 아깝지 않으리라 믿어 의심하지 않는다. 그러나 정해진 1시간을 마음껏 투자하고 내일을 위하여 숙소로 걸음을 옮겼다.

다음 날 보트를 타고 아레날화산호수를 건너기 위해 선착장으로 향했다.

이곳은 여객선 대신 보트 투어가 여객선 역할을 한다. 1970년대 초에는 흘러내리는 용암을 보려는 관광객들이 보트를 타고 접근하기 위해 줄을 이어 보트 투어는 부르는 게 값이었다고 한다.

지금도 분화구 주변에 화산폭발 시 용암이 흘러내린 자국이 이곳저곳 선명하게 드러나 보인다. 필자는 보트 승선이 끝나자 곧바로 선장에게 "내가 선장을 대신해 운전하겠다."고 요청했다. 선장은 필자를 아래위로 쳐다보더니 주저 없이 고개를 흔들어 'OK' 사인을 준다. 필자는 바로 운전석에 앉아 브레이크, 기어, 스타트를 확인한 후 출항을 했다. 10여 분 지나 우리 일행 중 여성 한 명이 난리가 났다. "박 선생님 운전 그만했으면 좋겠다."고 아우성이다. 아마도 공포증 혹은 결벽증이 있는 것으로 보였다. 참다못해 객석을 뛰쳐

보트 여객선을 운전하는 필자와 시위자

나가 뱃머리에서 1인 시위를 한다. 필자는 더 이상 운전할 수가 없어 선장에게 핸들을 넘겨주고 객석으로 들어왔다. 외국인들은 무슨 영문인지도 모르고 태연하다. 보트는 30명 정도 승선할 수 있는 일명 보트 여객선이다. 아레날 화산호수는 아주 길고 넓은 편이라 보트를 30여 분 이상 타야 목적지에 도착할 수 있다. 보트 내에는 화장실과 미니식당까지 설치되어 있어 간단한 음료로 갈증을 해소했다. 아레날화산을 바라보며 마시는 시원한 맥주 맛은 가히 환상적이라 할 수 있다.

라파스폭포공원(La Paz Waterfall)에 가면 다양한 동물들을 만날 수 있다. 일명 '새와 나비공원'이라고 불린다. 공원 내에서 관광객들의 사랑을 독점하고 있는 새는 단연 남미 열대지방의 대표적인 새 투칸이다. 새 부리가 유난히 크고 색상도 여느 새와 비교를 거부하는 투간 새는 누구나 바라보면 '그냥 집에 데리고 가서 애완용으로 키웠으면' 하는 마음이 발동하지 않을 수 없다.

투칸새

앵무새

분위기를 띄우기 위해 사육사는 투간을 어린이 어깨 위에 내려놓았다. 놀라 기절하려던 어린이가 투칸이 다른 사람에게 이동하고 나서는 금방 함박웃음으로 변하는 연극 같은 연출로 웃음이 저절로 나온다.

프룻룹스 시리얼에 나오는 투칸 새는 정말 보기만 해도 아기처럼 너무 예쁘다. 그리고 전시관 같은 나비 농장에 커다란 문을 열고 들어가면 흰나비, 노랑나비, 이름을 알 수 없는 수많은 나비가 꽃과 나뭇가지에 매달려 자기들의 세상을 무한정으로 즐기고 있다. 그리고 관광객들에게 얼마나 익숙해져 있는지 팔과 다리에 달라붙어 떠날 생각을 하지 않는다. 그리고 번데기에서 인고의 세월을 거쳐 나비가 태어나는 과정을 한눈에 볼 수 있어 호기심에 가득 찬 어린이들에게는 자연학습 기회로 여겨진다.

조류 중 제일 작은 새가 벌새다. 날개가 얼마나 빨리 움직이는지 육안으로는 식별할 수 없다. 사진에서와같이 빨간색 통 안에는 먹기에 좋은 달달한 물

나비농장

벌새 먹이통

독이 있는 개구리

알비노 다람쥐

이 들어 있다고 한다. 필자가 벌새들이 이것을 먹기 위해 통에 착지하는 모습을 사진에 담아보려고 노력해도 성과는 없었다. 그리고 우리가 자주 볼 수 있는 다람쥐 외에 날다람쥐와 흰색 알비노 다람쥐는 너무나 귀여워 발걸음이 떨어지지 않는다.

쌍두 우마차

쌍두 우마차는 과거에는 커피를 싣고 다녔다고 한다. 그러나 자동차 문화가 발달하여 이용할 가치가 없어 지금은 관광객을 태워 공원 관광 자원으로 시너지 효과를 거두고 있다. 우마차에 탑승하지 않고 기념사진만

찍으면 프리(Free)라고 한다. 그리고 남미 여행에 빠질 수 없는 폭포, 유명한 폭포는 아니지만 여러 개의 폭포가 복합적으로 이루어져 1번 폭포, 2번 폭포 등으로 폭포군을 이루고 있어 여행으로 더위와 피로에 지친 나그네들의 심신을 달래는 데 도움을 주고 있다. 입장권을 구매할 때 식사금액이 포함된 것을 요구하면 식사 포함 금액을 청구하며 팔목에 입장 팔찌를 둘러준다. 다양한 샐러드와 고기 종류 그리고 피자, 치킨, 감자튀김 등이 주요 메뉴이며 현지식이지만 음식 맛이 먹고 나서 맛이 있다고 표현할 정도로 좋았다.

이로써 코스타리카 일정을 마치고 마지막 남은 파나마를 방문하기 위해 공항으로 이동했다.

파나마 Panama

정식명칭은 파나마공화국(Republic of Panama)이며, 면적은 7만 5,517km^{2}로 한반도의 약 3분의 1 크기 정도 된다. 수도는 파나마시티다. 동쪽은 콜롬비아를, 서쪽은 코스타리카와 국경을 함께 하고, 남쪽은 태평양, 북쪽은 카리브해에 면해 있다.

파나마는 중미 지역에서 제일 남단에 위치하고 있다. 길고 좁은 땅이며 운하로 양분된 가늘고 긴 산악 지대가 있다.

지형적으로는 최고봉인 바루산(3,475m)을 비롯하여 산이 많으며, 주요 산맥은 지협의 중앙부를 동서로 가로지르면서 태평양과 카리브해로 유입되는 강들의 발원이 되고 있다. 동서로 좁고 긴 지협의 형태로서 긴 S자 모양을 하고 있다. 지협 폭은 가장 좁은 곳이 48km이고, 가장 넓은 곳도 190km밖에 되지 않는다.

파나마는 산악 지대를 제외하고는 열대기후에 속한다. 연평균기온은 28~34℃, 강수량은 3,300mm 정도 된다. 건기는 12월 중순부터 4월 중순까지이며, 우기는 4월 중순부터 12월 중순까지이다. 카리브해 연안 지방은 1

년 내내 비가 많이 내리며, 열대성 질병이 많으므로 주민의 대다수는 태평양 연안에 산다.

파나마의 기후는 건기와 우기로 나누어진다. 적도에 인접하고 있는 지리적인 위치로 인한 열대성 기후로 계절은 건기인 여름과 우기인 겨울로 구분된다.

건기인 여름은 12월부터 다음 해 4월까지로, 이 기간은 맑고 쾌청한 날씨가 이어진다. 파나마 전체인구의 70%는 메스티소(백인과 원주민의 혼혈) 및 물라토(백인과 흑인의 혼혈)이며, 흑인은 13%, 백인은 11%, 인디오 6% 정도 된다. 공용어는 스페인어를 쓰며, 종교는 로마가톨릭이 93%, 개신교가 6% 정도 된다.

쿠나족을 비롯한 인디오들은 카리브해 연안과 산블라스제도를 중심으로 살고 있다. 흑인들은 16세기에서 17세기 스페인의 노예로 카리브해 제국에 끌려 왔다가 19세기 후반부터 운하 건설을 위해 파나마로 유입되게 되었다. 총인구의 46%가 파나마시티에 집중되어 있어 많은 지역이 사람이 살지 않는 원시림을 이루고 있다.

헌법상으로 종교의 자유가 보장되어 있으므로 기독교 등 각종 종교가 활발하게 포교 활동을 펴고 있다.

인구는 2021년 현재 438만 2천명으로 집계되고 있으며, 시차는 한국시각보다 14시간 늦다. 파나마가 새벽 4시면, 한국은 저녁 6시(18시)가 된다. 환율은 한화 1만 원이 파나마 약 9.2발보아이며, 전압은 120V 60Hz를 사용한다.

파나마는 남미 대(大)콜롬비아의 하나의 주로서 1821년에 에스파냐로부터 독립하였으며 다시 미국의 지원을 얻어 1903년에 콜롬비아에서 분리 독립한 나라이다.

파나마운하는 태평양 연안 발보아에서 카리브해 연안 크리스토발(Cristubal)까지 굴착해서 수로로 연결한 총 64km 운하이다.

처음 운하 굴착 계획을 세운 것은 1529년 에스파냐 국왕 카를로스 5세였다고 한다. 실질적으로는 1880년 수에즈운하를 건설한 프랑스 페르디낭 마리 드 레셉스(Ferdinand Marie de Lesseps)가 1881년 주식회사를 설립해 공사에 착수했다고 한다. 그러나 지형이 고르지 못한 힘든 공사와 황열병 그리고 극심한 자금난으로 9년 만에 파산한다. 1894년 프랑스가 다시 시공사

파나마운하(출처 : 파나마 엽서)

를 설립해 공사에 착수하지만 운하 건설에 적극적으로 관심이 있던 미국이 1903년 4,000만 달러를 주고 굴착권을 매입하여 공사를 진행한다. 그러나 파나마를 통치하고 있는 콜롬비아가 거부권을 행사하여 공사가 중단돼 이에 미국 측은 파나마 독립을 적극적으로 지원하여 마침내 파나마는 콜롬비아로부터 독립을 하게 된다.

원하는 바가 이루어진 미국은 쾌재를 부르며 운하 지역 치외법권까지 획득하여 총 43,000여 명의 노동력을 투입해 10년의 공사 끝에 1914년 8월 15일에 공사를 완성했다.

이후 미국은 85년 동안 파나마운하 운항권을 독점 운영하고 1999년 12월 31일에 이르러 파나마 정부에 운항권 일체를 향후 영세(永世)중립국으로 운

운하에 선박이 진입하고 있다

물을 가두어 놓은 관문

영할 것을 다짐받고 이양했다. 미국에서 파나마운하를 이용하여 태평양과 대서양을 관통할 경우 남아메리카 최남단을 돌아서 가는 것보다 운항 거리를 약 1만 5천km가량 줄일 수 있다.

파나마운하를 통과하는 데는 평균 9시간이 걸리며 통과 절차를 밟는 시간은 15~20시간이 소요된다. 연간 평균 이용 선박은 1,500척으로 집계되고 있으며 필자가 파나마운하 관제탑에 올라가서 파나마운하 전체의 전경을 바라보고 있을 때 2007년부터 시작된 제2파나마운하 확장공사가 한창 진행 중인 것을 확인하고 왜 이렇게 어렵고 힘든 공사를 하느냐고 물어보니 "날이 갈수록 선박의 숫자가 늘어나고 초대형 선박들이 생겨나서 확장공사를 하지 않을 수 없다."고 한다.

물이 빠지게 관문을 열어 놓았다

파나마운하는 산악지역에서 흘러내리는 차그레스강(River Chagres)을 막아 만든 34km의 가툰호수와 파나마만 쪽에 인공건설로 만든 미라플로레스호수(Laker Miraflores), 두 호수 사이에 15km를 뚫어서 만든 쿨레브라(Culebra) 수로로 이어져 있다. 가툰호수는 해발 26m이고, 미라플로레스호수는 해발 16m로 표고 높이 차이가 있어 갑문(閘門)방식을 이용해 표고 차이를 해결했다. 갑문방식이란 선박이 낮은 곳에서 높은 곳으로(바다에서 호수로) 진입할 때 먼저 선박이 진입하고 갑문(물을 가두는 방식)을 닫아 물을 채우면 수평(水平)이 되어 선박이 항해하는 데 지장이 없도록 하는 방식이다. 반대로 높은 곳에서 낮은 곳으로(호수에서 바다로) 진입할 때는 갑문을 열어 물을 빼면 역시 수평이 되어 선박이 운하에서 바다로 진입할 수 있다. 이것이

시몬 볼리바르 동상

바로 갑문방식이다. 카리브해(대서양) 가툰 갑문은 3단으로 되어있고 파나마만(태평양)에는 가툰호 페트로 미겔 갑문 1단과 미라플로레스호의 미라플로레스호 갑문 2단으로, 파나마운하는 총 6단의 갑문으로 설치돼 있다.

수도 파나마시티에서 라틴아메리카 역사상 가장 유명한 시몬 볼리바르(Simon Volivar) 동상 앞에서 있는 필자는 기념사진으로 만족하지 못하고 시몬 볼리바르라는 인물에 대해 잠시 살펴보기로 했다.

남아메리카 해방자 시몬 볼리바르(1783~1830)는 베네수엘라에서 크리올료(Criollos, 남미에서 태어난 에스파냐 후손)로 태어났다. 나이 10대 중반에 사관학교에 들어가 군인의 길을 걸었다. 당시 라틴아메리카 전역에 브라질을 제외하고 모든 국가를 에스파냐가 통치했다. 에스파냐 국민은 크리올료들을 2등 시민으로 취급하고 인격을 낮추어 대접했다고 한다.

크리올료들은 이렇게 대접을 받을 바에 독립을 하자는 민중들이 기하급수적으로 늘어나 마침내 내전이 벌어졌다. 독립운동을 지휘하는 총사령관은 시몬 볼리바르 장군이었다. 그러나 에스파냐 군대의 공격으로 전투에 패해서

파나마대성당

조국을 떠나야 했다. 그는 망명지 타국에서 1819년 부하 3,000여 명을 인솔하여 콜롬비아로 건너가 콜롬비아를 해방시킨다. 2년 후 전투력을 증강시켜 베네수엘라를 해방시키고 그 여세를 몰아 에콰도르까지 해방시키는 데 성공한다. 그리고 그는 콜롬비아, 베네수엘라, 에콰도르 등 3개 나라를 통합해서 대(大)콜롬비아공

대통령궁(세 번째 건물)

화국을 선포한다. 그리고 그는 공화국 의회로부터 종신 대통령 지위를 부여받는다. 그래서 지금도 라틴아메리카 여행을 하면 시몬 볼리바르의 동상이 눈에 많이 띈다. 그를 가리켜 '해방자 시몬 볼리바르'라고 부른다.

오늘은 길고도 짧은 19일간 라틴아메리카 11개국 여행을 마치고 귀국하는 날이다. 파나마시티 볼리바르광장의 볼리바르 동상과 파나마대성당 그리고 대통령궁을 조망하고 파나마 현지 가이드 한국인 2세 쌍둥이 자매와도 이별하는 시간이 다가왔다.

오랜 세월 여행을 많이 다녀왔지만, 쌍둥이 현지 가이드를 만나는 인연은 처음이다.

짧은 일정이지만 한국인 2세 그리고 쌍둥이 자매 아가씨는 말도 잘 통하

쌍둥이 자매 가이드(왼쪽부터 동생, 필자, 언니)

고, 인정도 있고, 애교도 있어 정말 헤어지기가 섭섭했다. 조국의 오빠, 언니들이라고 자기들이 할 수 있는 서비스로 최선의 노력을 아끼지 않는다.

그래서 공항에서 인사를 나누고 쌍둥이 자매와 석별의 기념촬영을 했다. 그리고 각자 마지막 인사 '빠이빠이'로 손을 흔들며 헤어져야 했다.

Part 3.

남아메리카 1

South America 1

칠레 Chile

정식명칭은 칠레공화국(Republic of Chile)이다. 북쪽으로 페루, 북동쪽으로 볼리비아, 동쪽으로 아르헨티나와 국경을 접하며 서쪽으로 태평양, 남쪽으로는 남극해에 면한다. 볼리비아가 태평양 연안 해양 출구를 요구하면서 외교 관계가 단절되었고 영사 관계만 유지하고 있다. 국명은 페루의 잉카족(族)이 아라우칸족을 정복하는 데 실패한 뒤 틸리(Tili)라는 당시 족장의 이름에 빗대어 아콩카과계곡을 칠리(Chili)계곡이라고 불렀다는 것과 아콩카과계곡이 칠리라는 이름의 계곡과 도시가 있는 카스마(Casma)계곡과 유사한 데서 유래하였다는 등의 설이 전해진다. 행정구역은 13개 주로 되어 있다. 남북의 길이가 4,200km인데 비해 동서의 폭은 평균 18km밖에 되지 않은 칠레는 남미 대륙의 서해안을 따라 안데스산맥과 태평양 사이에 있으며 지진이 많

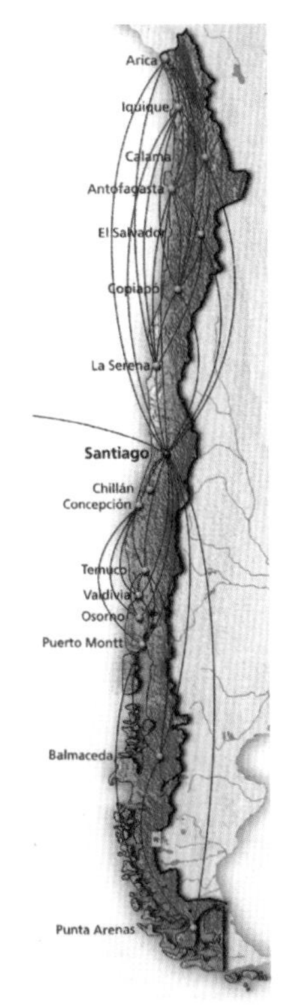

칠레 지도
(출처 : 현지 여행안내서)

칠레 중남부 푸콘 휴화산(출처 : 현지 여행안내서)

은 나라이다. 또한 다양한 기후, 포도주, 아름다운 여인으로 대표되는 나라로 잘 알려져 있다.

북쪽에서 남쪽으로 칠레 종단 여행을 하면 자연이 눈부시게 변화한다. 북부의 아타카마사막에서 시작하여 숲과 호수와 늪지대 그리고 파타고니아로 들어가면 피오르드와 만년설의 봉우리들, 빙하에 황량한 팜파스(초원)이며 그 끝은 남극대륙이다. 인구 대부분이 백인이고, 라틴아메리카에서 교육, 문화 수준이 가장 높은 나라로 6~14세의 어린이는 의무교육을 받으며 국립 칠레대학교 등 고등교육기관이 많이 있다. 개인주의에 철저한 아르헨티나 사람들과 달리 칠레노스들(칠레사람들)은 다정다감해서 친해지기 쉬운 민족이다. 수도인 산티아고(Santiago)는 다른 나라에 비해 비교적 치안이 좋다. 도시의 청결한 분위기와 함께 다른 곳과는 좀 색다르다.

칠레의 지세는 북부 아타카마사막, 중부 안데스산맥과 산림지대, 남부의 군도로 크게 나뉜다. 아타카마사막은 북에서 중부지방까지 그 길이가 1,500km에 이른다. 중부에는 최고봉인 해발 6,908m의 살라도산을 중심으로 해발 900m~2,750m의 산림으로 눈 덮인 화산과 협곡을 이루며 많은 강이 흐르고 있다. 칠레의 심장부인 중앙 계곡은 기후가 온화하고 비옥한 지역으로 칠레 전 인구의 70%와 산업이 집중되어 있다. 칠레의 서쪽으로 4,000km의 태평양상에 떠 있는 이스터섬(Easter Island)은 불가사의한 석상으로 유명하며 로빈슨 크루소의 무대로 알려진 후안 페르난데스섬이 있다.

면적은 756,096km²(한반도의 약 3.5배)이며, 인구는 2021년을 기준으로

남아메리카에 처음 발을 딛는 순간. 산티아고공항 입구

약 1,921만 명으로 집계되고 있다. 언어는 스페인어를 사용하며, 종교는 가톨릭이 85%, 개신교가 10%를 차지하고 있다. 시차는 한국시각보다 12시간이 늦다. 한국이 자정일 때 칠레는 전일(前日) 정오가 된다. 그래서 누구나 칠레 현지에 도착해서 바로 여행을 하게 되면 밤과 낮이 바뀌어 하품이 나와 졸리거나 피곤함을 느끼게 된다.

수도 산티아고는 표고 520m이며 지중해성 기후로 1년 내내 비교적 온난하여 1년 중 300일 이상이 맑은 날씨다. 이곳은 황금을 찾아 남미로 왔던 스페인 침략자 페드로 데 발디비아(Pedro de Valdivia)에 의해 1541년에 건설되었다. 콜롬비아 시대 이전의 유물을 모아놓은 박물관에서부터 현대 미술품을 전시하는 미술관까지 다수의 박물관이 있어 '박물관의 도시'라고 불린

모네다궁전

다. 중세 시대에 세워진 중후한 건물이나 돌을 깔아 놓은 길이 남아있고, 구시가지 등 유럽적인 안정된 분위기를 유지하고 있어 남미의 다른 도시에서 보기 쉬운 복잡함과는 다른 양상을 느낄 수 있다.

모네다궁전(Palacio de la Moneda)은 모네다(동전)라는 이름에서 알 수 있듯이 원래는 이 나라의 조폐국으로 1743년에 이탈리아의 일류 건축가인 호아킹 에드스카에 의해 착공, 1805년에 완성되었다. 모네다궁전의 이름이 유명하게 된 것은 우구스토 피노체트에 의한 쿠데타로 1970년 살바도르 아옌데(Allende)가 남미에서 처음으로 선거에 의한 사회주의 정권을 수립하였고, 이에 대해 피노체트를 중심으로 하는 군부 쿠데타에 맞서 아옌데가 최후의 요새로 삼은 곳이 바로 이 궁전이다. 지금은 대통령 관저로 사용하고 있어

수도 산티아고 시내 전경

'대통령궁'이라고 불리고 있다.

산 크리스토발언덕(Cerro San Cristobal)에 올라서면 센트로의 북동쪽에 뻗은 광대한 구릉 지대가 자연공원으로 정비되어 있다. 넓이는 대략 700ha 정도이고, 중심은 언덕의 정상에 있는 마리아상이다. 표고 880m의 정점에 양손을 벌리고 서 있는 하얀 마리아상은 높이 14m, 총 중량 36.6톤에 이른다. 동상 바로 아래가 전망광장이며, 잘 구획된 산티아고 시가지가 내려다보인다.

안데스산맥(Andes Mts.)은 길이 약 7,000km, 평균 해발고도 약 4,000m, 태평양 연안을 따라 7개국에 걸쳐 뻗어 있다. 북쪽으로는 파나마 지협을 거쳐 시에라마드레 로키산맥과 연결되며, 남쪽으로는 드레이크해협에서 일단 바

산티아고대성당

닷속으로 들어갔다가 남극의 팔머반도로 이어진다. 안데스산맥은 환태평양 조산대의 일환을 이루며, 지질학적으로는 신기 습곡산맥이다. 너비는 평균 350km 미만이지만, 가장 넓은 볼리비아에서는 700km가 넘는다. 최고봉은 6,959m의 아콩카과산이며, 서반구의 최고봉이다. 현재 페루의 고원을 포함하는 중부 안데스산맥은 높은 수준의 문화를 이룩한 고대 잉카문명이 번창했던 곳이다.

칠레는 6세기까지 페루 잉카제국의 지배를 받아왔으며, 1540년에는 스페인에 의해 점령당하였고, 그 후 3세기 동안 식민지 시대를 겪었다. 1818년 2월 칠레는 독립을 선언하였고, 1879~1883년 태평양전쟁에서 페루, 볼리비아와 전쟁을 하여 영토를 넓히기도 하였다. 북쪽의 건조한 사막지대부터 스키를 즐길 수 있는 산림지대와 얼음으로 뒤덮인 남극지방에 이르기까지 다양한 기후대를 가지고 있다.

칠레의 제2 도시 발파라이소(Valparaiso)는 짧게 '발포(Valpo)'라고도 불린다는 칠레의 주요 항구도시이다. 이곳은 산티아고에서 북서쪽으로 약 120km 떨어져 있다. 이 도시의 아름다움은 밝은 색깔의 집들로 가득 차 있는 언덕과 언덕을 올라가는 푸니쿨라, 셀 수 없이 쌓아 올려진 계단들이다. 이런 풍경들은 실로 그림 같다. 이곳 항구는 1840년대 칠레산 밀의 수요가 증가했을 때와 캘리포니아 골드러시 시대에 매우 번성하였다. 이후 파나마운하가 생기면서 이곳 산업은 현저하게 감소하였다. 그러나 발파라이소의 화려했던 시내와 항구에는 여전히 이곳을 지키고 있는 그 당시의 거대한 건축물로 19세기의 영화를 그대로 느낄 수 있다. 이 도시의 진정한 아름다움이라고 하면 무엇보다도 언덕 위의 형형색색의 집일 것이다. 이곳을 둘러 보려면 꽤 가파른 계단을 올라가야 하는데, 푸니쿨라를 이용하면 된다.

발파라이소는 칠레 내에서는 물론 세계적으로도 매우 독특한 도시유형의 모습을 가지고 있다. 발파라이소는 유명한 칠레 현대사의 상징적인 두 인물 아옌데와 피노체트의 고향이기도 하다. 저항 시인으로 노벨문학상을 받은 파블로 네루다도 이곳에서 작품활동을 하였고, 그가 가장 사랑하는 도시이다. 이곳은 스페인, 독일, 이탈리아 등 다양한 유럽국가의 사람들이 이민을 와서 정착하면서 만들어졌다. 그래서 발파라이소의 건축양식은 매우 다양한 형태의 건축양식을 가지고 있다. 거의 무너질 것 같은 언덕 위에 세워진 다양한 건축물들과 노란색, 보라색, 분홍색, 코발트색, 초록색 등 다양한 컬러로 색칠을 한 건물들로 인해 다양성을 뽐내고 있다. 1970년대 발파라이소의 경제가 무너지고, 거의 도시가 슬럼화되어가고 있을 때 많은 예술인과 지역민들이 발파라이소를 활성화하기 위해 도시벽화 운동을 시작했고, 도시 전체가 벽화박물관이라고 해도 과언이 아니다.

그래서 발파라이소는 2003년 유네스코(UNESCO)로부터 '세계문화유산'으로 지정되기에 이르렀다.

그리고 현재 국내 시장에서 유통되는 홍어는 대부분 우리나라 흑산도에서 생산되는 국산이 아니고, 칠레 서해안에서 생산되는 칠레산 홍어다. 필자가 "칠레 수도 산티아고에서 우리나라가 칠레산 홍어를 많이 수입하고 있다."고 했더니 "칠레사람들은 홍어를 식품으로 먹는 것도 모르고 먹지도 않는다."고 한다. 그래서 "코리아 사람들이 홍어 수출을 요구하면 돈을 주고 살 필요가

안데스산맥(붉은 색은 구리성분) 토양(출처 : 현지 여행안내서)

없고 당신들이 잡아서 그냥 가지고 가시오."라고 한다. 그러나 수입업자들은 그런 양심으로는 구매할 수가 없어 칠레 지하자원의 보고 안데스산맥에서 생산되는 구리를 가지고 와서 칠레 돈 원페소(One Peso) 동전을 만들어주는 거로 교역을 하고 있다고 한다. 그래서 세계 어느 나라에서도 가격 경쟁력이 없어 대한민국에 홍어를 수출할 수 없는 실정이다. 그러므로 칠레산 홍어 외에는 국내 시장 어디에도 홍어를 찾아볼 수가 없다. 산티아고 앞바다에는 수많은 홍어가 서식하고 있으며 안데스산맥의 붉은색을 띤 토양은 모두가 구리 성분이라고 한다.

그리고 칠레의 마지막 여행지 이스터섬은 2004년 남아메리카 여행 일정에 없었다. 그래서 2015년 남아메리카 여행을 하면서 맨 마지막 일정에 이스터섬을 방문하기로 계획을 세웠다. 유수 같은 세월에 2015년 3월 16일 칠레 수도 산티아고에서 이스터섬으로 출발했다.

이스터섬은 세계에서 가장 고립된 신비의 섬이다.

수도 산티아고에서 약 4,000km 떨어진 태평양상의 중심부에 있는 면적 170km²의 화산섬이다. 삼각형 모양의 이 조그마한 섬은 아카항가 고고학 유적지, 라노 라라쿠 채석장, 600여 개의 석상, 아후 통가리키유적 등이 있는, 말 그대로 노천 박물관이다. 직경 1.6km의 라노카우화산, 의식을 올리던 호롱고 마을과 바위에 새겨진 각종 조각, 아후 아키브 석상군, 아나 테파우 동굴 등 신비로운 수수께끼의 섬이다. 아후 아키브의 거대한 7개의 모아이(Moai) 석상들은 과거 번영했던 문화의 증인으로 말없이 망망대해를 응시

아카항가 고고학유적지

모아이 석상(출처 : 이스터섬 엽서)

할 뿐, 이직도 석상에 대한 수수께끼는 풀리지 않고 있다.

해발 400~600m의 화산들 중의 하나인 라노 라락 화산에는 이 섬에서 가장 큰 높이 21m의 모아이 석상이 있다. 세로로 길쭉한 직사각형 얼굴과 커다란 이마, 불거져 나온 코, 조그마한 입, 가는 입술, 두드러진 턱, 기다란 귓불 등이 인상적이다. 이스터섬은 전 세계의 어느 섬보다 내륙에서 가장 멀리 떨어진 섬이다.

이곳의 면적은 117km²밖에 되지 않으며, 육지

모아이 목상

와는 비행기로 5시간 이상을 가야 할 만큼 멀리 떨어져 있다. 비록 이곳의 역사가 남미 사람들에 의한 것이라는 상당한 근거가 발견되고 있으나, 원주민들은 폴리네시아인으로 추정되고 있다. 이 섬의 원래 이름은 폴리네시아어인 라파누이(Rapa Nui)이다. 수 세기 동안 바깥 세계와는 고립되어 있으면서 라파누이 사람들은 그들만의 독특한 문화를 발전시켰다.

이러한 문화는, 우리에게는 거대한 화성암으로 조각된 모아이로 잘 알려져 있다. 수백 개의 모아이는 특별한 의미가 있는 열을 만들기도 하고, 기울어져 있기도 하며, 깨져 있거나 흉터가 남아있기도 하지만, 아직도 이렇게 무거운 돌상을 어떻게 옮기고 세웠는지, 무슨 의미로 세웠는지 너무도 많은 의문이 풀리지 않는 수수께끼로 남아있다. 유럽 사람으로 이 섬을 처음 발견한 사람은 네덜란드인 로헤빈이었다. 그때가 1722년의 부활절(Easter Day)이었기 때문에 이 섬의 정식명칭을 이스터섬(Easter Island)이라고 한 것이다.

이후 19세기에는 페루 노예선의 침범도 있었지만, 여전히 고립은 계속되었다. 따라서 이 섬 인구의 대부분은 원주민의 후예들이고 오늘날까지도 그들의 토착 언어, 문화적인 전통은 여행자들에게 초기의 생활 습관을 그대로 볼 수 있게 해준다.

해변에 일렬로 서 있는 모아이 석상은 일본인 여행 마니아가 이스터섬을 방문했을 때 모양과 크기가 다른 모아이 석상이 무질서하게 기울어지고, 넘어지고, 흩어져 있는 것을 자신의 사비로 거금을 투자해서 망망대해가 바라보이는 바닷가에 콘크리트로 길이 100m 수평으로 토목공사를 해서 모아이 석상 15기를 일렬로 가지런하게 세워놓았다고 한다.

그러고 나서 일본인은 이스터섬 관계 당국에 일본에서도 모아이 석상을 제작해서 관광지에 설치할 수 있도록 허락받고 귀국했다고 한다. 일본에 가면 짝퉁 모아이를 볼 수 있을지 알 수는 없지만 지금 필자가 모아이 석상들을 바라보는 자체만으로 만족하며 상업적인 느낌이 다가오지만, 먼저 그 사람에게 투자와 노력에 감사하다는 마음을 전하고 싶다.

그리고 이스터섬의 추장 선출방식은 매우 이색적이다. 추장이 지병이나 사망 등으로 유고 시에 아파트 5층 높이의 가파른 절벽 해안가에 여러 명의 지원자가 맨발로 바다로 뛰어 내려가 헤엄을 쳐 바다 건너 바위섬까지 수영경기를 한다. 그리고 그 바위 섬을 한 바퀴 돌아 육지로 헤엄쳐 나와 절벽을 기어올라 출발지점에 제일 먼저 도착하는 사람이 추장으로 추대된다고 한다. 사나이다운 담력도 있어야 하고 수영 실력도 있어야 한다. 그리고 강인한 체력이 요구되는 선출방식이다. 옛날 원시사회 부족국가에서는 제일 먼저 힘이 있어야 외세의 침략을 막아 부족의 안위를 지킬 수 있는 힘이 있음을 증명하는, 매우 적절한 방식이라 생각한다.

추장을 선출하는 바위섬

오늘은 남아메리카 24일간 여행의 마지막 일정으로 이스터섬 여행을 마무리하고 조식 후 바로 공항으로 이동한다. 오늘이 2015년 3월 22일 아침이다. 집에는 빨리 가야 24일 밤 12경이 될 것 같다. 이스터공항에서 산티아고 → LA → 인천 → 집 비행시간만 30시간 이상이 소요된다. 공항에 도착하자마자 바로 비행기 티켓을 발급받기 위해 항공사에 들렀다. 마주하는 항공사 여직원에게 "아가씨 너무 예쁘다."라고 칭찬의 인사를 했다. 그리고 얼마 지나지 않아 여직원이 방긋 웃으며 티켓을 전달한다. 좌석 번호가 3번이다. 여행을 많이 했으니 좌석 번호만 보아도 짐작은 간다. 맨 앞 좌석 비즈니스석이 분명하다.

그러나 일반석 요금인 티켓이기에 비행기를 타봐야 정확히 알 수 있다. 소형 비행기는 좌석 구분 없는 비행기도 더러는 있다. 예상대로 좌석은 비즈니스석이다. 수많은 여행을 하면서 비즈니스석은 처음 타본다. 돈도 없지만, 체력이 아직 남아있어 비싼 비즈니스석을 타고 다닐 이유가 없다. 필자의 생활철학, '생활은 간소하게, 그 뜻은 한없이 높게'가 크게 작용한다. 항공사 여직원에게 예쁘다는 인사로 인해 대접을 받은 것인지 일반석이 매진되어 비즈니스석이 굴러왔는지 알 수는 없지만, 조건과 관계없이 일반석 요금으로 운 좋게 비즈니스석에 타고 가서 심적으로 매우 기분이 좋았다. 대형여객기 380처럼 좌석이 훌륭하지는 않아도 엄연히 일반석과 구분되는 비즈니스석에서, 옆좌석과 동등한 대우를 받으며 칠레 수도 산티아고에 도착했다. 이번 여행은 마무리가 좋아 기분도 좋았다.

아르헨티나 Argentina

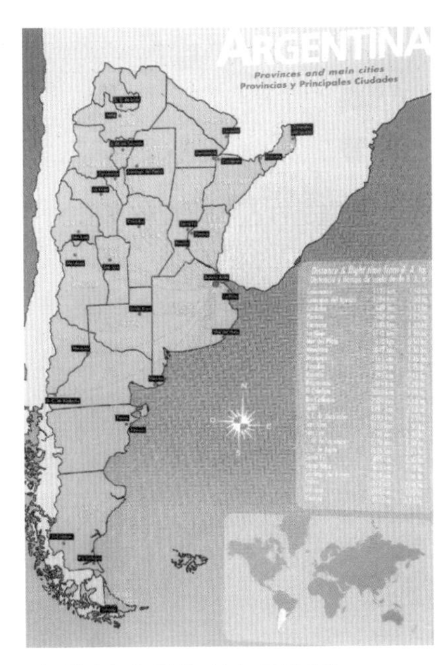

아르헨티나 지도(출처 : 현지 여행안내서)

아르헨티나는 1816년 에스파냐에서 독립한 연방제 공화국이며, 라틴어로 '은'이란 뜻이다. 국토의 중앙을 흐르는 큰 강을 거슬러 올라가면 은의 산지에 도달한다고 믿은 탓으로 이 강을 라플라타(La Plata, 스페인어로 은) 그리고 하구에 가까운 식민지 역시 라플라타라고 하였으며, 이 도시를 중심으로 발전하였다. 그러나 스페인으로부터 독립하고 나서 나라 이름에 스페인어를 쓰기 싫었기 때문에 같은 뜻을 가진 라틴어를 사용한 것이다. 국토는 남북으로 길다. 남위 22도의 볼리비아 국경으로부터 남극에 가까운 남위 55도의 티에라델푸에고섬까지

세계에서 제일 넓은 라플라타강 하구(강폭 225km)

전개되며, 열대와 아한대가 포함된다. 아르헨티나는 남아메리카에서 브라질 다음으로 두 번째로 큰 나라이며, 탱고와 목축으로 유명하다. 총인구 중 백인 비율은 97%로 남아메리카 여러 나라 가운데 가장 백인이 많으며, 교육과 문화 수준도 높다.

수도 부에노스아이레스(Buenos Aires)를 끼고 흐르는 라플라타강 하구는 세계에서 강폭이 가장 넓은 225km이다. 필자가 보기에는 강인지 바다인지 분간이 가지 않으며 강을 쳐다보면서도 믿어지지 않았다.

국토면적은 276만 6,889km^{2}이고, 남북의 길이가 3,700km, 동서의 너비가 최대 1,700km에 이른다. 인구는 약 4,560만 명으로, 북쪽으로는 볼리비아, 동쪽으로는 파라과이와 브라질 그리고 우루과이에 접하고 있으며 대서양에 면하고 있다. 남쪽으로는 파타고니아를 지나서 대서양을 거쳐 남극해를 바라보고 있으며, 서쪽에는 안데스산맥을 경계로 하여 남북으로 길게 칠레와 국경을 마주하고 있다. 수도 부에노스아이레스를 중심으로 지름이 1,000~1,200km에 걸쳐 펼쳐진 팜파스 지역으로 기름진 옥토와 온난한 기후 덕분에 농업과 목축업이 발달하여 이 나라 경제의 중심축을 이루고 있다. 농산물로는 보리와 밀, 고구마, 목화 등이며, 축산업으로는 우리나라와 같이 소, 돼지고기 등 가공식품이 많다. 특히 소가죽, 양모 등이 주요 수출품으로 효자 노릇을 한다. 국민의 대다수가 가톨릭을 믿으며 최근에 와서는 공업화에 힘써 자동차와 정유공업이 활발하게 움직이고 있는 나라이다.

아르헨티나 이구아수폭포(Foz do IGUACU) 지역은 아르헨티나와 브라질, 파라과이 세 나라가 파라나강과 이구아수강을 경계로 국경을 마주하고 있다. 이구아수강을 사이에 두고 브라질과 아르헨티나가 남북으로 갈라지고, 파라나강 서쪽에는 파라과이가 있다. 폭포의 너비가 5km, 최고 낙차 100m가 넘는 웅장한 규모가 세계 최대이다. 이구아수의 이름은 원주민인 인디오들이 폭포를 부르던 호칭에서 유래되었다고 한다. 'IGU'는 '물'이라

이구아수폭포로 가는 미니열차

이구아수폭포(출처 : 현지 여행안내서)

는 뜻이고, 'ACU'는 '장대한 것에 대한 경탄'의 뜻을 나타내는 말이다. 감동, 놀람, 공포라고도 표현할 수 있는 거대한 폭포를 '장대한 물'이라는 한마디가 가장 정확한 표현이라 생각한다.

아르헨티나 방향에서 볼 때 휑하니 뚫린 구멍 속으로 물이 잇달아 빨려 들어가는 모양은 장관이면서도 일종의 공포마저 느끼게 한다.

아르헨티나 쪽 이구아수 관광은 푸에르토 이구아수시가 기점이 된다. 국경에서는 검열이 있으므로 반드시 여권을 지참하고 가야 한다. 아르헨티나 지역의 높은 산책로(Circuito Superior)에서는 발아래로 물이 떨어지는 것을 보면서 전체적인 조망과 웅장함을 즐길 수 있고, 낮은 산책로(Circuito Inferior)에서 바라보는 폭포는 상쾌한 느낌이 그지없다.

부에노스아이레스의 세계에서 제일 넓은 도로. 왕복 22차선(출처 : 현지 여행안내서)

수도 부에노스아이레스는 인구 약 1,300만 명으로 라플라타강 어귀에서 240km 상류 지점에 있다. 아르헨티나의 정치, 경제, 교통, 문화의 중심지이며 세계적인 무역항이기도 하다. 온화한 기후조건에 광대한 팜파스의 농목 지역을 배후지로 삼고 19세기 후반부터 급속히 발전하였다. 시가지의 중심은 대통령궁 앞의 플라사 데 마요(5월 광장)와 국회의사당을 잇는 데 마요 가로(5월 가로)이다. 중심부의 가로는 이 가로를 축으로 하여 직교상으로 계획되고, 파리의 중심부를 모방한 건물이 계획적으로 건축되어 있다. 코리엔테스 가로에는 은행, 상사 등이 있고, 플로리다 가로에는 상점이 집중되어 있으며, 팔레르모공원, 콜론 극장 등도 잘 알려져 있다. 시가지는 하카란다의 가로수가 특징적이고, '남아메리카의 파리'라는 별명에 걸맞게 매우 아름답다.

• 대통령 관저

1873년부터 94년에 걸쳐서 건설된 로코코풍의 건물이다. 원래는 침략군으로부터 영토를 지키기 위한 요새 역할을 하였다. 지금도 옥상에는 헬기장과 건물 곳곳에 레이더 센서 등으로 근대적인 요새로서 위엄을 유지하고 있다.

• 국회의사당

이탈리아 건축가 빅토르 메아노(Victor Meano)에 의해 디자인된 그레코로만형의 위엄있는 건물이다. 1906년에 완공되었다. 폭은 약 100m, 면적이 9,000m^2로, 대리석을 충분히 사용한 건물 중앙에는 청동으로 된 돔이 솟아 있다.

• 보카지구

탱고의 발상지로 알려진 이 마을은 부에노스아이레스의 동남쪽에 있는 항구마을로 유럽에서 아르헨티나에 최초로 이민 온 사람들의 안식처였으며, 아르헨티나가 낳은 세계적인 화가 킨켈라 마르틴(Benito Quinquela Martin, 1890~1977)이 부두, 선박, 선원들을 배경으로 그림을 그린 곳이다.

• 레클레타 묘지

레클레타 묘지는 영원히 잠을 자는 아르헨티나 사람들의 최고급 주택지라고 할 수 있다.

1882년에 개설된 가장 오래되고 유서 깊은 묘지이다. 조각상과 전통적인 장식으로 꾸며져 있는 납골당으로 전혀 묘지라고 생각할 수 없을 정도이다. 역대 대통령 13인의 묘소를 비롯하여 '에비타'라고 불리는 페론 대통령의 전 부인도 이곳에 묻혀 있다.

필자는 에비타 묘지를 두 번째 방문했다. 레클레타 묘지를 찾는 대부분 관광객의 필수코스이다. 그리고 현지인으로 보이는 젊은 여성이 참배하고 돌아가면서 눈시울을 적시는 모습이 애석하게 보인다.

영부인 에비타 묘소

탱고의 기원에 대한 논란은 많으나 대부분 연구자는 최초의 탱고는 1800년대 부에노스아이레스의 거리에서, 주점에서 혹은 사창가에서 시작되었다는 데 동의한다. 춤에 관련된 단어들과 음악, 리듬은 바로 그 구성원들의 정서를 반영했다고 볼 수 있다. 사실 초기 '탱고'라는 단어

영부인 에비타(출처 : 현지 여행안내서)

탱고의 발상지 – 좌측 마라도나, 중앙 영부인 에비타, 우측 탱고 가수

에는 흑인들이 춤추던 장소라는 의미가 담겨 있기도 하다.

아르헨티나에 온 아프리카 노예들은 칸돔베(Candombe)의 리듬을, 그리고 이후 쿠바의 음악 하바네라(Habanera)가 선원들에 의해 부에노스아이레스에 전해졌고 풍토에 맞게 변화하였다. 폴카, 마주르카와 함께 칸돔베와 하바네라의 리듬 위에 새로운 댄스가 생겨났으며 밀롱가로 알려지게 되었다. 새로운 댄스는 머지않아 유럽계 이민자들 사이에 성행하였고, 우리가 현재 알고 있는 탱고가 만들어지게 되었다. 탱고는 부에노스아이레스라는 문화적 진양지에서 살아있는 예술로 거듭나고 있다. 아름다운 곡조와 서정성을 부드럽게 흐르는 리듬과 조화시키며, 또한 자연스러운 댄스에 기반을 둔 대중적인 음악 형식을 유지한다. 열정과 감성 그리고 구슬프면서도 활기를 잃지 않는 것은 아르헨티나를 특징짓는 것들로 세계적으로 알려져 있다. 탱고는 그 뿌리만큼이나 복잡하면서도 두 사람이 하나가 되어 움직이는 자연스러운 충동만큼이나 단순하다.

춤추는 4분의 2박자 탱고 발상지를 마지막으로 아르헨티나 여행을 마무리하고 다음 여행지인 브라질 리우데자네이루로 가기 위해 공항으로 이동했다.

탱고의 발상지 부에노스아이레스

브라질 Brazil

남아메리카 동부에 있으며 서쪽을 제외한 국토의 삼면이 대서양에 면하고 있다. 브라질은 남아메리카 대륙의 반을 차지하는 세계에서 다섯 번째 큰 나라이다.

브라질 지도(출처 : 전국교통도로 지도)

북위 5도에서 남위 34도에 걸쳐 있어 아열대, 열대, 온대기후를 띠고 있다. 국토가 크게는 브라질 고원과 아마존강의 저지로 형성되어 있다.

아마존강 유역의 저지는 열대우림 지역으로 셀바스라는 거대한 밀림지대가 있어 지구의 허파 역할을 하고 있다. 국민들은 세계 여러 나라 이민자들로 구성되어 있으며, 포르투갈인이 가장 많고 다음이 이탈리아인이다. 그 이유는 남아메리카 대부분 국가가 스페인의 식민지였지만 유일하게 브라질만이 포르투갈 식민지였으므로 국민 대다수가 포르투갈인이다.

남아메리카 최대의 농업국인 브라질은 커피와 사탕수수, 카카오 등을 많이 재배하고 있으며 지하자원도 철, 망간, 금 등이 많이 생산된다. 1882년 포르투갈로부터 독립을 쟁취하여 처음에는 왕정으로 국가를 이어 오다가 1888년 공화국으로 바뀌어 지금까지 이어오고 있다. 우리나라와는 1959년에 국교를 수교했으며, 1963년에 무역과 이민 협정을 맺어 지금은 많은 교민이 거주하고 있다. 국토면적은 8,511,965km^2이고, 수도는 브라질리아, 공용어는 포르투갈어를 사용하고 있다. 인구는 2021년 현재 약 2억 1,400만 명으로 국민의 대다수가 가톨릭을 믿는다.

리우데자네이루 대서양 해변

리우데자네이루 예수상(출처 : 현지 여행안내서)

리우데자네이루(Rio de Janeiro)는 인구 600만 명이 넘는 도시다. 상파울루에 이어 브라질 제2의 도시이자, 화려한 카니발, 사치스러운 비치 리조트로 국제적인 관광 도시이다.

이곳은 1763~1960년까지 브라질의 수도였으며, 자연미와 인공미의 조화로 세계 3대 미항 중의 하나이다. 동쪽은 대서양 연안의 과나바라만에 면하고, 서쪽은 해발 고도 700m가 넘는 가파른 산지가 시의 배경을 이루고 있다. 기후는 가장 더운 2월의 평균기온이 26.1℃, 가장 시원한 7월의 평균기온이 20.6℃, 연평균기온이 23.1℃이다.

습도는 높으나 무역풍의 영향으로 서늘하여 코파카바나(Copacabana) 해안은 해변 휴양지로 알려져 있다. 리우데자네이루는 1502년 1월 1일 포르투갈의 항해사가 발견했으며, 발견자는 부근의 만(灣)을 강어귀로 잘못 알고, '리우데자네이루(1월의 江)'라고 명명하였다.

코르코바도(Corcovado)산 해발 710m의 절벽 꼭대기에 서 있는 그리스도상은 리우 관광의 상징이다. 높이 38m, 일자로 벌린 양팔의 길이가 28m인 이 거대한 예수상은 1931년에 건조되었다. 해안지구에서 보는 그 모습은

팡데아수카르산(일명 빵산)

햇빛을 받아 새하얀 십자가 같으며 일몰 후에는 라이트를 받아 어둠 속에 괴이하게 떠오른다. 손바닥 길이가 3m, 무게가 1,145톤으로 포르투갈로부터 독립 100주년을 기념하기 위해 건립된 예수상이다.

팡데아수카르산(Pang de Acucar, 일명 빵산)은 해면에서 럭비공의 3분의 2 정도가 불쑥 튀어나온 것 같은 모양을 하고 있다. 이름은 설탕으로 만든 빵 모양에서 유래하였다고 한다. 돌기부의 정상은 해발 390m로 코르코바도산에 비하면 낮지만, 바다 위로 돌출해 있으므로 마치 바다 위에서 도시를 내려다보는 것 같은 전율을 만끽할 수 있다. 기암절벽으로 종(鐘)과도 같은 이 빵산은 케이블카를 2번 갈아타야 오를 수 있다.

세계 3대 미항 리우데자네이루항에 있는 코파카바나 해변은 완만하게 만

곡한 약 6km의 백사 해변에 희고 검은 모자이크 모양으로 치장한 산책길을 따라 고급호텔과 아파트 등이 늘어서 있다. 남아메리카의 유명한 관광지인 이곳은 카니발이 열리는 2월이 관광의 절정기이다.

마라카나(Maracana) 축구 경기장은 수용인원 20만 명을 자랑하는 세계 최대의 축구장이다. 1950년 리우에서 개최된 제4회 월드컵을 위해서 건축되었다. 지붕을 받치고 있는 기둥이 하나도 없다는 것과 자동차가 관중석까지 들어오게 설계되었다는 것이 특징이다.

카니발 축제는 기원적으로 가톨릭 사순절에 앞서 3일 또는 한 주간 즐기는 명절과 같은 축제로 옥외에서 가장 · 가면 행렬을 하고, 종이 인형으로 된 우상을 장식으로 썼다. 그런데 시대와 지역에 따라 조금씩 다르다. 농촌에서는

카니발 분장사

카니발 거리

카니발이 봄을 맞아 풍작과 복을 비는 축제가 되어 가면 · 가장도 악령에 대한 위협이라는 뜻을 가졌으나, 도시에서는 옥외의 놀이가 되어 종이 인형의 우상 따위를 함께 끌어내며 즐기는 행사가 되었다. 매년 바뀌고 있는 카니발의 첫날은 춘분 이후의 보름에 가까운 일요일(이날이 그리스도의 부활제)로부터 거슬러 올라가 50일 전의 토요일이다.

화려한 카니발 분장(출처 : 현지 여행안내서)

원래는 포르투갈의 리스본에서 엉망으

로 즐기는 광란의 축제였다고 한다. 19세기 중엽에 브라질로 전해지면서 아프리카의 흑인 종교, 삼바 음악 그리고 한여름의 열기가 더해져 현재와 같은 강한 리듬과 흥분의 도가니라고 할 수 있는 카니발이 생겨난 것이다.

이구아수폭포는 아르헨티나편에서 설명한 적이 있지만, 하나의 폭포임에도 국경으로 양국이 점유하고 있어 국가마다 위치와 전망을 달리하고 있다. 그래서 같은 내용이지만 독자들의 이해를 도우려고 브라질편에서 한 번 더 설명하기로 한다.

브라질 이구아수(IGUACU)폭포 지역은 아르헨티나와 브라질, 파라과이 세 나라가 파라나강과 이구아수강을 경계로 국경을 마주하고 있다. 이구아수강을 사이에 두고 브라질과 아르헨티나가 남북으로 갈라지고, 파라나강 서쪽

브라질 이구아수폭포

에는 파라과이가 있다. 폭포의 너비가 5km, 최고 낙차 100m가 넘는 웅장한 규모로 세계 최대이다. 이구아수의 이름은 원주민인 인디오들이 폭포를 부르던 호칭에서 유래되었다고 한다. 'IGU'는 '물'이라는 뜻이고, 'ACU'는 '장대한 것에 대한 경탄'의 뜻을 나타내는 말이다. 감동과 놀라움, 공포조차도 우월한 그 박력을 '장대한 물'이라는 한마디가 가장 정확한 표현이다.

브라질 쪽으로 덮어씌우듯이 떨어지는 다갈색의 물과 하얀 물보라는 가장 낙차가 큰 폭포인 악마의 숨통이 신음을 내듯 울리고 있으며 내려다보면 그 깊은 폭포 웅덩이가 입을 벌리고 있다. 도중에 끊어지는 일 없이 이어지는 이구아수폭포의 광경은 감동을 초월하여 공포감마저 느끼게 한다. 산책로에서는 이구아수폭포의 전체적인 모습이 한눈에 보여 넉넉한 마음으로 감상할 수 있다. 특별히 경관이 뛰어난 곳에는 전망대가 있어 한결 차분하게 경치를 바라볼 수 있다.

그리고 브라질의 마지막 여행지로 이구아수시에서 약 20km 지점에 브라질과 파라과이의 국경 파라나강에 건설된 이타이프 발전소는 세계 최대의 출력을 자랑하는 수력발전소이다. 양국이 공동 사업으로 1975년에 착공하여 1984년에 송전을 시작했다. 주요 댐 길이는 1,406m, 모든 댐의 길이는 총 8km, 높이는 최고 185m, 저수지 면적은 1,350km^2, 저수량은 2,010억m^3, 물 배출량은 초당 5만 8천m^{3}로 이구아수폭포의 약 30배의 배출량에 이른다.

이것으로 브라질 여행을 마무리하고 남아메리카 마지막 여행지 페루의 리마를 가기 위해 공항으로 이동했다.

페루 Peru

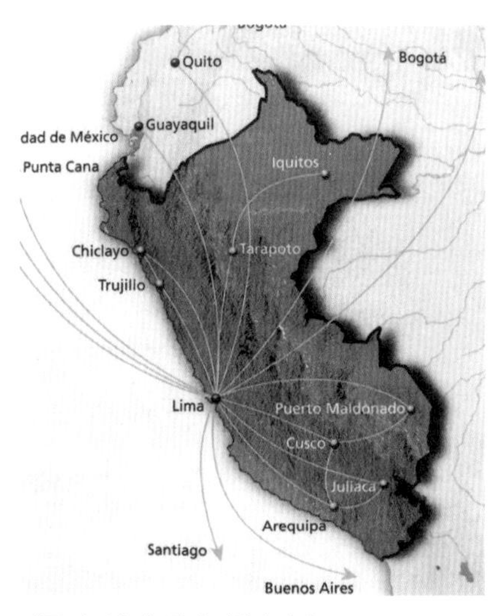

페루 지도(출처 : 현지 여행안내서)

남미를 여행한다고 하면 막상 떠오르는 이미지는 안데스의 산에 메아리치는 폴클로레(Folclóre)의 멜로디나 아침 안개에 싸인 잉카유적 마추픽추 그리고 민족의상이나 아마존의 밀림 등일 것이다.

그러나 이러한 남미의 이미지는 사실 모두 '페루'의 이미지이다. 물론 남미의 이미지는 나라에 따라서 매우 다양하며 우리가 알고 있는 것은 극히 일부분에 지나지 않는다. 그러나 페루가 남미의 매력이 집중된 곳이라는 사실을 부정할 수는 없다. 더구나 나스카의 지상 그림으로 대표되는 해안 지방의 고대문화와 스페인 사람들이 쌓아 올린 식민지 문화 등에도 수백 년의 역사가 서려 있는 페루 여행의 첫걸음을 리마에서 내딛는 것이 매우 가슴이 설렌다. 페루공화국은 남미 대륙의 서해안을 따라 중앙에 위치한 나라로 적도 바로 아래에서 남위 18도 사이에 걸쳐있다. 면적은 남한의 13배 정도로 에콰도르, 콜롬비아, 브라질, 칠레와 국경을 접하고 있다.

이 나라에는 크게 세 가지 기후대가 공존한다. 즉, 태평양 쪽의 해안지대인 코스타(Costa)는 거의 비가 내리지 않고, 안데스산맥의 산악 지대인 씨에라(Sierra), 그 동쪽으로 브라질 아마존에서 계속되는 밀림지대 셀바(Selva)가 펼쳐져 있다. 면적이 1,285,216km^{2}에 이르는 페루는 남미에서 세 번째로 큰 면적을 차지하고 있는 국가이다. 수준 높은 문명을 영위했던 잉카제국의 숨결이 살아있는 역사적인 곳이다. 11세기 말 중부 안데스 지역에서 나타난 잉카족은 12세기 초반에는 수도 쿠스코(Cuzco)를 중심으로 에콰도르, 볼리비아, 칠레를 아우르는 약 500만 km^{2}에 달하는 대제국을 건설하여 찬란한 잉카문명을 꽃피웠다. 그러나 1532년부터 1821년 독립군 지도자인 산마르틴 장군이 독립을 쟁취하기 전까지 스페인의 식민통치 아래 많은 잉카문명의 문화재들이 파괴되었고, 1980년 군사정권이 퇴각하고 민정체제가 들어섰다. 그리고 1990년 후지모리 대통령 집권 후 정치 · 경제적인 안정을 이루게 되었지만, 1995년 후지모리의 재집권 후 많은 부정과 비리가 드러나 사회적인 물의를 일으켰다. 페루에는 쿠스코와 마추픽추만 있는 것은 아니다. 안데스의 동쪽에서 흐르고 있는 아마존강을 둘러싸고 형성된 아마존 밀림도 페루를 이루고 있는 넓은 지형 중의 하나이다. 아직 아마존의 많은 부분이 인간의 접근을 허락하지 않고 있어, 모험심이 강하고 대담한 여행자들은 신비로운 밀림 속으로 발을 들여놓고 있다.

19세기 초반까지 페루는 스페인의 식민지로서 압정의 시달림을 받았다. 19세기 초 남미의 각 식민지 나라들의 독립과 함께 1821년에 독립하였다. 안데스 산지에 메아리치는 폴클로레, 민속 의상을 입고 있는 인디오 여인, 아침 안개에 싸여 있는 잉카의 유적, 불가사의한 지상 그림, 아마존 밀림지대 등 남미 이미지의 모든 것을 지닌 나라가 페루다. 남미 최대의 제국을 쌓았던 잉카를 비롯하여 페루에는 기원전부터 몇 개의 고대 문명이 꽃피었다가 사라졌다. 몇천 년 전에 세워진 유적에 다시 잉카의 유적이 세워지고 그 위에 다시 식민지 시대의 건물들이 서 있는 페루는 먼 과거를 아주 가까이에서 느낄 수 있는 불가사의한 매력이 있는 나라다.

수도는 리마이며, 인구는 약 3,500만 명으로 이웃 나라와 다르게 잉카의 후예 인디오계가 반 이상을 차지하고 있다. 공용어는 스페인어를 쓰고 있으며, 종교는 대다수가 가톨릭을 믿고 있다. 시차는 한국시각보다 14시간이 늦다.

• 푸노(Puno)

페루 최남단 안데스산맥의 중앙에 있는 푸노는 세계에서 가장 높은 지대에 위치하고 있는 티티카카호수와 볼리비아의 국경을 접하고 있는 도시이다. 푸노 티티카카호수에 떠 있는 섬은 20여 개 남짓. 대개 주민들은 어업에 종사하며, 특히 깊은 호수에서 잡아 올리는 송어는 이곳의 명물로 꼽힌다. 우르스족이라 불리는 섬의 주민들은 모든 주식을 섬을 통해 얻는다. 이들은 갈대 섬에서 갈대 배를 타고 갈대 순을 먹으며 살아간다.

• 코파카바나(Copacabana)

코파카바나는 볼리비아 땅에도 속하는 곳으로, 티티카카호숫가에 있는 조그마한 고원 마을로 해발 4,018m에 있다. 모레나성당으로 유명한 곳이며 인디오들의 신앙의 중심지이다. 오늘날 많은 인디오가 멀리서 이곳까지 성지순례를 하고 있다. 눈부시게 하얀 무어 양식의 성당이 있고 칸델라리아(Candelaria)의 마리아 축제가 열린다. 이슬라 수리키(Isla Suriqui)는 토토라 갈대 배로 세계적으로 널리 알려진 곳이며 이슬라 칼라우타(Isla Kalahuta)는 돌무덤으로 유명하다. 이슬라 인카스(Isla Incas)는 페루에 있는 옛 잉카의 수도인 쿠스코(Cuzco)와 연결된 지하 통로가 있다는 전설이 전해져 오는 곳이다.

• 리마 - 페루의 보석

페루의 수도인 리마는 피사로에 의해 1535년 1월 18일에 건설된 도시이다. 페루 전체인구의 30% 정도가 거주하고 있으며, 급격한 이촌 향도로 여러 도시문제가 야기되고 있다. 4월부터 12월까지는 한류의 영향으로 안개가 많이 끼며, 1821년 4월까지 282년 동안 페루 부왕청이 존재했고 1821년 7월 28일 산마르틴에 의해 페루의 독립이 선언된 역사적인 곳이다.

여전히 식민지 시대의 건물이 건재하지만 급격한 이촌 향도(페루 인구의 3분의 1 정도인 6백만 명이 리마시에 거주)로 인한 인구 증가 등 여러 도시문제가 발생하고 있다. 외국 여행자들을 상대로 한 소매치기 등을 조심해야 한다. 4월에서 12월은 매일 한류의 영향으로 도시 위로 안개가 깔려 리마를 꿈

속의 도시처럼 느끼게 한다.

리마는 자연의 아름다움과 풍부한 문화유산으로 세계적으로 유명한 곳이다. 그래서 1년에 수천만 명의 방문객이 찾아온다. 라틴아메리카를 방문하는 모든 사람이 페루의 문화와 경제의 중심지인 리마를 찾아온다고 해도 과언이 아니다. 연간 강수량이 2인치를 밑도는 굉장히 건조한 해양성 기후 지역이다.

리마는 19세기 초 남아메리카 각국이 에스파냐로부터 독립할 때까지 남아메리카에 있는 에스파냐 영토 전체의 주도가 되었다. 적도 부근 연안 사막지대에 위치하나 페루 해류의 영향을 받아 기온은 그다지 높지 않고, 월평균 기온은 2월이 22.5℃로 가장 높고 7월이 15℃ 정도로 가장 낮다. 연 강수량은 약 30mm에 불과하다. 시내에는 1551년에 설립된 남아메리카 최고의 산마르코스대학교, 1563년에 건축된 남아메리카에서 가장 오래된 극장이 있다. 현재도 옛 식민지 시대에 건축한 건물이 근대적인 고층건물 속에 남아있다. 그중에서도 식민 초기의 건축물 대통령 관저를 비롯하여 많은 옛 교회, 궁전과 박물관, 미술관과 공원 등이 있다. 특히 인류고고학박물관에는 잉카를 비롯하여 치무, 나스카, 파차카막 등의 선(先)잉카 문화를 나타내는 많은 직물과 도기, 미라 등이 전시되어 있어 귀중한 고고학적 유물로 알려져 있으며 유네스코 세계유산목록에 들어 있다.

• 쿠스코(Cuzco)

세계에서 가장 신비하고 불가사의한 문화 가운데 하나인 잉카의 중심부 쿠

쿠스코 방문 기념엽서

스코는 인구 약 42만 8천 명으로(2021년) 리마의 동남쪽 580km, 해발고도 3,740m의 안데스 산중의 쿠스코 분지에 위치하고 있다. 기후는 쾌적하나 공기밀도가 낮아 고산증을 일으키는 곳이다.

케추아어로 '배꼽'이란 뜻인데 13세기 초에 건설되어 16세기 중반까지 중앙 안데스 일대를 지배한 잉카제국의 수도였다. 1533년 피사로에 정복되었으나, 번영의 절정기를 맞이하던 당시의 쿠스코는 정연한 시가지, 아름다운 건물, 거대한 신전 등으로 정복자들을 놀라게 하였다. 정복된 후, 해안 지방에 현재의 수도인 리마시(市)가 건설되자 수도의 기능을 빼앗겼다. 주민의 대부분은 잉카의 자손인 인디오인데, 지금은 안데스 산악 지대의 농 · 목축업, 상업 및 교통의 중심지로서 면 · 모직물, 피혁 가공 외에 경공업이 발달하였고, 모엔드항구로 통하는 철도가 있고 라마와는 자동차도로와 항공로로 이어진다. 시내와 교외에는 잉카제국의 유적이 많고 연구자나 여행자의 메카 역할을 한다.

• 아르마스광장(Plaza de Armas)

아르마스광장은 잉카제국 시대에는 와카이파타, 아우카이파타라고 불리는 두 곳으로 구분된 광장이었고, 광장의 신성한 흙은 잉카가 정복한 도시로서는 드물게 300km 이상이나 떨어진 해안의 모래를 이곳에 옮겨 깔았다고 한다. 현재는 대성당, 레스토랑, 여행사, 선물상점 등이 모여 있는 관광거점이다.

• 대성당(Cathedral)

1550년부터 건축하기 시작하여 100년 후에 완공된 성당이다. 은 300톤을 사용하여 만든 중앙 제단은 볼만한 가치가 있고, 지붕에는 남미에서 가장 큰 종이 있다. 그리고 그 울림은 멀리 40km까지 퍼진다고 한다.

• 산토도밍고교회(코리칸차 태양신전)

이곳은 잉카제국 시대에는 코리칸차라고 불리던 태양신전이었다. 스페인 사람들은 황금으로 가득했던 신전에서 탐나는 것을 모두 빼앗은 후에 상부를 부수고 남은 토대 위에 추리게레스코(Churrigueresco) 양식의 교회를 세웠다. 그러나 쿠스코에 대지진이 있었을 때 산토도밍고교회가 무참하게 붕괴하였지만, 토대인 석조만은 하나도 뒤틀리지 않아 잉카 석조의 정교함을 나타내는 증거로 전해져오고 있다.

• 삭사이와만(Sacsayhuaman)

쿠스코 동쪽을 지키는 견고한 요새다. 이 유적은 거석을 3층으로 쌓아 올려서 만들었다. 정확한 목적은 알려지지 않았지만 쿠스코 도시 전체가 퓨마 모양을 하고 있으며 삭사이와만이 그 머리 부분에 해당하기 때문에 쿠스코의 관리사 역할을 했다고 한다. 유적은 3층의 거석이 22회의 구불구불함을 그리면서 360m에 걸쳐서 이어진다. 사용한 돌은 근교뿐만 아니라 원거리에서도 운반해 왔으며, 완성되기까지 하루 3만 명을 동원하여 약 80년이 걸렸다고 한다. 삭사이와만광장에서는 매년 6월 24일에 '태양의 축제'가 열리며 잉카 의식을 그대로 재현한다.

삭사이와만

• 켄코(Qengo)

삭사이와만유적에서 도보로 약 15분 거리에 돌을 깎아서 만들어 놓은 것이다. 켄코는 '지그재그'를 의미하는 말로써 거대한 바위에 지그재그 조각과 지그재그 통로가 있다. 표면에 새겨진 지그재그는 사람을 제물로 바친 후 흐

켄코

르는 피를 이 지그재그를 통해 바닥에 떨어지기 직전 잔에 담는 것으로 여겨지고 있다.

• 탐보마차이(Tambo Machay)

'성스러운 샘'이라고 불리며, 우기나 건기에 상관없이 언제나 같은 양의 물이 솟아나고 있다. 잉카 시대에는 욕탕으로 이용했으나, 물이 어디서부터 흘러오는지를 모른다.

탐보마차이

잉카의 수도 쿠스코에서 유적지를 조금이라도 더 많이 둘러보려는 욕심에 필자는 버스에서 내릴 때는 제일 먼저 내리고 다음 유적지로 이동할 때는 제일 마지막에 승차하며 하루 일정을 소화했다. 오늘이 2004년 8월 9일이다. 필자가 지금까지 살아오면서 고산지대를 여행하거나 머물러본 적이 전혀 없었다. 그리고 오늘의 숙소가 있는 우루밤바로 이동하여 호텔에 투숙하고 얼마 지나지 않아 머리에 견딜 수 없는 통증이 오기 시작했다. 차디찬 물로 머리를 감거나 냉수건으로 머리를 동여매도 소용이 없고 차도가 없다. 참다못해 호텔 프런트에 가서 머리가 아파서 죽을 것만 같다고 하니 "쿠스코는 고산지대로 산소가 부족하기 때문에 고산병이 발병해서 고통이 심할 것"이라고 일러준다. 그리고 알약을 몇 알 주면서 바로 경구투여하라라고 한다. 약을 먹고 얼마간 시간이 지나 차츰차츰 통증이 사라지고 머리가 상쾌해지는 것을 느낄 수 있었다.

현지인들은 고산병을 어떻게 해결하느냐고 물어보니 "현지인들은 외지인들보다 폐와 심장이 2배나 크기에 고산병 자체를 모르고 생활하고 있다."고 한다. 고산지대를 여행하는 여행자들에게 참고가 되었으면 한다.

• **마추픽추(Machu Picchu)**

쿠스코시에서 우루밤바강을 따라 북서쪽으로 114km 내려간 지점에서 지면 위로부터는 400m, 해발로는 2,280m 지점에 세워진 5km^2 크기의 잉카 유적으로 아직 해명되지 않은 많은 수수께끼를 지닌 마추픽추는 케추아족 언어로 '늙은 산'이란 뜻이다. 1534년 정복자인 에스파냐인을 상대로 반란을 일으켰던 만코 2세 이하 사이리 토파크, 티투 쿠시, 토파크 아마르 등이 잉카의 거점으로 삼았던 성채도시가 보인다. 그 시대에 세운 건조물이 주체를 이루고 있으나, 정복 전의 잉카 시대에 속하는 부분도 있는 것 같다. 출토된 유물은 후기 잉카의 토기와 금속기가 대부분이며, 1911년 미국의 젊은 역사학자인 하이럼 빙엄(Hiram Bingham)이 처음으로 이곳을 발견한 후 발표한 발굴 결과에 따르면 잉카 이전의 유물도 상당수 있었다는 기록이 있다. 유네스코 세계유산목록에 수록되어 있다.

많은 사람이 '잃어버린 도시' 그리고 '공중의 도시' 또는 '태양의 도시'로 표현하는 마추픽추는 굽이굽이 감아 도는 비포장도로를 따라 올라가면 그 옛날 성채도시가 한눈에 들어온다. 도시의 형태로 남아있는 것은 건물의 기초와

마추픽추

나지막한 벽체뿐이다. 지붕이라고 생각되는 형체는 그 어디에도 찾아볼 수가 없다.

그러나 전성기에는 5,000~10,000명에 가까운 잉카인들이 정복자 스페인을 상대로 항거하던 최후의 보루였다. 성채도시를 유심히 바라보면 수많은 석물을 가벼운 돌도 아니고 무게가 무려 200~300톤 이상의 돌을 어디에서 어떻게 운반해서 정상에 가까운 이곳에 도시를 건설하고 살아왔는지 의문이 사라지지 않는다. 돌을 다루는 솜씨가 너무나 정교하다고 관광객 모두가 혀를 내두르는 소리에 필자가 면도칼을 가지고 돌로 만든 벽돌과 벽돌 사이를 밀고 당겨도 들어갈 틈이 전혀 생기지 않았다. 그리고 더욱더 놀라운 것은 아무리 찾아보아도 식수나 생활용수로 사용한 우물이 보이지 않는다.

그래서 현지 가이드에게 생활용수와 식수를 어느 곳에서 수급하여 그 많은 인원이 살아왔는지 궁금해서 물어보니 저 산 너머에서 바위로 암키와 수키와를 제작해 짝을 맞추어 수도관을 만들어 물을 끌어와서 사용했다고 한다. 요즈음에는 송유관이나 수도관 파이프가 있어 문제없이 공사할 수 있다고 하지만, 그 옛날 산골짜기와 산등성이에는 고저가 있고 경사도가 있는데 석물로 짝을 맞추어 수도관을 만드는 것도 문제였을텐데 물 한 방울이라도 새는 것을 방지하며 이곳까지 운송했다는 것이 도무지 이해가 되지 않는다. 그리고 이곳에 거주하던 사람들 모두가 소리소문없이 어디로 사라졌는지 아무도 모른다고 한다. 그래서 마추픽추는 '잃어버린 공중도시', '영원한 수수께끼'라고 한다. 풀리지 않는 수수께끼 빈자리에는 오늘도 라마와 산 오리들이 잉카의 후손들을 대리해서 관광객을 맞이하고 있는 장면을 볼 수 있다.

남미의 랜드마크이며 관광 유적지의 얼굴이라고 할 수 있는 마추픽추 일정을 마무리하고 주차장에 도착했다. 초등학생으로 보이는 남자아이가 생긋 웃으며 인사를 한다. 그리고 버스에 올라 손을 흔들며 작별 인사를 하고 비탈길을 서서히 내려와 출발지에 도착하니 바로 앞에 작별 인사를 한 소년이 기다리고 있었다. 처음에는 쌍둥이라고 착각했었다. 사연인즉 우리 일행이 버스를 타고 굽이굽이 돌아서 하산을 하는 시간에 소년은 주차장에서 직선으로 오솔길을 달려 내려와 버스보다 목적지에 먼저 도착했다고 한다. 그 소리를 듣는 순간, 귀여운 목소리에 감동해서 5달러를 쥐여주니 고마움에 여러 번 고개 숙여 인사를 한다. 이렇게 책에 사연을 실을 줄 알았으면 소년의 사진을 남겼으며 하는 마음 아쉽기만 하다. 영원한 추억으로 간직하고 싶다.

오늘은 오전에 간단한 시내 관광을 위하여 전통 인디오 마을을 방문했다. 가재도구는 보잘것없고 가난했던 시절 우리나라 농촌 마을과 다를 바가 없다. 특이한 것은 가까운 조상들의 두상 부분 해골을 선반 위에 나란히 올려놓고 생활하고 있으며 윗대 조상들은 뒷동산에 비가 오면 잠기지 않을 정도로 얇게 파서 해골 부분만 우리나라 공동묘지처럼 안치하여 모시고 있다. 이색적인 느낌이 들어 필자가 집주인에게 "왜 집안에 이렇게 조상들의 해골을 모시고 있습니까?"라고 물어보니, "우리 인디오들의 오랜 전통장묘문화"라고 서슴없이 대답한다. 그리고 먹고 잠을 자는 단칸방에 기니피그(Guinea Pig)를 기르고 있다. 그래서 필자가 "무슨 용도로 기르느냐?"고 물어보니, 우리나라 닭이나 오리처럼 "성장 후 번식을 시켜 식용으로 이용하고 있다."고 한다. 생전 처음 보는 동물이라 호기심이 발동해서 질문하지 않을 수 없었다.

오후에는 페루의 아마존강 상류 정글 지역을 체험하기 위해 모터카노아를 타고 일명 원숭이섬에 도착해서 장시간 아마존 정글에 서식하는 동물들과 여유로운 사파리 체험을 하느라 시간 가는 줄 모르게 즐겼다. 주로 우거진 수풀과 앙상한 고목들이 이리저리 넘어져 있는 나무와 나무 사이를 도로라고 착각할 정도로 동물들이 뛰어다니며 놀고 있는 모습이 정겹다. 특히 원숭이 가족이 인간사회와 같이 자식을 안고, 업고, 모여 생활하는 모습은 작별하기에 아쉬울 정도로 필자에게 정겹게 다가왔다.

기니피그

정글 투어를 마치고 저녁에는 '아마존 정글의 호텔'이라고 하는 통나무기둥과 갈대와 억새로 지붕을 마감한 2층 라지(Lodge) 방갈로에서 묵었다. 시설이라고는 사람이 묵어갈 수 있게 빗물을 방지하고 추위를 면할 수 있게 한 것이 전부였다. 실내에는 침대와 이불 그리고 벽면에 거울 하나가 달랑 손님을 기다리고 있다. 전화기도 없어 모닝콜도 직원이 시간에 맞추어 룸을 찾아가 노크를 한다. 2층으로 건물을 지은 이유는 동물들의 침입을 막기 위함이라고 한다. 생활용수도 공동으로 이용하며 화장실 역시 공동화장실을 이용한다.

여러모로 불편한 점이 많아도 아마존 정글에서 하룻저녁을 유숙한다는 보

아마존강

람과 추억으로 마음을 달래며 내일이면 길고도 짧은 남아메리카 여행을 마무리한다. 귀국을 앞두고 가방에 들어 있는 짐부터 대충 정리해 놓고 조용히 창틈으로 별빛을 바라보며 살며시 잠을 청해본다.

아마존강 정글 라지 방갈로

Part 4.
남아메리카 2
South America 2

베네수엘라 Bolivarian Republic of Venezuela

정식명칭은 베네수엘라 볼리바르공화국(Republica Bolivariana de Venezuela)이다.

에스파냐의 정복자가 마라카이보(Maracaibo)호수에 세워진 인디오 가옥을 보고 베네치아를 연상하여 '작은 베네치아'라는 뜻으로 국명을 지었다. 석유수출국기구(OPEC) 가입국이며, 세계 5위 석유 수출국으로 석유 관련 수출품이 수출의 약 90%를 차지한다.

베네수엘라는 두드러진 자연미와 극적인 대비를 갖춘 나라이다. 서쪽 안데스산맥의 눈 덮인 정상과 남쪽의 찌는 듯한 아마존 정글이 있는가 하면, 동쪽으로 넋을 잃을 정도로 아름다운 그란 사바나(Gran Sabana) 고원에는 정상이 편평한 색다른 산들이 놓여있다. 반면, 카리브 해안에는 코코넛 야자수로 수놓아진 3,000km의 하얀 백사장이 이어져 있다. 남미에서 가장 큰 호수인 마라카이보호수와 세 번째로 긴 강인 오리노코(Orinoco)강도 이곳에 있으며 세계에서 가장 높은 폭포 앙헬폭포(Angel Falls)를 자랑한다.

베네수엘라는 남미 대륙 북쪽 끝과 적도 사이에 있는 나라이다. 북쪽과 동

북쪽은 카리브해와 대서양, 동쪽은 가이아나, 서쪽은 콜롬비아, 남쪽은 브라질과 각각 면하고 있으며, 1개의 연방구와 2개의 연방지구, 21개의 행정구역과 72개의 섬으로 구성되어 있다. 해안선의 길이는 2,816km, 내륙 국경의 길이는 5,000km에 달하고 있다. 국토는 산악지방, 중부 대초원 야노지방, 국토의 40%를 차지하는 아마존을 포함한 마시소과야네스 지역으로 구분되고 있다. 중앙 평원은 오리노코강과 수많은 그 지류가 형성하고 있는 평야 지대로, 광활한 삼각주와 야노스라고 하는 대초원이 발달하여 목축의 중심이 되는 지역이다.

베네수엘라에는 자그마치 1,060개나 되는 강이 흐르고 있으며, 주요 하천 오리노코강은 전장 2,160km로 내륙 1,900km까지 항해할 수 있어 볼리바르 지방에서 채광되는 광산물 수송에 이용되고 있다. 또한 길이 925km의 까로니강은 수력발전에 크게 이용되고 있다. 이 나라는 열대에 속하고 있으나 고도에 따라 다양한 기후와 기온분포를 보인다. 열대와 온대 양대 기후를 갖고 있으며 해발 800m 이하는 열대성 기후로, 기온은 24℃~36℃를 보인다. 해안지방은 연간 510~1,020mm, 내륙에는 1,030~2,030mm 정도의 강수량을 보인다. 국민의 75%는 도시에 거주하며 메스티소족, 백인, 인디오로 구성된 민족이다. 메스티소는 전 국민의 75%이며 물라토 10%, 흑인 6%, 그 외 인디오와 백인이다.

국토면적이 912,050km²로 한반도의 4.5배에 이르며 현재 인구는 약 2,871만 명, 언어는 스페인어를 공용어로 사용하며 일부 30여 개의 인디오 언어가 아직까지 사용되고 있다.

종교는 가톨릭이 86%, 기독교가 10% 순이다. 시차는 한국시각보다 13시간 30분이 늦다. 한국이 낮 12시면 베네수엘라는 전날 밤 10시 30분(22시 30분)이 된다. 전압은 110V 60Hz를 사용하며, 환율은 한화 1만 원이 베네수엘라 약 50볼리바르 후에르떼로 통용이 된다.

카라카스(Caracas)는 1567년에 세워진 도시로 1940년대까지 더디게 성장하다가 석유의 발견으로 그 발전 속도가 가속화되었다. 카라카스는 베네수엘라의 수도이며 알비라산(Alvila Mt)에 둘러싸여 고도 800m에 위치하고 있다. 인구 4백만의 베네수엘라 최대 도시인 이 도시는 정치, 문화, 상업, 예술, 교육의 중심지이다. 라틴 아메리카의 통일을 염원하며 독립전쟁에서 민족해방자로 추앙받았던 시몬 볼리바르(Simon Bolivar)의 고향이기도 하다.

아직도 식민지 시대의 잔영을 반영하는 역사적인 건물들과 17세기에 건설된 성당, 시청이 있는 볼리바르광장(Bolivar Plaza), 현대 미술박물관, 국립 아트갤러리 등이 있는 현대 도시이나, 오두막이나 판자촌들은 전후에 무분별하게 급증한 이주의 부산물로 카라카스를 둘러싼 언덕을 덮고 있다.

17세기 성당이 자리 잡은 볼리바르광장이나 시몬 볼리바르의 생가가 있는 카사 나탈 데 볼리바르(Casa Natal de Bolivar)를 비롯하여 파리의 상뜨 샤펠레를 모델로 한 19세기 네오고딕 양식의 교회 산타 카필라(Santa Capilla), 예전 지도자인 호아킨 크레스포(Joaquin Crespo)의 기념비적인 미라플로레스궁전(Palace de Miraflores), 많은 저명한 베네수엘라인들이 묻힌 신성한 판테온나시오날(Panteon Nacional), 역사적인 식민지풍 성격을 지닌 페타레스(Petares) 구역, 그리고 현대적인 카라카스를 맛볼 수 있는 활기 넘치는 페르케센트럴(Parque Central) 등이 있다.

밤에는 외출을 절대 삼가는 것이 좋다.

베네수엘라 날씨는 1년 내내 온화한 기후로 유명하다. 하루 기온은 보통 15~18℃ 사이이며, 가끔 밤에는 13℃ 이하로 떨어지기도 한다. 어느 시인은 카라카스 날씨를 '영원한(Everlasting) 봄'으로 묘사하기도 했다.

카나이마 국립공원(Canaima National Park)은 베네수엘라 남동부 볼리바르주에 있는 국립공원으로 가이아나와 브라질과의 국경에 면해 있다. 1962년 국립공원으로 지정되었고, 1975년에는 공원의 면적이 이전의 2배가 되는 약 3만 km^2로 확장되었다. 1994년 UNESCO(국제연합교육과학문화기구) 세계유산목록 가운데 국립공원으로 등재되었다.

이곳은 기아나고지의 중심부를 이루며, 전체면적의 약 65%가 테이블 마운틴으로 이루어져 있다. 테이블 마운틴이란 약 20억 년 전에 형성된 지각이 융기하고, 이것이 침식 때문에 테이블 모양으로 깎인 것인데, 절벽의 높이가 1,000m에 이르는 것도 있다. 기아나고지에는 이런 특수한 지형의 대지(臺地)가 100개 이상 존재한다. 테이블 마운틴 아래 평야부의 중심은 대초원지대이며, 그 밖의 대부분이 관목과 수많은 신기한 식물이 자라는 열대우림 습지대이다.

초원지대의 연간 평균기온은 24.5℃이지만, 테이블 마운틴 정상부는 야간에 0℃를 기록한다. 연 강수량은 지역에 따라 차이가 크다. 기아나고지에는 연간강수량이 3,000mm에 이르지만, 북서쪽에는 10월에서 4월에 걸쳐 건기가 있는 곳도 있다.

우기에는 거의 매일 비가 내리며, 비가 그치면 테이블 마운틴의 여기저기에 이름도 없는 커다란 폭포들이 생긴다. 20세기 전반 금맥을 찾던 미국인 제미 엔젤에 의하여 공중에서 발견된 엔젤폭포는 1,000m라는 세계 최대의 낙차를 가진 폭포인데, 너무 높은 낙차 때문에 수량이 적은 시기에는 위의 물이 아래까지 떨어지지 못하고 도중에 안개가 되어버린다.

수직으로 깎아지른 절벽에 둘러싸인 지형 때문에 테이블 마운틴의 정상은 공룡시대부터 기슭의 세계와는 단절된 환경 속에 있었다. 여기에는 몇 개의 대륙이 하나로 붙어 있던 곤드와나 대륙 때부터 독자적으로 진화해온 동식물이 서식한다. 기아나고지의 최고봉인 로라이마산의 지질이나 생물에 관한 조사는 거의 끝난 상태이지만, 기아나고지 전체로 보아서는 아직도 조사되지 않는 테이블 마운틴이 다수 존재하며, 여기에 미지의 생물이 살고 있을 가능성이 큰 것으로 추정된다.

국립공원 주변에는 약 1,000년 전부터 이 지역에 정착하고 있던 것으로 추정되는 페몬족이 살고 있다. 국립공원이 관광지로 개발되면서 이들 중 일부는 관광계통에서 일을 하는 사람도 있으나, 예전과 같은 방식으로 화전을 일구어 농사를 짓는 경우도 많아 자연보호 측면에서 문제가 되는 경우도 많다.

이번 남미여행의 목적은 세계에서 가장 높은 엔젤폭포, 지구의 자연적인 박물관 갈라파고스, 세계에서 제일 높은 곳에 있는 티티카카호수, 남아메리카 대동맥 안데스산맥의 우유니 소금평원, 세계에서 가장 고립된 신비의 이스트섬을 만나기 위해서이다.

먼저 뉴욕을 거쳐 연결편으로 파나마시티를 경유해서 베네수엘라 수도 카라카스에 도착했다. 현지 시각으로 00시 36분이다. 바로 숙소인 호텔로 이동했다.

시몬 볼리바르(출처 : 《역사를 바꾼 위대한 장군들》)

다음 날 제일 먼저 볼리바르광장에 들렀다. 이 나라의 국부(國父)이며 민족의 영웅 시몬 볼리바르(1783~1830)를 기리기 위해 조성된 볼리바르광장은 넓고 넓은 대지 위에 민족의 지도자 볼리바르의 업적을 후세 사람들에게 본보기가 되도록 조성된 것으로 보인다. 그는 100년에 1명 태어날 정도로 위대한 인물이다.

시몬 볼리바르는 베네수엘라 수도 카라카스에서 부유한 집안의 크리올료(남미에서 태어난 에스파냐 후손)로 태어났다.

고등교육을 받기 위해 유럽으로 건너가 유럽식으로 성장과 교육을 철저히 받았다. 그러나 일찍이 양부모를 여의고 외조부, 의삼촌 그리고 시집간 큰누나 집을 전전하며 성장했다. 18세에 결혼을 했지만, 결혼 10개월 만에 아내가 지병으로 사별한다. 실의에 빠진 그는 유럽에서 여행하며 나폴레옹 황제의 전성기를 목격하고 깊은 감동을 받았다. 그리고 귀국하고 나서 베네수엘라 독립운동에 적극적으로 매진한다.

볼리바르광장

한두 차례 실패를 거듭하지만 결국에는 베네수엘라, 콜롬비아, 에콰도르, 볼리비아 4개국을 스페인 식민지로부터 차례로 해방시키고 4개국을 합쳐 대콜롬비아공화국을 수립하고 대통령이 되었다.

'시대적인 운명과 팔자는 하늘이 돕는다.'는 말이 전해오고 있다.

망명지 아이티(Haiti)는 전체인구 중 흑인이 95%이다. 노예 해방을 조건으로 국가적으로 볼리바르의 독립운동을 적극 지원한다. 그리고 세계 최강국인 영국은 에스파냐 식민지 타도와 새로운 시장개척을 위하여 볼리바르의 독립운동을 측면 지원한다. 또 하나 나폴레옹 황제가 스페인 영토를 침공하여 스페인 본국에서는 남미 식민지국에 국방력을 증강할 겨를이 없었다.

운명의 여신은 이렇게 볼리바르를 적극적으로 보살펴 그는 독립운동에서 승승장구, 마침내 대콜롬비아공화국을 선포하게 된다.

그러나 그의 정치적인 생명과 영광은 그리 오래가지 못했다.

1826년 스페인계 신생공화국 유대강화를 목표로 파나마 회의를 개최하였으나 각국 간의 지역과 계층 간의 갈등으로 대립과 이해관계가 얽혀서 1830년 대콜롬비아공화국이 해체되었다. 그러고 나서 그는 대통령직과 후계자 지명권 그리고 정치적인 모든 권한을 포기했다. 그리고 "이 세상에 제일 어리석은 바보가 세 명이 있다. 그 첫째가 예수그리스도, 둘째가 돈키호테, 셋째가 나 볼리바르다."라고 관중을 향해 외쳤다. 그리고 수도 보고타를 떠나 카리브해 산마르타로 건너가 지인의 별장에 칩거하던 중 심한 결핵으로 인해 47세의 젊은 나이에 생을 마감한다. 인생은 짧지만, 그의 정치적인 입지는 후세 사람들의 귀감이 되며 중남미 근대사에 그를 제외한 역사적인 이야기는 있을 수 없다. 그래서 중남미 역사상 최초 최고의 민족 영웅으로 추앙받는 시몬 볼리바르이다.

그리고 볼리바르박물관, 성 테레사성당(Basilica De Santa Teresa), 카라카스 구시가지(O1d Caracas) 등을 두루 살펴보는 일정으로 하루를 보냈다. 그런데 도시 주변에 있는 하천이나 도로 사정이 너무나 빈약하고 지저분하다. 국가의 정책 잘못으로 고급주택이나 빌딩을 하나 사려고 하면 베네수엘라 화폐를 지게로 한 짐 지고 가야 매수할 수가 있다고 한다. 그 소리를 듣고 시민들을 쳐다보니 처량하기도 하고, 가엽기도 하며, 불쌍하게 여겨진다.

세계에서 가장 높은 엔젤폭포(원명 '앙헬폭포')는 베네수엘라 카나이마 국립공원에 가면 그 거대한 위용을 만날 수 있다. 높이가 무려 979m의 폭포수가 다른 곳에 부딪히지 않고 자유낙하 하는 높이만 807m로 상상하기도 힘든 폭포이다. 미국 항공 탐험가인 제임스 지미 크로포드 엔젤이 1937년 자신의 비행기인 '엔젤'을 타고 비행하던 중 비행기 고장으로 11일 동안 케레파쿠파이폭포 인근에서 사투를 벌이던 중 이 거대한 폭포가 발견되어 외부세계에 알려지면서 제임스 엔젤의 이름을 따 '엔젤폭포'로 명명하였다. 카나이마 국립공원은 베네수엘라에서 두 번째로 큰 국립공원으로 테이블 모양으로 생긴 테푸이스고원으로 인하여 1994년 유네스코 세계 자연유산에 등재되었다. 이곳은 열대 다우림이 널려진 목초지와 엔젤폭포 주변에 여러 줄기의 폭포들이 우렁찬 위용을 드러내고 있다.

건기일 때와 우기일 때의 엔젤폭포(출처 : 현지 여행안내서)

엔젤폭포를 만나기 위해 수도 카라카스에서 R7 여객기를 타고 푸에르토오르다즈(Puerto Ordaz)공항에 도착해서 연결편으로 카나미아 국립공원에 도착했다. 엔젤폭포 관광은 보트를 타고 접근하는 방법과 소형 경비행기를 타고 상공을 날아가며 관광하는 두 가지 유형이 있다. 우리 일행들은 경비행기를 이용하기로 했다. 정원이 조종사 포함 네 명이다. 조종사 옆 좌석과 뒷좌석 2개가 전부이다. 자동차보다 더 협소하다. 막상 조종사 옆좌석에 탑승하자 바로 일정을 소화할 자신이 없어 내리고 싶은 마음이 생겼다. 연식을 표현하자면 6 · 25전쟁 때 이용하던 비행기처럼 보였다. 곰곰이 생각해 보았다. 필자는 과거 공군 항공 정비창을 방문한 적이 있었다. 비행기는 안전이 최우선이기 때문에 일정 기간 일정 마일을 운항하면 내부기관 전체를 법적으로 교체 수리하게 되어있다. 심지어 우리가 자주 이용하는 엘리베이터도 수명 25년이 지나면 전면 교체가 아니면 핵심부품 교체 수리를 해야 한다.

상식적으로 이렇게 숙지하고 있으니 타고 가는 것으로 가닥을 잡았다. 그러나 두 번 다시 탑승할 생각은 전혀 없다.

폭포 정상에 다다르니 지형 대부분이 테이블 마운틴으로 형성되어 있다. 20억 년 전 지각 변동으로 이루어진 암석층을 비행하며 수평으로 파노라마처럼 펼쳐지는 전경은 '시멘트로 조경해도 저렇게 훌륭한 작품이 탄생할 수 있을까?' 싶을 정도로 경이롭다. 필자는 너무 매혹에 빠지고 감격에 겨워 지금 이 순간을 영원히 잊지 못할 것 같다. 그리고 비행기는 계곡과 계곡 사이를 넘나들며 곡예비행을 수시로 해서 조종사 옆 좌석에 앉은 필자는 더욱더 많은 위험부담을 느낌과 동시에 비행기 날개가 암석층에 부딪히지 않을까 가끔 가슴이 오싹하고 오금이 저리는 순간을 감내해야 했다. 심장이 약한 사람은 눈을 감지 않으면 견딜 수가 없을 것 같다.

암석층과 폭포를 좌우로 날아다니며 주어진 비행시간 40분을 무사히 마치고 공항에 도착하는 순간, 함께 탄 두 명의 탑승객은 살아왔다는 감격과 기쁨에 겨워 서로가 손바닥을 마주치며, 박수와 미소를 아끼지 않았다.

그리고 다음 날 파라카우파 캠프(Parakaupa Camp)를 출발해 사포, 엘사피도(Sapo, El Sapito)폭포에 도착하여 우의를 입고 떨어지는 폭포의 물줄기를 사정없이 맞으며 즐겁고 유익한 시간을 보냈다. 그리고 일정을 역순으로 카나이마공항으로 이동해 푸에르토오르다즈공항을 거쳐 연결편으로 카라카스공항에 도착했다.

엘사피도폭포

엔젤폭포를 관광하기 위해 이틀에 걸쳐 비행기를 무려 왕복 5회나 탑승하는 일정을 무사히 마무리하고 다음 여행지 콜롬비아로 이동했다.

콜롬비아 Colombia

콜롬비아는 널리 알려진 바와 달리, 국민들이 정돈된 생활을 추구하는 무척이나 단정하고 활발한 사람들이다. 또한 콜롬비아에는 몇몇 아름다운 마을과 카리브해변, 커다란 산맥, 안데스계곡 그리고 아마존의 열대우림 등이 다양하게 펼쳐져 있다. 오해와 애매한 평판 때문에 콜롬비아는 분명 남미에서 가장 제대로 평가받지 못하고 있는 여행지일 것이다. 그러나 한국전쟁 참전국 16개국 중 유일한 중남미 국가였다는 사실을 아는 사람은 아주 드물다. 피를 나눈 혈맹답게 무사증 입국이 가능한 나라이다.

일찍이 '엘도라도(황금의 나라)'라고 불리던 곳이다. 요즘은 남아메리카 제2위의 커피 생산량과 세계 시장의 80% 이상을 차지하고 있는 에메랄드의 나라로 유명하다. 정식 국명은 콜롬비아공화국(Republic of Colombia)이며, 수도는 보고타이다. 콜롬비아는 남미 대륙의 북서부에 위치하며 북쪽은 카리브해, 서쪽은 태평양에 면해 있다. 북서쪽으로 파나마, 동쪽으로 베네수엘라와 브라질, 남쪽으로 에콰도르와 페루를 접하고 있다.

콜롬비아의 지형은 북서부 고지대와 남동부 저지대로 대변되며 북서부 고

지대는 서해안 쪽으로 바도우산맥, 서부의 옥시덴탈산맥, 중앙의 센트랄산맥, 동부의 오리엔탈산맥 등 4개의 습곡산맥으로 이뤄져 있다. 산맥 사이에는 좁고 긴 구조곡이 발달하고 있으며 그사이를 아트라토강, 카우카강, 마그달레나강이 북류하여 카리브해로 유입되고 있다. 센트랄산맥의 최고봉은 크리스토발콜론산(5,775m)이다.

주요 하천은 마그달레나강과 그 지류인 카우카강으로 두 강의 길이는 2,700km에 달한다. 국토의 크기는 한반도의 5배쯤 되는 114만 1,148km^{2}이다. 남미 대륙의 태평양 연안에 남북으로 뻗은 안데스산맥은 이 나라에 들어와서 동부, 중부, 서부의 세 갈래로 나누어진다. 각각 3,000m급의 산들로 이어져 있다.

국토의 40%가 산악 지대이지만, 동쪽에는 평원이 펼쳐져 있고, 동쪽 초원으로부터 아마존강 유역의 밀림에 이르기까지 변화가 많다. 국토 대부분이 적도를 중심으로 북위 12도에서 남위 4도 사이의 열대에 걸쳐 있으나 지형적인 조건으로 열대성, 아열대성, 온대, 적도우림기후를 나타낸다. 인구의 58%는 백인과 인디오의 혼혈인 메스티소, 20%는 스페인계 백인, 14%는 백인과 흑인의 혼혈인 물라토 그리고 그 밖에 인디오, 흑인 등으로 구성되어 있다.

현재 인구는 5,127만 명, 언어는 스페인어 외에 75개의 토착 인디오 언어를 사용하고 있다. 종교는 가톨릭이 95%를 차지한다. 시차는 한국시각보다 14시간 늦다. 한국이 낮 12시면, 콜롬비아는 전날 밤 10시(22시)가 된다. 전압은 110V 60Hz를 사용하며, 환율은 한화 1만 원이 콜롬비아 약 2만 페소로 통용된다.

콜롬비아는 다양한 민족들이 모자이크처럼 섞여 있으며 문화와 민속, 예술, 공예품 등에 잘 반영되어 있다. 뿌리와 전통이 다른 인디오, 스페인인, 아프리카인들은 특히 공예, 조각, 음악 등에서 흥미로운 융합을 보여준다. 콜럼버스 이전 시대의 예술은 주로 돌을 조각하거나 도기, 황금제품 등으로 구성되어 있다. 인디오의 바구니 제품이나 직물, 도기 등은 콜럼버스 이전 시대까지 거슬러 올라가지만, 현재는 전통적인 디자인과 현대적인 기법을 혼합하고 있다. 콜롬비아의 음악은 카리브해의 아프리카 리듬과 쿠바의 살사 그리고 스페인의 영향을 많이 받은 안데스산맥의 음악들로 이루어져 있다.

스페인어는 콜롬비아의 공식 언어인데 몇몇 오지의 인디오 부족을 제외하고는 모든 콜롬비아인이 사용하는 언어이다. 또한 75개의 인디오 언어가 시골에서는 아직도 쓰이고 있다. 비록 영어도 교육 과정에 포함되어 있기는 하지만, 잘 알려져 있지 않고 거의 쓰이지도 않는다. 근래 들어 3백만 명이 넘는 사람들이 가톨릭을 떠나 다른 종교(성공회, 루터파, 몰몬, 기타 등등)나 여러 종교적 분파로 전향하고 있지만, 아직도 가톨릭이 가장 지배적인 종교로 남아있다.

콜롬비아의 음식은 주로 닭고기, 돼지고기, 감자, 쌀, 콩, 수프 등으로 구성되어 있다. 흥미로운 음식들로는 아히아코(닭과 감자로 만든 수프로 보고타의 별미), 오리미가 쿨로나(주로 튀긴 음식으로 구성되는 산탄데르의 독특하고 복잡한 음식), 레쵸나(어린 돼지를 꼬챙이에 구워 쌀로 채운 똘리마의 별미) 등이 있다. 과일의 종류는 놀랄 만하고, 커피와 맥주는 보통 이상이며,

와인은 아주 뛰어나다.

보고타(Bogota)는 '상춘(常春)의 도시'라고 불린다. 안데스산맥 기슭의 고원지대에 자리 잡고 있으며, 연평균 기온 15℃로 기후가 온난하고 사계절의 변화가 적다.

1538년 에스파냐인(人) G. 히메네스 데 케사다에 의하여 세워진 이래 식민시대부터 남아메리카 문화 활동의 중심지로 '남아메리카의 아테네'라고 불렸다. 옛 에스파냐풍의 시가는 식민시대의 옛 건축물과 근대 건축물이 잘 조화되어 있다. 대통령관저, 국회의사당, 관공서, 국립대학(1572년), 국립도서관(1777년), 원주민의 황금세공으로 알려진 금(金)박물관. 세계 유일의 에메랄드박물관. 옛 교회와 성당 등 훌륭하고 역사적인 건물이 많이 남아있다. 볼리바르광장의 대성당은 남아메리카에서 가장 오래된 아름다운 건축물의 하나로 꼽힌다.

부근의 비옥한 고원지대에서는 곡물, 채소, 과일 등의 농산물과 돌소금, 석탄, 철광 등의 지하자원도 생산된다. 시내에는 자동차조립, 면직, 모직, 유리, 시멘트 등의 공업이 활발하다. 내륙의 고원 분지에 위치하기 때문에 외부와의 교통 사정이 제약을 받는다. 콜롬비아의 수도인 보고타는 경제 활동의 중심지일 뿐 아니라 콜롬비아 국립대학을 비롯하여 13개 대학, 음악당, 각종 아카데미, 박물관 등이 있는 문화도시이기도 하다.

1538년 바카타족의 마을이 있던 곳에 스페인 사람들이 도시를 건설하기 시작하여 지금은 남북의 길이 약 20km에 이른다. 연평균 기온이 15℃인 '상춘의 도시'이다. 보고타는 미래적인 건축물이 활기 넘치며 다양한 문화 그리고 지적인 생활, 눈부신 식민지 시대 성당과 다양한 박물관 등이 갖춰진 콜롬비아의 정수라 할 수 있다.

또한 이 도시는 불쌍한 아이들과 거지들, 판자촌과 차량 정체의 도시이기도 하다. 마세라티 같은 고급 차와 노새가 끄는 달구지들로 격차를 나타내 주는 이런 놀라운 부와 빈의 혼합은 보고타를 세계에서 가장 혼란스러우면서도 매혹적이고 또한 억척스러운 수도로 만든다.

볼만한 구경거리로는 콜럼버스 이전 시대의 역사적인 유물을 전시하고 있으며, 같은 류의 박물관 중 가장 중요한 곳인 오로(Oro)박물관과 역시 콜럼버스 이전 시대부터 현대 예술에 이르기까지 다양한 전시물을 갖추고 있는 국립박물관을 들 수 있다.

또 산타클라라성당은 프레스코화로 새긴 내부 장식이나 조상 그리고 제단 그림 등이 있고, 산 이그나시오성당은 콜롬비아에서 가장 풍부하게 장식된 성당 중의 하나이다. 식민지 시대의 오래된 구시가인 라 칸델라리아(La Candelaria)는 이 도시의 측면에 있으며 여러 기적이 일어난 곳으로 유명한 세로 데 몬세라떼(Cerro de Monserrate) 등도 볼만한 곳들이다. 그리고 호세 셀레스띠노 무띠스식물원은 이 나라의 많은 식물들을 보여주는 아름다운 식물원이다.

페르난도 보테로(Fernando Botero)미술관은 콜롬비아 출신으로 세계적인 화가 페르난도 보테로가 기증한 미술작품과 조각품이 전시되어 있는 미술관이다. 그는 어려서부터 그림 그리기에 지대한 관심과 소질을 바탕으로 태어난 화가이며 조각가로서 나이 26세에 콜롬비아 국립미술대학교 교수로 역

페르난도 보테로의 작품들

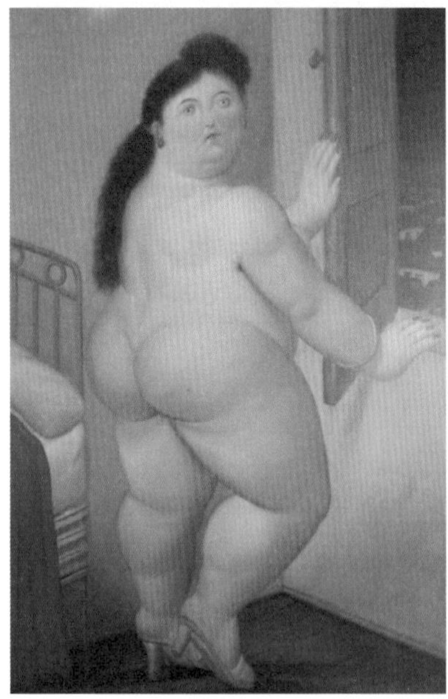

페르난도 보테로의 작품들

임하면서 재능을 마음껏 발휘하기 시작했다. 특이한 양감 기법으로 남녀 뚱뚱한 인체를 화풍으로 세계인들의 이목을 집중시켜온 화가이다.

풍만한 허벅지와 종아리에 비해 발과 발목을 빈약하게 그려서 미술사에 유례가 없는 화풍으로 자신만의 개성 있는 화가로 자리매김한다. '뚱보 열두 살의 모나리자'라는 작품을 출품하여 세상에 유명 인사가 되었다.

그리고 그의 작품이 남미에서 최고의 가격으로 거래가 되면서부터 더욱 유명해졌다. 1932년 4월 19일생인 그는 지금까지 작품활동을 계속하고 있는 인물이다. 오늘이 2015년 3월 2일이다. 우리나라 나이로는 84세가 된다.

다수의 뚱보를 설명보다 사진으로 대신하기로 한다

오후에는 수도 보고타에서 49km의 거리에 있는 시파키라(Zipaquira) 소금광산으로 이동했다. 시파키라 소금광산은 세계 최대의 소금광산이며 해발 2,680m 고도에 있다. 면적이 약 8,500km^{2}이며 광의 높이가 25m에 이른다. 그리고 소금을 채굴한 자리에 지하 최대의 성당이 그대도 남아있다. 이 성당의 역사는 스페인 식민지 시절 소금광산 업주가 노동력을 착취하기 위해 원주민을 동원해 소금을 채굴하는 과정으로, 채굴하는 시설과 장비가 열악해 갱도가 자주 무너져 내려 원주민 광부들이 목숨을 잃는 사고가 빈번해지자 광부들은 채굴작업을 시작하기 전 십자가를 세워놓고 오늘도 목숨을 안전하게 지켜줄 것을 기대하며 기도하는 장소이다. 광부들의 숫자와 기도하는 인원이 점점 늘어나자 건축양식처럼 채굴한 자리에 성당을 조성하여 그 옛날 그 자리에서 지금도 미사에 참여할 수 있게 보존이 너무나 잘되어 있다. 입구 통로에는 네온사인으로 장식을 해놓았고, 내부에는 그 당시 소금광산에서 이

소금광산 내의 성당

소금광산 입구

용하던 도구와 연장들을 박물관처럼 정교하게 진열해 놓았다. 벽면에는 그림과 사진으로 소금광산의 발자취와 현장 실태를 그대로 간직해 놓았다. 폴란드 사람들이 세계 최고의 소금광산이라고 하는 비엘리치카(Wieliczka) 소금광산은 수직으로 125m 내려가서 일직선으로 동굴처럼 소금을 채굴했는데, 이곳 시파키라 소금광산은 깊숙이 채굴하여 연못을 이루기도 하고 다랑논처럼 계단을 만들어 놓았으며 또한 운동장이나 광장 등으로 조성된 곳도 있다. 필자 생각으로는 염맥을 찾아가며 채굴한 것으로 느껴진다.

이곳은 그 옛날 지각 변동으로 바다가 육지가 되면서 소금이 집중적으로 산더미 같이 쌓아 올려진 장소라고 기억하고 싶은 곳이기도 하다.

소금광산 내의 전시관

소금광산에서 너무 많은 시간을 할애해서 서산에 해가 저물어 가고 있어 다음 여행지는 버스를 타고 시내 중심가에 있는 구시가지를 거쳐 볼리바르 광장, 대성당, 황금박물관 등을 차창 관광으로 대신하고 숙소인 호텔로 이동했다.

에콰도르 Ecuador

나라 이름이 나타내는 바와 같이 적도(Equator) 바로 아래에 위치한 에콰도르는 남북으로 뻗은 안데스산맥을 경계로 국토가 시에라(산지), 오리엔테(동부사면), 코스타(해안지대)로 나누어진다. 주도 키토(Quito)로 대표되는 시에라는 안데스산맥이 시작되는, 만년설로 덮인 산들에 둘러싸여 있으며, 바람이 시원하게 부는 분지도 있다. 옛날 '안데스의 피렌체'라고도 불리던 이 지방은 일 년 내내 봄과 같은 기후로 청량감이 넘친다.

안데스를 조금 내려가면 오리엔테라고 하는 열대 수림이 있다. 이곳은 남미 대륙에 넓게 펼쳐져 있는 정글의 북서쪽 입구에 해당한다. 남미 정글의 대명사라고도 할 수 있는 아마존강이 이곳 에콰도르에서 발원하고 있다는 사실을 명심해야 한다.

한편, 항구도시 과야킬로 대표되는 코스타가 국토의 4분의 1을 차지 한다. 해안을 따라 펼쳐져 있는 평야 가운데에 구릉이 흩어져 있다. 위도상으로는 더운 기후이지만, 태평양을 지나는 훔볼트 해류의 덕택으로 견딜 만하다.

또 에콰도르는 볼리비아 다음으로 전 인구에서 차지하는 인디오의 비율이 높은 나라이며, 인디오 및 혼혈 메스티소가 75~80%를 차지하고 있다. 사는 장소와 기후가 일정하지 않은 만큼 민족도 다양하다.

산, 바다, 정글 그리고 다윈 박사가 사랑한 갈라파고스제도(Galapagos Islands)까지……. 에콰도르는 풍부한 자연환경을 가진 나라이다. 울퉁불퉁한 안데스고원에서 가장 작은 나라인 에콰도르는 남미에서 가장 여행할 만한 나라 중 한 곳이다. 활기 넘치는 많은 원주민의 문화와 잘 보존된 식민지 시대 건축물, 다른 세계에 온 것 같은 화산지대 풍경과 울창한 열대우림 등 흥미로운 것들로 가득하다. 모든 것을 삼켜버릴 듯한 아마존 정글이 있고 빗물이 쓸고 간 활화산의 오르막길이나 허물없는 원주민 상인들과의 흥정, 그리고 열대 해변에서 뒹굴뒹굴할 기회 등 다양한 모습을 보여준다.

지도를 보면 에콰도르는 태평양에 외롭게 떠 있는 갈라파고스(Galapagos)를 지긋이 쳐다보며 웃는 해골처럼 생겼다. 1832년 에콰도르에 속한 이후 멀찌감치 떨어진 이 섬들은 세계에서 가장 훌륭한 자연사의 보고로 기억되어 왔으며 동식물군에 있어서 그 독특한 다양성은 생태학자뿐 아니라 열심히 여기저기 기웃거리는 관광객에게도 살아있는 교과서와 같은 곳이다. 섬으로 가려면 그다지 쉽지는 않지만, 본토에서 할 수 있는 많은 모험과 갈라파고스에서의 드문 경험을 비교해 보면 해 볼 만한 가치가 있다.

국토면적은 272,045km^2(한반도의 1.2배가 넘는다), 인구는 현재 약 1,785만 명, 언어는 에스파냐어와 케추아어를 사용하고 있으며, 종교는 가톨릭이 90%를 차지한다. 시차는 한국시각보다 14시간 늦다. 한국이 낮 12시면, 에콰도르는 전날 밤 10시(22시)가 된다. 전압은 110V 60Hz를 사용하

적도기념관

며, 화폐는 2000년 9월부터 미국 달러화(U$D)를 공식 화폐로 사용한다.

그리고 적도기념관이 세워진 적도(赤道)는 지구의 중심축을 지나는 지축에 직각인 평면과 지표가 교차하는 선(위도 0도가 되는 선)을 말한다. 적도로 이어지는 선이 에콰도르 수도 키토를 지나간다. 그래서 에콰도르 국민들은 예로부터 적도에 대한 관심이 많았다. 그 옛날 잉카 시대 때부터 해와 달이 윤회하는 것을 보고 천체가 움직이는 것을 바탕으로 지구의 남북을 구분하는 중심축인 적도 선이 에콰도르 수도 키토를 지나가는 것을 찾아 특정 부위에 표시해놓았다.

세월이 흘러 1736년 프랑스의 다국적 탐험대가 과학적인 장비와 기술로 적도 선을 발견한 것보다 잉카인들이 찾아 표시한 적도 선이 더 정확성이 있다고 역사는 기록하고 있다. 수도 키토의 적도기념관은 에콰도르의 제일 관광명소이고 필수 관광코스이다. 키토에는 남북을 가르는 적도기념관이 있고 사적 적도기념관도 있다.

적도기념관과 옐로우 라인

관광객이 우선으로 많이 찾는 곳은 남북을 가르는 옐로우 라인(Yellow Line)으로 적도 선이 있는 적도기념관이다. 사진에서와같이 양팔과 양다리를 벌리고 정동쪽을 향해 서면 왼팔과 왼 다리가 있는 방향은 북반구이고, 오른팔과 오른발이 있는 방향은 남반구이다. 노란색 적도 선을 사이에 두고 기념사진을 찍는 것은 관광객 모두에게 필수 코스이다.

모두가 기념사진을 찍고 나서는 엘리베이터를 타고 기념관에 올라가서 적도 선을 내려다보고 내려올 때는 층마다 설치된 적도에 관한 천문학을 연구한 자료와 과학적인 연구 장비 그리고 적도 연구에 대한 발자취를 눈으로 확인할 수 있고, 적도의 특성을 직접 체험할 수 있으며, 민속박물관도 겸해서 관람할 수 있다.

적도에서 육안으로 보이는 제일 특이한 것은 물통에 깔때기를 고정시켜 물을 흘려보내면 남반구에서는 물이 시계방향으로 소용돌이치며 흘러 들어가고, 반대로 북반구에서는 물이 시계 반대 방향으로 회전하면서 흘러 들어간다. 그러나 적도 선에 물통을 두고 물을 흘려보내면 물이 회전이나 소용돌이치는 것을 볼 수 없다. 바로 수직으로 흘러 들어간다. 필자는 에콰도르 키토에서는 장비가 없어 실험할 수 없었다. 그러나 아프리카 우간다 수도 캄팔라에서는 남반구, 북반구, 적도에서 순서대로 직접 물을 흘려보내는 실험을 한 경험이 있다. 너무나 신기했었다. 그때 필자가 문득 생각한 것이 '이와 같은 이유로 바닷물이 이동하기 위해 파도를 치는구나!'라고 생각에 잠겨본 적이 있다.

키토는 세계 문화유산의 도시 에콰도르의 수도이다. 해수면에서 약 2,800m 위에 있는 나라로 피친차(Pichincha)화산의 중심을 떠받치고 있는 도시이다. 마치 짙은 녹색 양탄자를 깔아 놓은듯한 산들이 도시 주변을 둘러싸고 있으며, 기후 또한 적도에 있는 것이 믿어지지 않을 정도로 온화하다. 1534년에 생겨난 이 도시는 콜롬비아 국경으로부터 약 245km, 페루의 북쪽 지방으로부터 약 750km 떨어진 곳에 있다.

대통령궁

이곳을 처음 방문하는 여행자들은 작은 마을들이 밀집된 도시의 전경에 매력을 느낀다. Quitenos(키토사람들)는 "이 도시는 하루에도 4계절을 모두 경험할 수 있는 도시"라고 말한다. 봄 같은 아침, 여름 같은 오후, 가을 같은 저녁, 겨울 같은 밤. 이것이 그들이 말하는 키토의 하루이며, 그들은 이러한 자연환경에 매우 만족하고 있다. 한때 이곳은 북방 잉카제국의 수도였으며, 현재는 라틴 아메리카에서 아주 잘 보존된 'Old City'의 하나이다. 이러한 Old city는 UNESCO에 의해 세계문화유산으로 지정되었으며, 역사와 자연이 내린 남미의 최고 유산으로 손꼽힌다. 안데스의 산들로 둘러싸인 푸른 도시 키토는 무엇보다 웅대한 자연을 빼놓을 수 없다. 키토의 서쪽으로 완만하게 뻗은 산과 감청색 하늘을 배경으로 만년설로 뒤덮인 코토팍시산과 카얌배산이 있다. 시 중심부에는 상징적인 파네시요언덕과 그 정상에서 키토를 내려다보는 성모상 등이 있다.

갈라파고스제도는 찰스 다윈의 '종의 기원'으로 유명하다.

에콰도르 키토를 이륙한 비행기가 태평양 상공에 도달하고, 눈 아래로 코발트블루의 바다를 바라보고 있으면 1시간 반 정도 지나서 띄엄띄엄 몇 개의 섬이 보인다. 새파란 바다 가운데 떠 있는 섬들, 이것이 갈라파고스제

갈라파고스 입구

도다. 갈라파고스제도는 에콰도르에서 가장 유명한 국립공원으로 주요영역이 약 960km에 뻗쳐 있다. 이곳은 찰스 다윈에 의해서 유명해졌으며, 수백 년 동안 많은 여행자를 매료시킨 곳이다. 매년 전 세계에서 수천 명의 관광객이 이곳을 찾아 '종의 기원'이 되었던 이곳의 다채로운 야생의 모습을 보고 감탄한다.

1535년 발견되었으나 1835년 다윈이 이 섬을 방문, 《종의 기원》을 발표할 때까지 세계에 알려지지 않았던 섬이다. 갈라파고스에서는 바다사자와 수영을 할 수 있고 이구아나와 함께 걸을 수 있는 특이한 체험을 할 수 있다.

이 섬은 본토에서 900km 떨어진 곳에 13개의 섬으로 이루어진 군도로서 고대 식물과 동물이 이곳에서 육지로 건너온 본고장이다. 현재 이 섬 면적의 99%는 1959년 국립공원으로 지정되어 있다. 관광객은 정해진 통로와 도로로만 다녀야 하는 독특한 체험을 할 수 있는 곳이다. 섬의 기후는 해류의 영향을 받기 때문에 12월~4월은 고온다습한데 주간 온도 27℃~32℃, 5월~11월은 19℃~26℃를 보인다. 12월~2월은 비가 내리며 방문 적기는 3월과 4월이다. 8월과 9월은 날씨가 대단히 춥고 12월~3월은 엘니뇨 해류 영향으로 호우가 내린다. 아주 오래전 갈라파고스제도는 해저의 화산 암석층 분출로부터 태평양으로 떨어져 나왔다. 이것과 비슷한 과정을 통하여 하와이 섬도 탄생하여 오늘날 두 개의 제도를 형성한 것이다. 이러한 분출은 서서히 동쪽 나즈카판으로 이동하였고, 이러한 이동에 따라 더 많은 섬이 형성된 것이다.

갈라파고스제도에는 현재 60개의 명명된 섬이 있고, 대표적인 섬들로는 페르난디나(Fernandina), 이사벨라(Isabela), 발트라(Baltra), 제임스(James), 산타크루즈(Santa Cruz), 산크리스토발(San Cristobal) 등이 있다. 다윈이란 이름은 이 섬과는 따로 떼놓고 설명할 수 없지만, 실제로 그 이전 1535년에 이곳을 방문한 토마스 드 베를랑가(Fray Tomas de Berlanga)라는 스페인 주교가 이곳에서 서식하는 거대한 거북이를 보고 에스파냐어로 거북이를 뜻하는 이름인 '갈라파고스제도'라고 이름 지었다. 다윈의 《종의 기원》에 서술된 수없이 많은 종의 식물군과 동물군은 오늘날에도 여전히 이곳에서 번성하고 있으며, 갈라파고스의 전설적인 바닷속 동식물과 땅 위의 이구아나, 거대한 거북이와 바다표범 무리는 자연의 가장 환상적인 공존을 의미하는 것이다. 이곳의 동물들은 철저히 격리된 진화로 인해 인간에 대한 두려움을 모르고 있어 사람이 접근해도 전혀 피하지 않는다. 따라서 이곳을 방문하게 되면 다른 동물보호 구역과는 달리 경이로운 자연을 그대로 느낄 수 있다.

다윈의 센터가 있는 산타크루즈섬은 세계 각국에서 온 연구자들이 동식물의 생태계를 보호 관찰하며 연구하는 곳이다. 섬마다 생명 개체와 식물 분포를 조금씩 달리하고 있어 다윈의 '종의 기원'을 연구 개발하는 데 많은 도움이 되었다고 믿어진다. 크루즈선을 타고 날마다 각 섬을 돌아가며 고유의 동식물을 만나는 여행 코스도 있어 섬의 주인은 원래 동식물이고, 인간은 나그네에 속하는 것을 피부로 느낄 수가 있다. 나그네는 돌멩이와 조개껍데기 하나라도 육지로 반출할 수가 없다. 그리고 쓰레기를 절대로 버릴 수가 없으며 야생동물을 만지거나 건드리지 않는다는 원칙에 따라 정해진 통로만을 이용할 수 있다. 다윈의 핀치새는 섬마다 부리 모양이 달라 생태학적으로 환경에 적응하는 다윈의 진화론에 결정적으로 뒷받침을 하는 데 큰 역할을 했다. 여행자가 많이 접할 수 있는 동식물은 선인장, 거북이, 군함조, 물개, 바다사자, 이구아나, 앨버트로스 펭귄 등이다.

선인장은 선인장과의 다년초 식물이다. 중남미의 열대와 아열대에 걸쳐 퍼져 있으며 종류도 다양해서 1,900여 종이 넘는다. 잎이 가시 모양으로 변한 이유는 수분 증발을 막기 위해서다. 줄기는 녹색으로 즙이 많으며 여러 가지의 꽃이 핀다. 많이 왕성하게 자란 선인장은 가시가 많아 울타리로 이용하기도 한다.

갈라파고스 선인장은 야생으로 산과 해안에 많이 산재해 있으며 수십 년간 자란 선인장은 원줄기가 나무로 변하여 다양한 모양의 소나무처럼 변한다. 아주 오랜 세월에 걸쳐 성장한 선인장은 원줄기가 전봇대처럼 곧게 자라 수목으로 변해 크기가 9~10m에 이르며, 나무 둘레의 직경이 30~40cm의 거대한 수목으로 변해 도도한 자세를 유지하며 여행객들을 맞이하고 있다.

실물 사진이 없어 독자들에게 보여줄 수 없어 아쉬운 마음 금할 길이 없다. 이것이 바로 갈라파고스에서만 볼 수 있는 변이 양상의 진화론을 뒷받침하는 증거물이다.

거북은 파충류 거북목을 통틀어 이른다. 몸은 거의 타원형으로 납작하고 둥글며 딱딱한 등딱지에 싸여 있으며 짧은 머리와 꼬리, 네 다리를 등딱지 안으로 움츠려 감출 수 있다. 이빨은 없고 발은 지느러미 모양을 하고 있어 바다 또는 육지에서 동식물을 먹이로 하여 삶을 이어간다. 갈라파고스 거북은 우리 안에 나이가 100~300 살 가까이 된 거북을 사육하여 진화론 연구에 이용하며 관광상품으로 이용되기도 한다. 거북이는 소식하여 삶을 천년 가까이 유지한다고 한다. 그래서 지구상의 장수 동식물 중의 하나로 분류하고 있다.

거대한 거북이(출처 : 현지 여행안내서)

군함조는 지구상에서 보기 드문 새로 갈라파고스에서는 어렵지 않게 자주 접할 수 있는 새다. 목 아래 붉은 주머니를 부풀려 암컷을 유혹하기도 하는

군함조

바다사자

새라고 한다.

물개와 바다사자는 모양과 생김새는 대부분 비슷하다. 물갯과 바다짐승으로 몸이 둥글며 네 다리(지느러미)로 헤엄을 친다. 물개는 뒷다리가 커서 육지에서 뒷다리를 이용해서 걸어가고 고환이 감춰져 있는 게 특징이다. 그리고 수컷 한 마리가 암컷 40마리 가까이를 거느리며 한 배에 한 마리의 새끼를 낳고 3개월간 젖을 먹인다. 바다사자는 물개보다 몸집이 훨씬 크고 우는 소리가 사자와 비슷하다고 하여 바다사자라고 한다. 수컷 한 마리가 암컷 20마리 정도를 거느리며 애완용 개처럼 고환이 노출되어 있다. 앞다리가 길어 육지에서 이동할 때는 앞다리를 이용해서 물개와 같이 뒤뚱뒤뚱 걸어가는 바다짐승이다. 인간에게 얼마나 면역력이 강해졌는지 1m 가까이 접근을 해도 놀라거나 피하지도 않고 쳐다보지도 않는다.

이구아나(Iguana)는 도마뱀과 비슷하며 몸길이가 1.5~2m가량 자란다.

머리는 크고 목에서 꼬리에 이르기까지 등줄기를 따라 가시 모양의 비늘이 줄지어 있다. 목 밑에는 커다란 주머니가 있고, 턱 아래 뒤쪽에는 크고 둥근 비늘이 있다. 빨리 달리고 헤엄도 잘 친다. 나무 위에서 생활하며 열매, 곤충, 지렁이 따위를 잡아먹는다. 땅에 구멍을 파고 20~60개의 알을 낳는다. 이곳 갈라파고스섬에 있는 바다 이구아나는 바닷말을 주로 먹고 생활한다. 그리고 지구상에 생존하고 있는 제일 큰 새로 한 번 날아가면 천 리를 간다는 앨버트로스는 운이 좋으면 에스파뇰섬에서 볼 수 있으며, 갈라파고스 펭귄은 이사벨섬에서 만날 수 있다. 그 밖에 수백 수천 여종의 동식물들이 인간의 적극적인 보호를 받으며 자연과 함께 살아가는 갈라파고스와 헤어지기 섭섭하지만 내일 일정을 위하여 여행을 마무리한다.

볼리비아 Bolivia

내륙 국가인 볼리비아는 '남미의 티베트'와 같은 곳이다. 가장 높고 가장 고립된 남미의 공화국이기 때문이다. 볼리비아는 또한 가장 인디오가 많은 나라로 인구의 50%는 아직도 전통적인 인디오의 가치와 신앙을 보존하고 있다. 남미에서 가장 가난한 나라 중 하나이지만 토착민의 문화와 압도적인 안데스산맥의 풍경 그리고 신비스러운 고대 문명의 잔재들 때문에 여행자들에게 있어서 이 나라는 풍요롭고 재미있는 나라로 여겨진다.

1826년 볼리바르를 기념하기 위하여 국명을 볼리비아라고 불리고 있는 남미 대륙의 중앙부의 국가로 파라과이와 함께 남미 대륙 국가 중에서 해안선이 없는 나라이다. 볼리비아의 정식명칭은 볼리비아공화국(Republic of Bolivia)이며, 공용언어는 스페인어를 사용하고 있다. 인구의 95%가 로마가톨릭교도이며 남미 대륙의 중앙에 있는 내륙국이다. 북쪽과 동쪽은 브라질, 남동쪽은 파라과이와 아르헨티나를 접하고 있다. 볼리비아 인구의 55%는 토착 원주민으로서, 이들은 사회의 모든 분야에서 차별을 당하고 있다.

사회의 지도층들은 극소수의 부유한 도시 가족들이며, 나머지는 광산 노동자와 농부로 어려운 생활을 이어가고 있다. 볼리비아의 공용어는 스페인어지만 인구의 60%만이 공용어를 사용하며, 나머지는 케추아어나 아이마라어를 사용하고 있다. 종교의 경우 로마가톨릭을 95% 정도 믿고 있지만, 외곽으로 떨어진 곳은 기독교 신앙과 잉카나 아이마라 신앙이 합쳐진 종교를 믿고 있다.

'남미의 히말라야'로 불리는 안데스산맥 중에서 양대산맥인 코디렐라와 옥시덴탈이 남동쪽 알티플라노고원으로 이어지고 있다. 광산물 대부분이 이 고원에서 생산되며 인구의 60%가 이곳에 거주 또는 집중되어 있다. 볼리비아의 최고봉인 해발 6,882m의 이람푸산이 서북부 티티카카호수의 동쪽에 자리 잡고 있다. 국토의 약 30%가 해발 4,000m 이상의 산악 지대로 20%가 고원지대, 50%가 열대지대로 나뉘며, 경작지는 국토의 2%에 불과하다. 동북부 지역은 열대우림 저지대, 남부는 초지와 건조 사바나지대를 이루고 있으며, 안데스산맥 동부 계곡의 윤가스(Yungas) 지역은 비옥한 농경지대이다.

국토면적은 1,098,581km²(한반도의 5배)로, 행정수도는 라파스(La Paz)이며, 사법 수도는 수크레(Sucre)이다.

인구는 약 1,200만 명이며, 시차는 한국시각보다 13시간 늦다. 한국이 낮 12시면, 볼리비아는 전날 밤 11시(23시)가 된다. 전압은 라파스 지역이 110V, 그 외 지역은 220V 60Hz이다. 환율은 한화 1만 원이 볼리비아 약 56볼리비아노로 통용된다.

티티카카호수는 해발 3,850m에 위치하고 있는 세계에서 가장 높은 지대의 호수이면서 호수의 건너편이 보이지 않을 정도로 넓어 바다같이 항해가

티티카카호수

가능한 호수이다. 호수의 최대 길이가 190km로 남미에서 가장 길다. 폭이 64km에 이르고, 평균 수심은 약 280m이다. 또한 높은 고도 때문에 공기도 굉장히 맑으며 새파란 물 빛깔은 특히 인상적이다. 티티카카호수에는 수많은 섬과 아름다운 신화와 전설들이 서려 있다.

인디오들은 민족의 창조신이 이곳 태양섬과 달섬에 머무르고 있다고 믿고 있다. 티티카카호수에는 연어와 송어가 서식하고 있으며, 이곳 주민들은 어업으로 생계를 유지하고 있다. 그리고 갈대로 만든 토토라 배를 타고 생활하는 인디오들을 볼 수 있다. 잉카의 창시자인 망코 카파크가 태양신의 아들로 태어났다는 설화가 전해 내려오는 티티카카호는 잉카 시절부터 신성시되었고, 예나 지금이나 잉카인들에게 신성시되어 오는 곳이다.

포토시 광산촌

포토시 광산촌은 1600년도부터 시작되어 지금까지 전통적인 방식으로 채광하는 광산 도시이다. 식민지 시절 최고의 전성기 시절에는 인구가 20만 명에 육박하는 대도시로 성장한 곳이다.

광부 체험

우리 일행들은 갱도에 들어가 광부 체험을 하는 일정을 선택했다. 현장에서 채광하는 모습을 직접 눈으로 확인하고 광부들의 작업과정

구리 광산촌(출처 : 현지 여행안내서)

을 체험하는 일정이다. 그래서 광부들과 다름없는 복장을 하기 위해 신발부터 장화를 신고, 하의는 작업복을 입고, 상의는 눈에 잘 띄는 광부들이 입는 노란색 작업 복장을 하고, 헬멧과 마스크를 쓰고 광산으로 출발했다.

인솔자가 도중에 미니슈퍼에 들러서 광부들에게 나누어 주기 위해 선물을 준비한다. 종류는 코카잎, 담배, 95% 알코올, 다이너마이트 등이다. 코카잎은 탄광 속에서 많이 씹으면 미세먼지에 효과적이고, 알코올 95%는 적게 마셔도 효과가 좋다고 한다. 다이너마이트는 현장에 가서 발파하여 채굴하는 과정을 직접 시범으로 보여주겠다고 한다. 그리고 현장에 있는 광부들은 대다수가 젊은 20대 청년이다. 인건비가 비싼 덕분에 어려운 환경임에도 수입이 많아 젊은 친구들이 많이 몰려온다고 한다. 그래서 총각 광부들은 신랑감으로 최고의 인기다. 반면, 젊은 광부들의 수명은 평균 나이 40세라고 한다. 그래서 돈 많이 벌어 놓고 빨리 사망을 해서 더욱 인기가 좋다고 한다. 인솔자의 농담 한마디에 모두가 크게 한바탕 웃었다.

광부들이 작업하는 막장까지 체험을 마치고, 갱도 현장에서 다이너마이트 발파작업까지 마무리하고 갱도를 벗어나는 순간, 너무나 기분이 상쾌했다. 깨끗한 공기가 인체에 얼마나 소중한지를 가슴으로 느끼는 순간이었다.

라파스는 볼리비아 서부 라파스주(州)의 주도(州都)로 세계에서 가장 높은 곳에 있는 인구 약 78만 5천 명의 대도시이다. 티티카카호(湖) 동쪽 80km 지점에 일리마니산(Mount Illimani, 6,480m)을 등지고 있고, 헌법상의 수도는 수크레이지만 볼리비아의 사실상의 수도이자 최대의 도시이다.

이곳은 1548년 계획되어 건설된 도시로 알티플라노고원 약 3,600m의 고지에 위치하고 볼리비아의 정치, 경제, 문화의 중심도시이다. 티티카카호에서 흘러내리는 라파스강 주변 분지에 시가지가 발달하였으며, 높은 단구(段丘)의 위와 하류부의 낮은 곳에 원주민의 주택이 있고, 그 중간에 백인 지구가 있다. 순수한 인디오가 주민의 반을 차지한다.

강의 북동안(北東岸) 무리요광장이 시의 중심이며, 부근에 대통령관저를 비롯하여 정부청사, 국회의사당 등의 건물과 로마가톨릭대성당, 1830년 창립된 대학, 박물관, 호텔, 극장 등이 있다. 고원 도시임에도 근대적인 고층건물을 볼 수 있는 곳이다. 티와나쿠(Tiwanaku)유적지는 라파스에서 약 72km, 티티카카호수 북쪽에 위치하고 있다. 유적 전체의 크기는 1km×450m에 이른다. 티와나쿠 문화는 기원전 600년경부터 기원후 1,200년경까

티와나쿠유적지

지 계속되었고, 잉카 다음으로 커다란 판도를 이룬 문화였다. 그리고 이곳은 비라코챠 신을 위시한 많은 신을 숭배하는 종교도시였다고 추측된다. 표고 3,800m 고지에 누군가 어떠한 목적하에 이 장대한 도시를 건설했는지, 그리고 인간의 모습을 한 모노트리트는 무엇을 의미하는지 등 유적은 점점 의문에 싸여가고 있다.

티와나쿠유적은 모두 돌, 그것도 아주 거대한 돌로 만들어져 있는데, 이 돌들은 적어도 40km 이상이나 떨어진 곳에서 운반해 왔을 것으로 추정된다. 또 모노트리트의 입상은 아무리 보아도 잉카에 절대 뒤지지 않는 석조기술 등을 보아 티와나쿠는 잉카 문명의 선조였다고 볼 수 있다. 티와나쿠는 잉카 이전 시대의 도시유적으로 추측될 뿐 누가, 언제 도시를 건설했는지 정확히

소금사막

밝혀지지는 않았다.

어떤 학자는 기원전 1000년경이라고 하고, 티와나쿠유적 발굴조사에 50년을 바친 폴란드 출신의 아루투르 포즈난스키는 1만 7,000년 전에 이룩된 초고대 문명 유적이란 주장을 펴고 있다.

우유니 소금평원(Uyuni Salt Flats)이 있는 우유니(Uyuni)는 라파스에서 남쪽으로 200km 떨어진 볼리비아 서남부에 있으며 칠레로 연결되는 철도역이 있는 작은 도시다. 도시 남쪽 '기차의 묘지'에 세월과 함께 버려진 증기 기관차의 잔해를 제외하고는 별로 볼 것이 없는 도시지만, 세계 최대 소금호수의 동쪽 끝에 붙어 있어 잉카 트레일과 더불어 남미 관광의 백미로 일컬어지는 우유니 소금사막의 관광코스로 알려지게 된 곳이다.

소금사막(우측은 대한민국 태극기)

소금호수라기보다는 세계 최대의 '소금평원'이 더 적합한 표현인 우유니 소금평원은 면적이 경상북도와 맞먹는 12,000km^{2}에 달한다. 고도 3,650m인 안데스고원에 있으며 소금평원에 깔린 소금의 두께는 1~2m, 깊은 곳은 20m에 이르고 121m나 되는 곳도 있다고 한다.

지각 변동으로 솟아오른 바다가 빙하기를 거쳐 2만 년 전 해빙되면서 소금을 녹여 호를 이룬다. 높은 산에서 소금기 있는 물이 유입되는 반면, 흘러나가는 강은 없고 강수량이 적은 건조한 기후에다 강렬한 햇빛의 작용으로 수분이 증발하게 되어 오랜 세월을 거치는 동안 바닥에 소금의 결정이 쌓이게 된 것이다. 이 호수의 물은 바닷물보다 8배 정도 소금 농도가 짙다.

최소 1백억 톤으로 추산되는 소금평원의 소금은 오랜 세월 동안 인근 농민들이 잔디나 보도블록 모양으로 잘라내어 모피나 고기 등 주변의 다른 생필품과 교역했다. 오늘날에도 소규모의 인력과 장비로 채취하고 있으며 우유니 북쪽 20km에 있는 콜차니(Colchani) 공장에서 추출 정제되어 주로 국내 소비에 충당된다고 한다.

절단된 소금 단면을 보면 세월 따라 겹쳐 쌓인 자국이 나이테 같은 줄무늬로 나타나고, 잘라낸 자리에 고인 물은 3개월이 지나면 다시 소금 결정으로 된다고 한다. 콜차니의 연간 소금 생산량은 19,700톤으로 그중 18,000톤은 식용으로, 나머지는 가축용으로 사용된다.

콜차니는 소금을 가공하는 마을로, 우유니 소금평원에 있는 소금을 이곳에서 가공한다. 가공한다는 표현보다 퍼담는다는 표현이 더 적합할 듯하다. 약

콜차니 소금 가공소

소금 호텔

소금 둔덕

한 불로 한 번 처리한 후 금방이라도 터져버릴 듯한 얇은 비닐백에 약간의 요오드를 첨가하여 담는다. 이 지역의 특이한 풍경은 소금평원 곳곳에 소금을 긁어모아 쌓아둔 수백여 개의 작은 둔덕이 인상적이다.

소금 호텔은 콜차니 서쪽에 소금블록을 쌓아 만든 호텔로 현재는 사용치 않고 여행객에게 개방하고 있다. 밖에서 보면 일반 건물처럼 보이지만 내부는 식탁, 침대, 의자 등도 소금으로 만들어졌다.

물고기섬(선인장섬)은 콜차니에서 80km, 소금평원에서 누구나 꼭 들리는 하이라이트이며 소금평원 위에 우뚝 솟아있는 물고기처럼 생긴 섬이다. 섬에는 100년이 넘는 수많은 선인장이 자라고 있다. 1년에 1cm 자라는데 나이테를 만들기 때문에 쉽게 나이를 가늠할 수 있다. 가장 높은 곳에는 전망대도 있어 소금평원을 한눈에 조망할 수 있다.

소금평원에서 멀리 그리고 높이 바라보이는 산은 해발 5,400m의 투누파

물고기섬(선인장섬)

화산이다. 산기슭에 '히리리'라는 마을이 있는데 지금은 폐허가 되어버린 원주민의 집터와 공동묘지가 있다고 한다.

헤디온다호수(Laguna Hedionda)는 해발 4,000m 이상 안데스산맥의 고원지대에 있는 유황호수이다. 이곳에는 평상시에 20여 개의 호수가 있지만, 우기에는 100개 이상의 호수가 관광객들의 발걸음을 멈추게 한다. '라구나(Laguna)'라는 명칭은 이곳에서 '호수(Lake)'라는 뜻으로 통하는 말이다.

대표적으로 헤디온다를 비롯해서 라구나카나파(Laguna Canapa), 라구나콜로라다(Laguna Colorada) 등이 있다.

헤디온다호수의 뜻은 '악취를 풍기는 호수'라는 뜻으로 호수 속에 녹아있는 유황성분 냄새 때문에 불리는 이름이다. 그러나 남미를 대표하는 동물 라마(Lama)와 플라밍고(Flamingo)가 대량으로 서식하고 있다. 라마들의 집단행동과 잔잔한 호수 위에 먹이를 찾아 날아가는 플라밍고 그리고 한쪽 다리를 들고 외다리로 서 있는 플라밍고의 모습은 자연이 우리에게 준 귀한 선물이라고 여겨진다. 더구나 플라밍고 깃털이 붉은색을 띠고 있는 이유는 호수에 붉은색 미생물인 플랑크톤(Plankton)이 다량으로 서식하고 있어 플라밍고가 이것을 주식(主食)으로 생활하고 있기 때문이다. 붉은색으로 변한 과정은 환경의 지배를 받은 덕택이다. 특히 라구나콜로라다는 얼마나 많은 플랑크톤이 서식하는지 호숫가 모래사장과 호수가 온통 붉은색으로 치장하고 있어 이것 역시 안 보면 보고 싶을 정도로 아름다운 절경이다. '콜로라다'라는 자체가 스페인어로 '붉은색'이라는 뜻이다. 그래서 호수 이름도 원어로 '붉은 호수'라는 이름으로 불린 이름이다.

우리 일행은 살바도르 달리(Salvador Dali)사막을 지나 해발 5,920m의 리칸카부르(Licancabur)화산을 조망하며 볼리비아 여행을 마무리하였다. 그리고 우리는 지는 해와 함께 볼리비아와 작별을 하고 다음 여행지인 우루과이로 발걸음을 옮겼다.

리칸카부르화산(해발 5,920m)

우루과이 Uruguay

정식명칭은 우루과이동방공화국(Oriental Republic of Uruguay)이다. 서쪽으로 우루과이강(江)을 경계로 아르헨티나와 접하고, 북쪽으로 브라질, 남쪽으로 대서양에 면한다. 남아메리카에서 수리남에 이어 두 번째로 작은 나라이지만 국토 대부분이 낮은 구릉과 초원지대로 이루어져 세계적인 축산국이 되었다. 국명은 원주민이 쓰던 과라니(Guarani)에서 유래했는데, '우루스(urus;의 한 종류)의 강(江)' 또는 '화려하고 유채색을 띤 새의 강'이란 뜻이다.

브라질과 아르헨티나에 둘러싸여 있는 자그마한 이 나라 사람들은 온화하고 건실하다. 수도인 몬테비데오(Montevideo)도 강 건너편의 부에노스아이레스의 시끄러움은 아랑곳없이 마치 스위스의 전원도시처럼 조용하다. 옛날에는 유럽을 상대로 하는 목축업이 성하고 모범적인 사회 보장제도를 자랑하였으나, 제2차 세계대전 이후로 공업화가 늦어져 이제는 과거의 영광이 되고 말았다.

도시에는 밤이 되면 애수를 띤 탱고 음악이 낡은 라디오에서 흘러나오며

회고적인 분위기가 넘치는 나라이다. 수도는 몬테비데오이며 국민의 3분의 1이 이 도시에 살고 있다. 90% 정도가 스페인계, 이탈리아계 백인이다. 그 외 메스티소(백인과 인디오의 혼혈)가 8% 정도 되며, 흑인은 4% 정도 된다. 언어는 스페인어를 사용하고 있다.

수도 몬테비데오는 서울과의 대척점으로 우리나라에서 가장 먼 거리에 있다. 지형은 낮은 언덕과 구릉으로 평탄하며 브라질과의 접경지대인 동북부는 고지대이나, 표고는 해발 600m 내외이다. 우루과이는 팜파스의 대표적인 경관을 갖고 있는 국가로 대초원이 많다. 국토의 66%는 목장과 초지이며, 12%는 경작지, 3%는 산림으로 이뤄져 있다.

전국적으로 평균기온은 봄 17℃, 여름 25℃, 가을 18℃, 겨울 12℃로 항상 온화하고 쾌적하며, 안데스산맥이 다습한 무역풍을 막아주고 있어서 강수량이 적다. 선진 교육제도를 시행하고 있으며, 문맹률은 6.1%로 낮다.

국토면적은 176.215km²로 한반도의 4분의 3 크기이다. 인구는 현재 약 440만 명이며, 종교는 가톨릭이 47%, 기독교가 11%, 무교가 40%이다. 시차는 한국시각보다 12시간 늦다. 한국이 낮 12시면, 우루과이는 당일 자정(00)이 된다. 전압은 220V 50Hz를 사용하며, 환율은 한화 1만 원이 우루과이 약 200페소로 통용된다.

우루과이는 작은 나라이지만 매우 인상적인 예술과 문학적인 전통을 지니고 있다. 국제적으로 환호를 받는 예술가로는 전원적인 풍경을 잘 그리는 화가 페드로 피가리(Pedro Figari)와 우루과이의 최고 작가임이 틀림없는 호세 엔리께 로도(Jose Enrique Rodo) 등을 들 수 있다.

우루과이의 음악과 전통춤(민요, 폴카, 왈츠 등) 대부분은 유럽에서 건너왔지만, 현지의 혼혈인들에 의해 더욱 발전되었다. 스포츠로는 축구가 국민을 열광시키는 운동이다. 우루과이인들은 대부분 가톨릭임을 공언하지만, 교회와 국가는 공식적으로 분리되어 있다. 다른 종교들도 조금씩 늘어나고 있다.

몬테비데오에 조그만 유대인 사회가 있으며 몇몇 복음주의 개신교나 문선명의 통일교도 들어와 있다. 우루과이인들은 대단한 육식주의자들로 빠리이야다(커다란 접시에 담겨 나오는 쇠고기 요리)가 대표적인 음식이다. 다른 음식으로 치비또는 온갖 것을 같이 내오는 상당한 양의 맛있는 스테이크 샌드위치다. 일반적인 간단한 요리로는 올림삐 코스(일종의 클럽 샌드위치)와 웅가로스(핫도그 빵에 매운맛의 소시지를 끼워 넣은 음식)가 있다. 차는 마테차를 상당히 많이 마시는 편이다.

몬테비데오는 우루과이의 정치, 경제, 상업의 중심지이다. 이곳은 인구 150만의 도시이며 우루과이의 수도이자 단 하나뿐인 대도시로 라플라타(La Plata)강 유역에 있다. 그리고 남미의 주요 항구도시며, 부에노스아이레스에서 거의 똑바로 반대편에 자리 잡고 있는 우루과이 최대의 도시이기도 하다.

이 도시는 식민지 시대의 스페인이나 이탈리아의 모습, 아르데코 스타일이 섞여 있는 그림 같은 풍경을 지니고 있다. 대부분 볼거리는 항구나 부두에서 가까운 구시가지인 시우다드비에하(Ciudad Vieja)와 동쪽의 인데펜덴시아(스페인어 : Independencia)광장 근처에 있는 상업지역에 몰려있다. 수많은 대서양의 어업은 몬테비데오에 근거하고 있으며, 우루과이의 주요 수출품은 수산 가공품, 울 제품, 곡식류이다. 이곳은 또한 텍스타일과 낙농품, 와

몬테비데오(출처 : 현지 여행안내서)

인, 포장육 등도 주요 생산품이 되어 왔다.

이곳에는 또한 원유정제, 철도산업 등도 발달하였다. 몬테비데오의 기원은 스페인과 포르투갈 정복자들에 대한 '대항하는 역사'였다.

1717년에 포르투갈 정복자들은 이 도시의 가장 높은 언덕 위에 요새를 지어놓고, 항구를 감시하였다. 1724년 스페인에 정복당한 이곳은 부에노스아이레스 정부에 의해 새 개척지의 중심이 되었다. 몬테비데오가 우루과이의 수도로 된 것은 1828년이었다.

19세기에 있었던 우루과이 내란으로 인해 많이 황폐해졌지만, 오늘날은 광대하고 현대적이며 매력적인 즐거움을 제공한다. 나무가 가득 차 있는 가로수길, 녹음이 울창한 거대한 공원, 깨끗한 건물과 주거지역 등은 도시의 분

플라시오 살보 빌딩

위기를 더욱 멋스럽게 해준다. 시내에서 방향 감각을 익히기 위해서 우선 몬테비데오의 가장 큰 광장인 인데펜덴시아광장을 출발해 시우다드비에하를 지나 항구 쪽으로 발길을 옮기자 광장에는 검은 대리석 위에 거대한 국민적인 영웅의 동상을 세워놓은 마셀레오 데 아르티가스(Mauseleo de Artigas)가 있다. 이 동상이 1927년 세워질 당시 남미에서 가장 높은 빌딩이었으며 아직도 이 도시에서 가장 높은 26층의 플라시오 살보(Placio Salvo)가 바로 옆에 있다. 콘스티투시온(Constitucion)광장과 네오 클래식풍의 카빌도(Cabildo) 그리고 공공건물 중 가장 오래된(1799년) 건물인 마트리스(Matriz) 교회는 좀 더 서쪽에 있다.

이 지역의 다른 중요한 볼거리로는 역사적인 유물들로 가득한 네 개의 건물로 이루어진 국립 역사박물관과 우루과이의 과거 카우보이 생활을 알려주는 물건들을 전시해 놓은 인상적인 무제오 델 가우쵸 이 데 라 모네다(Museo del Gaucho y de la Moneda) 등이 있다.

또 한때 남미에서 가장 아름다운 항구였으며 현재는 화려하고 생동감 넘치는 시장과 식당, 예술가와 거리의 악사로 가득한 메르카도 델 푸에르토(Mercado del Puerto)도 빼놓을 수 없다.

페리아 데 트리스트 & 아쿠텐 나르바하(Feria de Trist & aacuten Narvaja)는 식료품점과 골동품, 기념품 가게들이 행상처럼 널려있는 야외 시장이다. 몬테비데오의 해안을 따라서 모래사장도 시원하게 뻗어 있어 여름 주말에 이 도시 사람들에게 인기 있는 쉼터가 되고 있다.

프라도 공원

우루과이 주요산업은 목축업이라고 한다. 프라도 공원의 조형물은 소를 주제로 한 작품으로 공원의 볼거리를 제공하고 있다. 소는 과거 농경사회에서 인간과 밀접한 관계를 유지했다. 영농에 노동으로 힘을 보태고, 현금으로 교환하여 자녀들의 학자금에 유익하게 보탬이 되고, 쇠고기는 고단백 식품으로 허약한 신체를 건강하게 지켜왔다. 생동감이 넘치는 작가의 표현에는 아랑곳없이 소들과 함께 한 장의 사진을 카메라에 담아보았다.

그리팅 맨(인사하는 사람)

인간사회의 모든 관계는 인사로 시작된다. 몬테비데오 중심가 부세오 지역에 세워진 그리팅 맨(Greeting man)은 인사하는 사람이다. 이 작품은 한국인 윤영호 작가가 돈을 모아 2012년 10월 24일 6m 높이에 15도 각도로 한국인이 인사하는 모습을 한국의 서울과 대척점(지구의 정반대)인 우루과이 몬테비데오에 전하기 위해 처음으로 이곳에 기증했다고 한다. 자랑스러운 한국인을 만나는 순간이었다.

그리고 카간차광장 평화의 원주(Columna de Lapaz)는 1839년 아르헨티나 군대가 이곳까지 침공하여 우루과이 군사들이 이에 맞서 싸워 승리한 기념으로 세운 자유를 수호하는 기념비라고 한다. 자유라는 뜻으로 일명 '자유의 광장(Plaza Libertad)'이라고 불린다.

카간차광장의 원주

짧은 일정 관계로 구시가지와 신시가지를 차례로 둘러보고 나서 지는 해와 같이 일정을 마무리하고 숙소로 가기 위해 버스에 몸을 실었다.

파라과이 Paraguay

정식명칭은 파라과이공화국(Republic of Paraguay)이다. 동쪽으로 브라질, 남쪽과 남서쪽으로 아르헨티나, 북쪽과 북서쪽으로는 볼리비아와 국경을 접한다. 남아메리카의 중앙에 위치한 내륙국으로, 아르헨티나로 흐르는 파라나강(江)을 통해서만 바다로 나갈 수 있다.

1864~1869년 3국 동맹 전쟁, 1932~1935년 볼리비아와 그란차코(Gran Chaco) 전쟁 등 인접국과 전쟁으로 극심한 인적 물적 손실을 입었다. 국명은 과라니족 말로 '위대한 강으로부터'라는 뜻의 'Pararaguay'에서 유래했으며, 여기서 '위대한 강'이란 이구아수폭포와 연결된 파라나강을 가리킨다.

인구의 약 85%가 메스티소이며, 전 인구의 97%가 가톨릭 신자이다. 행정구역은 17개 주와 1개 수도로 되어있다. 유적도 없고 웅장한 자연미도 없다. 그러나 서툴게까지 보이는 소박하고 여유가 있는 이 나라는 참으로 별천지 같다. 완만한 녹색 언덕의 맞은편에 있는 낡은 교회의 흰 벽이 눈부시며, 마을의 집집마다 색색의 꽃이 넘친다. 파라과이는 이웃 나라들에게도 잘 알려지지 않은 남미의 나라이다.

파라과이의 역사 대부분은 중남미의 주류에서 벗어나 있었으며, 20세기에도 오랫동안 이 나라는 남미에서 가장 오래 지속한 경찰국가였다. 파라과이가 지난날의 정치 · 경제 · 지리적 고립을 딛고 새롭게 방문자들을 환영하는 것을 보면 아마 다른 여행자들도 같은 생각을 가질 것이다. 이 나라 사람들은 과라니족 조상의 피를 이어받았다는 사실에 자부심이 무척 높다. 예를 들어 통화단위와 최고급 호텔 이름에까지 과라니라는 이름이 있다.

파라과이는 볼리비아, 브라질, 아르헨티나에 둘러싸여 있고 나라의 중앙을 흐르는 파라과이강을 경계로 남동부 지방과 북부 차코라고 부르는 북서부 지방으로 나누어진다. 국토의 40%를 차지하고 있는 남동부 파라과이는 북서부와는 완전 다른 환경으로 삼림 구릉 지대를 형성하고 있으며, 북서부는 대초원으로 형성되어 있다.

이곳의 기후는 대륙성 아열대성이고, 평균기온은 22.5℃, 지역에 따라 극심한 편차를 보인다. 하계(10~3월)에는 22~42℃, 동계(4~9월)에는 3~32℃이다. 연평균 강수량은 1,500mm이며, 브라질과의 국경지대는 약 1,700mm 정도 된다. 파라과이의 민족 구성은 원주민인 인디오계의 과라니족과 백인의 혼혈인 메스티소가 96%로 대부분을 차지하고 있으며 스페인과 이탈리아, 독일계 등의 유럽계 인종이 3% 정도 된다.

국토면적은 406.752km^2로 한반도의 약 2배에 이르며, 현재 인구는 약 722만 명, 공식 언어는 스페인어이지만 과라니어도 널리 쓰인다.

시차는 한국시각보다 12시간이 늦다. 한국이 낮 12시면, 파라과이는 당일 자정 00시가 된다. 환율은 한화 1만 원이 파라과이 약 4만 과라니로 통용이 되고 있다. 전압은 220V 50Hz를 사용한다.

가톨릭은 공식적으로 이 나라의 국교이지만 파라과이는 다른 여러 남미 국가에 비해서 성당의 영향이 크지 않다. 다른 종교 단체들로는 원리주의 메노파 개신교나 알프레도 스트로에스네르(Alfredo Stroessner)의 독재 권력과 결부해 운영되어 논란거리가 되어온 복음주의 단체 NTM(New Tribes Mission) 등이 있다.

연극은 일반적인 공연물이며 스페인어뿐 아니라 과라니어로도 종종 공연을 한다. 고정관념을 깬 놀라운 시각의 예술도 여러 미술관에서 볼 수 있다. 파라과이의 저명한 문학가로는 노벨 문학상을 수상한 시인 아우구스또 로아 바스또스(Augusto Roa Bastos, 1917~2005)를 들 수 있다.

파라과이의 음악은 매우 흥미로운 면을 가지고 있다. 언어에서는 인구 대부분이 토착 언어를 아직도 사용하지만, 음악에서는 다른 흑인이나 브라질, 아르헨티나의 영향을 받지 않은 유럽의 원형을 그대로 가지고 있다. 기타와 하프가 대중적인 악기이며 노래는 보통 느리고 슬프다. 그러나 폴카와 병을 머리에 이고 춤추는 것 같은 여러 춤은 훨씬 더 활기 넘친다.

아구스틴 피오 바리오스(Agustin Pio Barrios, 1885~1944)는 남미에서 가장 존경받는 기타 작곡가로 가끔 파라과이의 정글이 배출한 '기타의 파가니니'로 선전되며 완전히 과라니 의상을 입은 연주가에 의해 그의 음악이 공연되기도 한다.

고기 요리는 열대나 아열대 음식 재료와 더불어 파라과이 음식에서 중요한 역할을 한다. 곡물, 특히 옥수수와 카사바 녹말은 거의 모든 음식에 다 들어간다. 시도해 볼 만한 음식으로 로크로(옥수수 스튜), 마사모라(옥수수죽), 므바이피 소오(고깃덩어리를 얹은 뜨거운 옥수수 푸딩), 소오요 소피(고기를 갈아서 만든 걸쭉한 수프에 쌀이나 면을 같이 내오는 요리) 등이 있다. 디저트로는 므바이피 에에(옥수수, 우유, 당밀 등을 맛있게 섞은 것)가 있다. 차나 마테차도 많은 양을 소비하며 모스 토(사탕수수 주스)와 카냐(수수 알코올)도 역시 자주 마시는 음료이다.

아순시온은 파라과이의 수도로 파라과이에서는 가장 큰 도시이며, 파라과이강의 동쪽 제방 위 낮은 언덕에 자리 잡고 있다. 다른 남미의 주요 도시처럼 복잡스럽거나 화려하지는 않지만 조용한 시골 마을을 들른 듯한 수수한

대통령궁

매력이 여행자들을 이곳으로 이끌고 있다. 아순시온은 파라과이강의 동쪽 둑에 위치하고 있으며, 도시 전체가 언덕 위에 세워졌다. 대부분 주요 볼거리는 강변 지대에 몰려있으며, 여전히 식민지 시대의 유물들이 그대로 남아있다.

주요한 볼거리로는 대통령궁이 있다. 과거에는 개방되지 않았지만, 지금은 자연스럽게 사진을 찍고, 내부를 관람할 수 있다. 또한 이 근처에는 카사 비올라(Casa Viola)라고 하는 보존이 잘된 식민지 시대의 건물이 있다. 문화박물관도 있으며 19세기의 대성당, 공원들이 여행객들에게 즐거움을 준다. 주로 도심과 강변을 중심으로 발달하여 있으며, 최상의 공연을 볼 수 있는 극장도 곳곳에 있어 이 도시의 문화를 충분히 즐길 수 있다.

도시의 대부분 주요 볼거리들은 강변과 서쪽의 콜론 거리(Avenida

강변 산책로

Colón), 남쪽의 아에도 거리(Calles Haedo)와 루이스 아 에레라(Luis A Herrera) 거리 등은 동쪽의 에스따도스 우니도스(Estados Unidos)로 둘러 싸인 지역 내에 있다. 이 도시에는 식민지 시대의 유적도 거의 없으며 도시 구역화도 잘 되어있지 않기 때문에 다채롭고 어느 정도 절충적인 건물들이 강변이나 철도를 따라 불법으로 점거한 거주지역에 어지럽게 섞여 있다.

고비에르노(Gobierno)궁전은 이제는 다가가거나 사진을 찍어도 안전한데, 이는 엘 수프레모(프란시아)의 지배 기간 동안 존속됐던 상황에 비해 엄청나게 개선된 것이다. 가까이 있는 카사 비올라는 몇 안 되는 식민지풍의 건물로 현재는 박물관이다. 다른 지역의 구경거리로는 19세기 성당과 박물관이 있는 카사 데 쿨뚜라가 파라과이 아순시온의 가장 오래된 건축물이며(1772년), 이밖에 독립 선언이 이루어진 카사 데 라 인데펜덴시아가 있다. 또 아순시온의 훌륭한 볼거리로는 식물원과 이 도시가 소장한 현대 예술의 보고인 바로(Barro)박물관이 있다.

파라과이 수도 아순시온에서 제일 기억에 남는 것은 음식 맛이다. 남북 아메리카를 여행하면서 식사를 구미(口味)가 당기게 제일 맛있게 먹어본 나라는 단연 파라과이라고 이야기하고 싶다.

음식의 오미인 신맛, 쓴맛, 단맛, 매운맛, 짠맛이 우리나라 고유의 음식 맛과 비교할 필요가 없다. 눈을 감고 음식을 바꿔도 입맛으로는 식별할 수 없을 것 같다. 아프리카나 남미 여행지에서 간혹 볼 수 있는 한국식당, 서울식당, 아리랑식당 등의 교민이 운영하는 식당도 아니다. 그리고 주방장도 한국인이 아니다. 그런데 고기, 반찬, 겉절이까지 너무나 맛이 있어 한국에서도 이렇게 맛이 있는 맛집을 찾아가는 것은 어렵다고 생각한다.

서비스도 이만저만이 아니다. 주방장이 칼과 개 다리 크기의 고기를 들고 다니며 손님에게 일일이 찾아가서 부위를 가리키며 "먹을 만큼 베어드립니다. 마음껏 드십시오."라고 한다. 파라과이 여행 일정이 며칠만 더 남아있으면 매일 삼시 세 끼 이곳에서 식사했으면 하는 마음이 간절하다. 그러나 내일이면 조식 후 파라과이를 떠나야 하는 일정이다. 복잡한 식당에서는 오면 반갑지만, 빨리 가면 더욱 반갑다. 남미 6개국 여행 일정을 맛있는 음식으로 마지막을 장식하여 삶이 지속하는 한 파라과이 음식 맛은 영원히 기억에 남을 것 같다.

Part 5.

카리브해 섬나라

Caribbean Sea Island Country

가이아나 Guyana

가이아나는 남아메리카 대륙 북부에 있는 나라로, 1581년부터 네덜란드의 식민지배를 받아오다 1831년 영국령 기아나(British Guiana)가 되어 영국 연방국으로 있다가 1966년 5월 가이아나(Guyana)로 독립하였다.

이 나라는 임기 5년의 대통령중심제 공화국으로, 의회는 임기 5년의 단원제(65석)이다. 주요 정당으로는 인민진보당(PPP), 인민민족회의(PNC), 통일당(TUF) 등이 있다. 정식명칭은 가이아나협동공화국(Cooperativel Republic of Guyana)이다. 남미 대륙 동북단에 위치하고, 동쪽은 수리남(구 네덜란드령 기아나), 서쪽은 베네수엘라, 남쪽은 브라질, 북쪽은 대서양과 접해 있다. 영국령 기아나로 있을 때 다인종으로 복잡하게 얽혀져, 정치적으로 인도계와 아프리카계 주민 사이에 충돌이 계속되어 왔다. 독립한 이후에는 이데올로기 갈등이 주를 이루었다. 현재 여 · 야 간 이데올로기 갈등이 계속되는 가운데 카리브 공동체 공동시장(CARICOM) 가입국으로 서방 국가들과 우호 관계를 유지하고 있다. 행정구역은 10개 구(Region)로 이루어져 있다.

인구의 50%가 인디오계이고, 흑인이 36%, 북아메리카 인디언이 6%, 백인 및 중국계가 1%로 인종구성이 복잡하다. 주요 언어는 영어(공용어)와 힌디어이고, 종교는 기독교 57%, 힌두교 33%, 이슬람교 9%, 기타 1% 순이다. 가이아나의 자연관광명소는 인상적이고 크게 훼손되지 않은 곳으로 인간의 노력을 하찮게 만드는 광범위한 규모이다. 가이아나에는 거대한 폭포, 막대한 열대우림과 야생생물이 풍부한 사바나 지역이 있다. 정부가 막대한 외채를 갚기 위한 시도로 환경을 망치지만 않는다면 가이아나는 미래에 생태관광의 목적지가 될 것이다.

가이아나는 원주민의 말로 '수향(水鄕 : 못이나 하천이 아름다운 지역)'이라는 뜻이다. 남미 대륙의 동북단에 위치한 가이아나의 영토는 한반도와 비슷한 크기(21만 4,970km^2)로, 수리남, 우루과이에 이어 남미에서 세 번째로 작다. 대서양 연안의 대상(帶狀 : 띠처럼 좁고 길게 생긴 모양) 저지대, 중부의 사바나와 밀림으로 된 준평원지대, 남서부의 고원지대로 나눌 수 있다. 대서양 쪽으로 약 459km의 해안선이 있고, 코런타인강(江)이 수리남과의 국경을 이루며 흐른다. 영토 대부분이 에세퀴보강의 본지류(本支流) 유역에 속하고, 동부는 버비스강 유역, 북서단부는 바리마강 유역에 속한다. 이 강들은 급류와 폭포로 분단된다. 에세퀴보강의 지류인 포타로강에는 카이에테우르(Kaieteur)폭포(높이 약 220m, 너비 약 100m)가 있다. 국토 면적의 85%가 숲으로 뒤덮여 있으며, 베네수엘라와 브라질의 국경에 있는 파카라이마산맥에는 로라이마산(2,772m)이 있다. 남단에는 고도가 낮은 아카라이산맥이 있고, 내륙은 사바나성(性) 고원이다. 약 1만 6,200km^{2}의 해안평야는 저습

지대이다.

연간 강수량은 동쪽으로 갈수록 많은데, 해안의 수도 조지타운이 2,290mm 정도이고, 내륙이 1,780mm 정도이다. 열대기후 지역으로 기온은 가장 서늘한 달이 22℃, 가장 더운 달이 31℃이다. 전 국토의 경지는 2%, 초원은 6%에 불과하다.

17세기에 네덜란드가 현 가이아나 지역을 점령한 후, 스페인이 에세퀴보강의 하류 서쪽 지역 땅에 대한 영유권을 주장하며 분쟁이 계속되었으나, 1609년 휴전으로 스페인이 철수하였다. 그 후 네덜란드 서(西)인도회사(1621년 설립)가 18세기 말엽까지 이곳을 통치하였는데, 에세퀴보, 데메라라(Demerara River), 버비스의 3개 지구로 나누고 아프리카에서 노예를 수입하여 개발하였다.

1836년에는 영국의 식민지가 되었다. 영국이 1831년에 이곳을 사들여 3개 지구를 통일하고 영국령 기아나로 만들었다. 1834년 노예제 폐지로 도시 지역에 흑인들의 정착과 함께 설탕 플랜테이션 농장에서 일할 노동자들을 인도에서 수입하게 되었는데, 이는 현재의 복잡한 인종구성 및 정치적 갈등의 시발점이 되었다.

1966년 5월 영국에서 독립하여 영국령 기아나에서 '가이아나'로 바뀌었다. 독립 이후 가이아나는 친 사회주의 정부가 통치해 왔다. 흑인들 중심의 인민민족회의(PNC)가 집권당의 자리에 있었으나 1992년 인도계 중심의 인민진보당(PPP)이 선거에서 승리하면서 그 자리를 물려주게 되었는데, 그 과정에서 정치적 갈등이 심각했다. 1992년 체디 제이건(Cheddi Berret Jagan)이 처음으로 민주적인 선거로 선출된 대통령이다.

가이아나는 한국과 1968년에, 북한과 1974년에 각각 수교하였다. 한국과 1973년 3월과 7월에 각각 무역협정과 경제기술협력 협정을 체결하였으며, 1993년 2월에 한국인에 대한 입국사증 면제 협정을 체결하고 2006년 7월에 투자보장협정도 체결하였다. 2006년 현재 대한(對韓) 수입액은 587만 달러, 대한 수출액은 140만 달러이다. 주요 대한(對韓) 수입품은 축전지, 직물, 냉장·냉동고 등이고, 주요 수출품은 목제품, 금속광 등이다. 2005년도 기준 한국인 교민 6명이 있는 것으로 집계되었다.

여행 일정대로 우리 일행은 2018년 2월 23일 가이아나 수도 조지타운에 도착했다. 오늘은 1980년 2월 23일 가이아나공화국 탄생을 기념하는 날이다. 가이아나에서는 매년 2월 23일 공화국 탄생 기념행사로 매스게임(Mass Game)을 벌인다. 매스게임은 많은 사람이 체조나 율동 등으로 맨손이나 기

공화국 기념행사 매스게임

공화국 기념행사 매스게임

구를 이용하여 함께하는 집단을 말한다. 매스게임은 북한에서 전승기념일에 집중적으로 행사를 하는 것으로 잘 알려져 있다. 그래서 가이아나 정부에서 북한 매스게임 전문가를 초빙, 매스게임을 전수하여 매년 2월 23일 공화국 탄생기념일에 매스게임을 선보인다고 한다. 우리가 생각하는 것과 달리 가이아나는 북한에 못지않은 매스게임으로 공화국 기념행사를 풍성하게 즐긴다.

슬로건으로 '이 땅의 우리는 하나다.'라는 피켓을 들고 거리행진도 한다. 음악과 박수 소리에 마냥 즐겁기만 하다. 그래서 우리 일행들은 많은 시간을 할애해서 가이아나 군중들과 매스게임을 함께 하며 그들과 한몸이 되어 시간 가는 줄 모르고 즐거운 하루를 보냈다.

그리고 필자는 가이아나 연못에서 매너티(Manatee)라고 하는 세상에서 가장 큰 물고기를 태어나서 처음 보았다. 주로 아마존강과 서인도제도에서 서식하는 물고기로 얼굴은 황소같이 생겼으며, 몸길이는 120cm, 몸무게는

세계에서 가장 큰 물고기 메너티

40kg까지 성장하며 가슴지느러미가 두 개이고 꼬리지느러미가 하나이다. 몸통은 둥글게 생겨 바다의 물개 모양을 하고 있다. 주로 물고기들과 무척추 동물을 먹이로 생활한다. 물속에 있는 메너티를 보고 카메라를 잡고 30여 분간 기다리고 기다린 보람이 있어, 수면 위로 떠 오르는 메너티를 정확하게 카메라에 담을 수 있었다.

'성취 의욕은 인내로 희열을 느낄 수 있다.'는 속담이 가슴을 스치고 지나간다.

가이아나의 수도이자 유일한 대도시인 조지타운이 데메라라강 입구의 동쪽 강둑에 자리 잡고 있다. 조지타운은 우아한 식민지 시대의 건축물들이 아주 매력적인 도시이다. 대서양에 있지만 풍부한 화훼나무 덕분에 '카리브해의 정원도시'라는 이름을 얻기도 했다. 긴 해안 장벽은 홍수로부터 조지타운을 보호하고 있으며 현지인들이 이곳에서 수영과 일광욕, 산책을 즐기기도 한다. 대부분 명소는 메인가(Main St)나 그 부근에 위치하고 있으며 세계에서 가장 큰 고딕 양식의 목제 성당인 성 조지 성당(St George's Cathedral)과 1833년에 세워진 네오클래식한 의회 건물(Parliament Building)이 있다. 여러 곳의 시내 건물 중 시계탑이 있는 멋진 메인 건축물인 스타브로룩 마켓(Stabroek Market)이 도드라져 보인다. 가이아나의 우수한 그림과 조각을 전시하고 있는 가이아나박물관(Museum of Guyana)이나 빅토리아시대의 다리, 정자, 야자수와 백합 연못으로 아름답게 설계된 식물원과 동물원(Botanical Gardens & Zoo)은 가볼 만하다.

세계에서 가장 큰 목재건축물인 성 조지성당

국회의사당

카이에테우르폭포(경비행기에서 찍은 항공사진)

가이아나의 제일가는 명소인 카이에테우르폭포(Kaieteur falls)는 장엄하고 힘이 넘쳐 나이아가라 · 빅토리아 · 이구아수폭포에 버금가는 곳으로 사람의 손이 닿지 않은 열대우림으로 둘러싸여 있다. 카이에테우르폭포의 물은 사암고원 250m 높이에서 쏟아지며 계절에 따라 거의 100m 이상 너비에 이르기도 한다.

계절과 일기에 관계없이 자동차나 도보로는 폭포에 접근할 수 없다. 교통수단으로는 단지 경비행기(8R-GHR)를 이용하고 관광 후에도 역시 경비행기를 타고 돌아오는 코스다. 필자는 나이아가라 · 빅토리아 · 이구아수 · 카이에테우르폭포가 세계 4대 폭포라고 자신 있게 말하고 싶다.

그리고 폭포수가 떨어지는 장관은 이루 다 말로 표현할 수가 없다. 그리고 주변의 동식물 군락지와 국립 공원을 마음껏 탐방하고 조지타운으로 귀환했다.

가이아나 현재 인구는 약 79만 500명이며, 시차는 한국시각보다 13시간 늦다. 한국이 낮 12시면, 가이아나는 전날 밤 11시(23시)가 된다. 전압은 110/220V 50Hz를 사용하며, 환율은 한화 1만 원이 가아아나 약 195달러 정도로 통용된다.

카이에테우르폭포

수리남 Republic of Suriname

수리남은 남아메리카 북쪽에 있는 나라다. 1815년 파리조약으로 네덜란드령이 확정되어 네덜란드령 기아나로 불리다 1954년 네덜란드령 자치국이 되었고 1975년 11월 독립하였다.

정식명칭은 수리남공화국(Republic of Suriname)이다. 남미 북부에 위치해 있으며 동쪽으로 프랑스령 기아나, 서쪽으로 가이아나, 남쪽으로 브라질과 국경을 접하고 있고, 북쪽으로는 대서양에 면한다. 국토의 96%가 열대우림이며 다양한 식물을 갖고 있다. 줄리아나산 정상은 해발 1,230m로 수리남에서 가장 높은 산이며 최저지역은 해안선 일대이다. 수리남은 무역풍 영향으로 시원한 기후를 보이며 열대 기후대에 속한다. 카리브해와 면한 해안선 일대에 일부 평지와 습지대가 있다. 수리남 동쪽의 마로니강과 서쪽 코런타인강 하구 사이 386km의 해안선을 따라 너비 16~80km의 비옥한 연안평야가 있다. 한반도 면적의 약 4분의 3 크기로, 전 국토의 90%가 원시 자연림이다.

1975년 11월 네덜란드로부터 독립한 국가로 공용어는 네덜란드어이다.

크리올료(남미에서 태어난 스페인 후손), 인도 · 파키스탄계, 인도네시아계, 부시니그로, 중국인, 아메리카 인디오(원주민), 유럽계, 아랍계, 유대계 등 인종구성이 매우 복잡하며, 27.4%의 인구가 힌두교를 믿어 아메리카 대륙에서 유일하게 힌두교인이 많은 국가이다. 식민지 경제로 출발하여 쌀과 코코아, 커피 등 아열대 농산물을 재배하는 1차 산업에 경제를 의존해왔으나, 이후에는 보크사이트, 금, 니켈, 구리 등 광물자원산업에 전적으로 경제기반을 두고 있다. 수리남 연안에서 원유 채굴 사업이 진행 중이다.

수리남은 네덜란드의 식민지에서 파생된 독특한 민족적 다양성과 함께 문화적으로 특이한 지역이다. 초기에 아프리카 흑인 노예들이 노동자로 중요한 역할을 하던 곳이 나중에는 인도와 인도네시아인들도 재계약을 맺은 노동자들로 중요한 역할을 하던 곳이다. 네덜란드의 남아메리카 식민지였던 수리남 태생의 흑인들, 일명 부시니그로라고 불리는 민족집단은 아프리카 서부지역에서 노예로 끌려온 흑인들의 후손들이다.

수리남이 네덜란드로부터 정식으로 독립한 1975년을 전후하여 수리남 인구의 3분의 1이 네덜란드로 대량 이주를 하게 되는데 이들 중 상당 부분이 부시니그로였다. 다양성을 인정하고 중요하게 생각하는 네덜란드인의 기질은 수리남에 대한 식민통치에도 그대로 반영되어 부시니그로들은 다른 지역으로 끌려간 흑인 노예들과는 달리 고유의 문화와 생활방식을 그대로 보존시킬 수 있었다. 네덜란드 식민통치 기간 동안 네덜란드에 동화된 부시니그로들이 상당수 있었다. 이들은 수리남을 새로운 조국으로 인정하지 않았고 네덜란드로 대규모 이주를 하게 된다.

국토 면적은 163,270km²로 남미 대륙에서 가장 작으며, 내륙 쪽에는 너비 약 65km의 사바나지대가 동서로 뻗어 있다. 남쪽은 구릉성의 열대우림이 우거져 있는데, 해발고도 1,200m이다. 동부 내륙에는 수리남강(江)에 아포바카댐이 건설되면서 면적 1,550km² 블롬메스테인호(湖)가 생겨났다.

수리남은 15세기 말에 에스파냐인이 발견하였고, 네덜란드인이 진출한 것은 1581년이다. 네덜란드는 에스파냐와 분쟁을 일으켰으나 1609년에 에스파냐가 철수한 후 1616년까지 몇 개의 작은 식민지를 만들어 아프리카로부터 많은 노예를 수입하였다. 17세기 중엽에 영국이 이를 탈취하였으나, 1667년 브레다조약으로 네덜란드령으로 확인되었다.

그 후 18세기 말 나폴레옹전쟁 당시 영국이 다시 이를 점령하였지만 1815년 파리조약을 통해 최종적으로 네덜란드령이 되었으며, 1863년에 노예가 해방되었다. 1954년 네덜란드왕국 헌장으로 네덜란드와 대등한 자치국이 될 때까지 네덜란드령 '기아나'라고 불렸다.

1974년 자치정부는 네덜란드 정부와 독립을 위한 교섭을 추진하였고 그 결과 1975년 11월 네덜란드로부터 독립하였다. 이후 의원내각제 아래 수리남 최초의 총리로 헨크 아론(Henck Arron)이 취임하였다. 1982년 2월 참모장 데지 부테르스가 쿠데타를 일으켜 헌법을 정지하고 조직한 국가 군사평의회가 실권을 잡았으나, 1987년 민정 복귀를 위한 총선을 실시하였다. 8년만인 1988년에 민정이 복귀되었으나 1990년 12월 다시 군사령관이 쿠데타를 일으켜 국제사회의 비난을 받았다. 그 결과 1991년 5월 실시된 총선에서 구여당 및 일부 야당 연합체인 4당 연합이 승리하였으며, 1991년 9월 뉴프론트당(NF : New Front)의 뤼날도 로날트 베네티앙(Runaldo Ronald Venetian)이 대통령에 취임하였다.

크레올료인, 힌두계 및 자바인의 연립여당인 뉴프론트당에 기반을 둔 베네티앙 대통령은 반군과 평화협상, 화합 정치로 국내정치안정, 네덜란드와 미국을 비롯한 역내 우방국과 협력 추진을 통한 경제 재건에 역점을 두었다.

한국 6 · 25 참전용사 기념비

한국과는 1951년 8월 네덜란드 국적으로 수리남 군인 102명이 한국전에 참전한 인연을 가진 나라이며, 현재 생존자는 4명이라고 한다. 남북한 동시 수교국으로, 한국은 수리남이 독립한 1975년에, 북한은 1982년에 외교 관계를 수립하였다. 한국과는 1976년 어업협정 합의 각서 교환, 1976년 사증 면제협정, 1978년 문화협정, 1982년 경제 기술협력 협정을 체결하였다. 한국의 무역회사와 원양업체들이 수리남에 진출해 있다. 2007년 1월 기준 한국인 교민 수는 53명, 체류자 수는 40명이다.

수리남의 수도인 파라마리보는 북유럽과 열대 아메리카가 혼합된 곳으로 인상적인 벽돌 건물들이 푸른 광장을 내려다보고 있으며 나무로 지어진 집들

세계문화유산인 회교사원

대통령궁

이 좁은 골목에 빽빽이 들어서 있다. 그리고 높이 솟은 야자수가 그늘을 드리우고 있으며 홍수림이 강변을 감싸고 있는 곳이기도 하다. 또한 모스크 사원과 유대교 회당이 나란히 자리 잡고 있다. 반면, 자바인 노점상이 사테이(Satay)를 파는가 하면, 네덜란드어로 말하는 크리올료인이 도로변의 카페에서 맥주를 마시기도 한다.

야자수 공원

파라마리보의 중심은 대통령궁에 접해 있는 오나프한켈리스플레인(Onafhankelijksplein)(통일광

사탕수수 농장 주인과 함께

장)이다. 대통령궁 바로 뒤에는 열대의 새들이 서식하는 높은 야자수가 있는 공원 팔멘투인(Palmentuin)이 자리 잡고 있다.

동쪽으로는 1980년 쿠데타 후에 정치수들을 가두어두고 고문하는 곳으로 이용된 17세기의 강변 요새인 젤란디아 요새(Fort Zeelandia)가 있다.

수리남에서 유일한 한국식당

주요시장인 강변도로 워터크란

트(Waterkrant)를 거쳐 사탕수수 농장 식민지 시대 농업시설과 농업박물관 등을 방문하고, 저녁에는 수리남에서 유일한 한국식당에서 한식으로 저녁 식사를 마치고 숙소로 향했다.

현재 인구는 약 59만 2천 명이며, 종교는 힌두교, 이슬람교, 가톨릭과 개신교 순이다. 시차는 한국시각보다 13시간 늦다. 한국이 낮 12시면, 수리남은 전날 밤 11시(23시)가 된다. 전압은 110/120V 60Hz를 사용하며, 환율은 한화 1만 원이 수리남 약 7달러 정도로 통용된다.

트리니다드 토바고 Trinidad and Tobago

트리니다드 토바고는 서인도제도 남동부에 있는 나라이다. 1802년 트리니다드섬이 영국령이 되었고, 토바고섬은 1814년 영국령이 된 후 1888년 트리니다드에 합병되었다. 1958년 서인도 연방 편입을 거쳐 1962년 영국연방의 자치국으로 완전 독립을 하여 1976년 영국연방 내의 공화국이 되었다. 면적이 5,128km^{2}로 경기도의 2분의 1 정도 되는 작은 섬나라이다. 정식명칭은 트리니다드토바고공화국(Republic of Trinidad and Tobago)이며, 수도는 포트오브스페인(Port-of-Spain)이고, 공용어로 영어를 사용하고 있다. 서인도제도에 위치한 이 섬은 베네수엘라 카리브해쪽 앞바다에 있다.

이 나라는 베네수엘라 앞바다의 트리니다드섬과 토바고섬 외에 21개의 작은 섬들로 이루어져 있다. 카리브해 서인도제도 최남단에 위치하고 있으며 북동쪽으로 바베이도스, 남동쪽으로 가이아나(Guyana)의 영해(領海)와 면한다. 석유와 천연가스 생산과 관광업 등으로 카리브해 지역에서 가장 번영한 국가에 속한다. 캐리비언 카니발로도 유명하며 스틸 밴드(Steel band), 칼립소(Calypso) 뮤직, 림보(Limbo)춤 등이 탄생한 곳이기도 하다.

인도인(40%)과 아프리카인(37.5%)이 많은 점이 특징인 트리니다드섬은 윈드워드제도 남쪽 맨 끝에 있다. 면적 300km^{2}의 토바고섬과 몇몇 작은 섬들을 포함하여 전체면적이 5,128km^{2}이다. 트리니다드섬은 파리아만(灣)과 2개의 좁은 해협에 의해 베네수엘라와 구분된다. 토바고섬은 트리니다드에서 북동쪽으로 31km 떨어져 있다.

트리니다드 토바고는 트리니다드섬과 토바고섬으로 구성되어 있는데 1532년에 스페인의 식민지가 되었으며, '포트오브스페인'은 트리니다드섬에 정착한 스페인인들에 의해 건설되었다. 이는 1560년에 건설되었으며, 원래 이름은 '푸에르토 데 에스파냐(에스파냐의 항구)'이고, 영어식으로는 '포트오브스페인'으로 읽는다. 트리니다드섬은 1797년에 영국의 식민지가 되었고, 1802년에는 토바고섬도 영국의 식민지가 되었다. 그 후 1888년에 두 섬을 합쳐 트리니다드 토바고로 부르게 되었다. 영국의 식민지가 된 이후에도 도시명은 바뀌지 않았고, 다만 영국식으로 '포트오브스페인'으로 부르게 된다.

트리니다드섬과 토바고섬은 모두 안데스산계(山系)의 연속으로, 베네수엘라 북동단의 파리아반도에서 불과 25km 떨어진 드래건마우스해협에 많은 작은 섬들이 산재해 있어 트리니다드섬 북부를 동서로 달리는 산맥에 줄기를 잇고 있다. 섬의 남단부는 좁은 서펀츠마우스를 사이에 두고 베네수엘라의 오리노코강(江) 삼각주 지역을 마주한다.

섬의 서해안은 위의 두 해협을 출입구로 하는 파리아만을 사이에 두고, 동해안은 대서양에 면한다.

트리니다드섬의 북부산맥은 아리포산(940m)이 최고의 높이이고 그 남쪽에 해발고도 300m의 중부 산지와의 사이는 비교적 평탄하다. 중부산지 남쪽은 파랑상(波浪狀)의 지형을 이룬다. 토바고섬 중앙부에는 해발고도 500m 정도의 산이 있다. 트리니다드섬 남부에는 아스팔트를 대량으로 매장하고 있는 피치호(湖), 그리고 파리아만에는 풍부한 유전지대가 있다. 그리고 토바고섬은 울창한 삼림으로 뒤덮여 있다. 기후는 열대성 기후로 연평균기온 28℃이고, 연 강수량은 2,000mm를 넘지만, 토바고섬의 기후는 서쪽으로부터 해풍의 영향을 받아 주민 생활에 알맞다. 우기는 6~12월, 건기는 1~5월이다.

트리니다드섬은 1498년 7월 31일 콜럼버스의 제3차 항해 때 발견되었으며, 이후 스페인의 식민통치가 이루어졌다. 1542년 스페인은 트리니다드섬에 초대 총독을 임명하였으며, 1588년에는 영국 선원이 토바고섬에 상륙하였다. 1699년에는 트리니다드섬의 원주민들이 스페인 정착민에 항거하다가 멸족한 것으로 추정되며 토바고섬 원주민들도 마찬가지로 비슷한 시기에 멸족한 것으로 알려져 있다.

그래서 아프리카 흑인 노예가 사탕수수 농장에 투입되었다. 1757년에 트리니다드섬의 수도를 산 조세프(St. Joseph)에서 포트오브스페인으로 이전하였다. 그리고 1797년 나폴레옹 전쟁기간 중 영국군이 트리니다드섬을 점령하였으며, 1802년에는 트리니다드섬이 아미앵(Amiens) 조약에 의해 스페인으로부터 영국에 할양되었다.

1814년에는 토바고섬이 파리조약에 의해 프랑스로부터 영국에 할양되었으며, 1838년에는 노예해방으로 부족해진 노동력 보충을 위해 인도인이 계약노동자로 유입되었다. 그 수가 1917년까지 14만 3천여 명에 달하였다. 1911년 석유 수출 개시, 제1차 세계대전 말의 계약노동제 폐지, A. 시프리니아의 노동운동(후의 트리니다드노동당) 전개 등이 섬의 정치 · 경제의 근대화를 촉진시켰다. 1950년 독립을 위한 신헌법이 공포되었으며, 사회학자이기도 한 E. 윌리엄스의 지도하에 인민민족운동(PNM)을 중심으로 하는 독립운동이 전개되었다. 마침내 1956년 9월에 자치정부를 수립하였으며 초대 수상으로 에릭 윌리엄스(Dr. Eric Williams)가 취임하였다. 그 후 카리브해역의 영국 식민지 연방화의 움직임이 구체화하여 1958년 서인도 연방이 성립되었고, 1959년에 트리니다드와 토바고는 영국령 서인도제도 연방(Federation of West Indies)의 일원으로 편입되었다. 그러나 1961년 자메이카가연방 탈퇴를 선언하고 단독 독립을 결정하자 트리니다드와 토바고도 1962년 8월 트리니다드 토바고라는 영국연방 자치국으로 완전 독립하였다.

트리니다드 토바고 국민의 대다수는 사탕수수 플랜테이션 농장에서 일할 노예로 끌려왔던 아프리카 흑인의 후손들과 흑인 노예가 해방된 이후 1845~1917년 사이 인도에서 온 계약노동자들의 후손들이다. 2000년 기준으로 인종 구성은 인도계가 40%, 아프리카계 흑인이 37.5%, 혼혈이 20.5%, 기타가 1.2%를 차지한다. 1970년에는 흑인폭동이 일어나 인종대립이 표면화되었다.

트리니다드 토바고는 남북한 동시 수교국이다. 한국과는 1985년 7월 수교하였고, 북한과는 1986년 1월 수교하였다. 1985년 11월 공관을 개설하였다가 1999년 2월 폐쇄하였다. 1987년 경제 · 과학기술협정, 1994년 사증 면제

협정을 하였으며, 투자보장협정도 2003년 11월에 발효되었다. 한국인 교민은 2005년 기준 9명이다.

수도 포트오브스페인(Port of Spain)은 트리니다드섬 북서안에 있다. 열대기후에 속하여 낮에는 덥지만, 밤에는 급격히 기온이 내려간다. 국내 상업의 중심지이며 근교에는 럼주(酒) · 맥주 등의 양조업과 담배, 플라스틱, 건축재료, 제재, 직물, 과일 등의 공장이 있다. 서인도제도 교역 중심지의 하나로 원유와 석유제품, 설탕, 과일, 아스팔트, 코코아, 커피를 수출하고, 식료, 목재, 목화, 비료, 공업제품을 수입한다.

시내에는 공원과 광장이 곳곳에 있고, 공원 주변에는 수상관저, 왕립식물

왕립식물원

원 등이 있다. 도심에서 8km 떨어진 곳에 서인도대학에 속하는 열대농업연구소가 있다. 영국 식민지의 역사를 가지는 만큼 포트오브스페인의 거리에는 영국식 거리의 느낌이 많이 남아 있다.

현재 인구는 약 140만 4천 명(트리니다드 85만 4천 명, 토바고 55만 명)이며, 종교는 가톨릭과 힌두교, 성공회 순이다. 시차는 한국시각보다 13시간 늦다. 한국이 낮 12시면, 트리니다드 토바고는 전날 밤 11시(23시)가 된다. 전압은 115/230V 60Hz를 사용한다. 환율은 한화 1만 원이 약 6.3트리니다드 토바고 달러로 통용된다.

오늘은 국토 면적이 전라남도 2분의 1 크기인 트리니다드 토바고를 시작으로 카리브해 연안 11개국의 섬나라를 매번 항공편을 이용해 여행하는 일정으로 수리남에서 출발, 수도 포트오브스페인에 도착했다. 카리브해 섬나라들은 콜럼버스의 신대륙발견으로 지구상에 알려지기 시작했으며 유럽의 열강들은 먼저 찾아가서 점유하고 나서 자기 마음대로 자기들의 나라라고 선포하는 식으로 식민지의 서막을 열었다. 토지이용은 주로 사탕수수 농장으로 출발하였고, 인력은 아프리카에서 흑인 노예를 수입해서 국가의 기반을 다졌다. 결국에는 식민지 국가를 건설하는 과정으로 그들은 수입에 의존하고, 국가 건설에는 전혀 관심이 없었다. 그래서 고적이나 유적지 그리고 문화와 예술성이 있는 관광명소로 불리는 곳은 눈을 뜨고 찾아보려고 해도 찾을 수가 없다. 그러나 지금은 입법, 사법, 행정을 두루 갖춘 지구촌 하나의 국가로 성장하고 있으며 모든 국가가 유엔에 가입했다.

필자는 각 나라마다 찾아가서 누가, 언제, 어디서, 어떻게 살아왔는지를 알

유람선(출처 : 현지 여행안내서)

아보기 위해 현지인들을 접해 보는 데 의미가 있는 여행 일정이다. 그래서 필자는 자료가 많이 없는 이유로 현지 사진이나 현지 여행안내서에 수록된 사진들을 이용해 부족한 자료를 채워 보려고 노력을 아끼지 않았음을 먼저 밝힌다.

돌고래쇼(출처 : 현지 여행안내서)

제일 먼저 국립박물관을 방문했다. 박물관 전시 자료는 매우 빈약했다. 그러나 이 나라 국민들에게는 소중한 민속자료인 것으로 여겨져 목재로 된 인체 조각작품을 눈

피카소 나무

야자숲 쉼터(출처 : 현지 여행안내서)

여겨보았다.

그리고 야자수 숲으로 이동해서 각종 동식물을 차례로 접하면서 카리브해 섬나라 정취를 마음껏 느껴보았다.

눈에 띄는 것은 일명 '피카소 나무'를 보게 되었는데, 이 나무는 껍질 색채가 피카소 그림의 화풍과 유사하다고 해서 이 지역 사람들이 '피카소 나무'라고 명명했다고 현지인이 일러준다. 그리고 이곳 트리니다드섬에서 해변이 제일 아름답다는 마리 카스 베이 해변으로 이동해서 백사장의 모래알과 조개껍질을 밟으며 위락시설을 둘러보는 것으로 트리니다드 토바고 일정을 마무리했다.

그레나다 Grenada

그레나다(Grenada)는 중앙아메리카의 서인도제도 남동부 윈드워드제도(Windward Islands)에 있는 섬나라로, 콜럼버스에 의해 발견되어 유럽에 알려졌다. 프랑스와 영국의 계속된 식민지배를 거쳐 1783년부터 영국령이 되었다 1967년 자치권을 획득하고 1974년 2월에 독립하였다. 본래 이름은 'Isle of Spice(향신료 섬)'이다.

서인도제도와 윈드워드제도에서 가장 남쪽에 있는 섬나라 그레나다는 본토 섬이 가장 큰 섬이다. 작은 섬들도 많이 있으나 대부분 인구는 그레나다섬에 거주한다. 다이아몬드제도, 론데제도, 라지제도 등이 있다. 수도인 세인트조지스(St Georges) 인근에 가장 많은 주민이 살고 있다. 대부분 섬은 화산섬이며, 국토는 비옥한 편이다.

여러 작은 강이 폭포를 이루며 산에서 흘러나온다. 기후는 전형적인 열대기후여서 무덥고 습하다. 하지만 무역풍에 의해 건조가 되면 서늘해진다. 그레나다는 카리브해와 북대서양 사이에 있는 윈드워드제도의 섬나라로 베네수엘라 해안에서 약 160km 북쪽에 있는, 남북으로 길게 생긴 타원 모양의

세인트조지스 전경

섬으로 그레나다섬과 몇 개의 작은 부속 도서로 이루어져 있다.

열대 해양성 기후 지역으로 건기와 우기가 있다. 국민의 대부분이 흑인, 물라토이며 로마 가톨릭이다. 공식어는 영어이나 프랑스-아프리카 방언도 사용된다. 수도는 세인트조지스이다.

화산섬으로 경관이 뛰어나게 아름다운 그레나다는 열대 해양성 기후로 연강수량이 높고 토양이 비옥해서 바나나와 라임, 망고, 코코넛 따위가 풍부하며, 조미료의 생산으로 유명하다. 그레나다의 문화는 영국과 아프리카, 서인도, 프랑스의 영향이 한데 어우러진 혼합 문화이다. 그레나다에는 아프리카인의 영향을 받은 빅 드럼 댄스를 공연하는 공연단이 있고 칼립소와 스틸밴드가 인기 있다. 가장 큰 축제가 8월 중 일요일과 월요일 이틀에 걸쳐 이루어

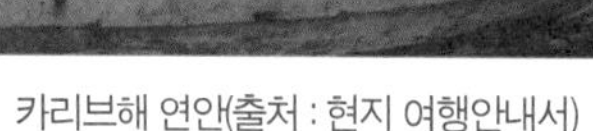

카리브해 연안(출처 : 현지 여행안내서)

카리브해 전경(출처 : 현지 여행안내서)

지는 카니발인데 칼립소 경연대회 등 다양한 행사가 개최된다. 이 축제는 사회통합에 중요한 역할을 한다.

그레나다는 카리브해의 섬나라로 트리니다드 토바고의 북쪽에 놓여있으며. 그레나다섬과 소규모 2개 도서로 구성되어 있다. 경작 가능지는 5.88%이고 영구경작지가 29.41%이다. 그레나다섬은 길이 34km, 너비 19km의 화산섬으로, 중앙에 산맥이 뻗어 있어 산지가 넓은 면적을 차지하며, 최고 높은 산은 북부의 세인트캐서린산(840m)이다. 계곡과 소하천 및 온천, 화구호 등이 많고, 삼림이 무성하여 자연경관이 아름답다. 해안선은 굴곡이 심하고, 수도 세인트조지스는 천연의 양항(良港)을 이룬다.

기후는 열대 해양성으로 세인트조지스의 최난월 33℃, 최한월 20℃이다. 우기와 건기 두 계절만 있고 더위는 6~9월에 가장 심한데, 북동무역풍이 불어서 지내기는 비교적 편안하다. 연 강수량은 세인트조지스 1,800mm, 중앙부 4,000mm, 남부 1,000mm로 지역 차가 크다. 허리케인이 지나가는 곳으로, 6월부터 11월 사이가 허리케인이 발생하는 시기이다.

그레나다는 1498년 콜럼버스에 의해 처음 발견되었다. 하지만 그 당시 호전적인 카리브 인디오들이 먼저 이주해 와 살고 있던 아라와크족을 몰살시키고 그레나다를 지배하고 있는데, 콜럼버스의 섬 발견 이후 150년간 카리브인이 그레나다를 다스리게 되었다. 1650년 프랑스 총독 마르티니크가 프랑스 회사로부터 그레나다섬을 매입하고 현재의 수도인 세인트조지스에 주거지를 세웠다. 여러 서방 세력들의 다툼이 있었지만 1674년 프랑스령이 되었다. 이어 1763년 파리조약으로 영국연방에 편입되었으나, 1779년 프랑스가 다시 정복하였다. 그러나 1783년 베르사유조약에 따라 영국에 재귀속되어 18세기 후반부터 19세기까지 영국의 통치를 받게 된다. 1833년에 흑인 노예들이 해방되었으며, 1958년에는 서인도제도 연방에 가입하였다. 1962년 연방이 해체되면서 영국령 윈드워드제도에 편입된다. 1983년 10월 13일부터 8일간 쿠바의 조정을 받은 허드슨 오스틴 장군이 주도하는 내부 쿠데타로 장관들을 포함해 60여 명이 처형당하게 되고 극좌 노선의 군사평의회를 설치하고 정권을 장악했다. 1983년 10월 25일에는 미국의 군사 개입이 시작되었다. 미국 등 다국적군이 침공하여 섬을 점령하고, 오스틴을 위시한 급진파 PRG 단원들을 체포하고, 쿠바 노동자와 군인들은 본국으로 송환하였다. 미국과 카리브제국의 평화유지군이 군사적으로 개입하여 1984년 2월 1일 임시정부가 수립되었다.

그레나다는 남북한 동시 수교국이다. 한국과는 1974년 8월 1일 수교하였다. 1979년 3월 관계가 동결되었다가, 1984년 5월 관계가 다시 정상화되었으며 1990년 사증 면제협정을 체결하였다. 북한과는 1979년 5월 수교하였지만, 그레나다가 한국과 1984년 5월 관계를 정상화한 후 1985년 11월에 단교하였다가, 1991년 9월 20일 재수교하였다. 2006년 대한 수출액은 2,000달러인 반면, 대한 수입액은 201만 4,000달러로 무역수지 적자를 보인다. 주요 대한 수출품은 낚시 용구, 동 스크랩 등이며, 주요 대한 수입품은 자동차와 신발류, 타이어, 냉장고 등이다.

세인트조지스는 그레나다의 남서부에 있으며, 천연의 양항으로 상업과 행정, 관광의 중심지이다. 1650년 프랑스의 식민주의자들이 정착지로 세웠고, 영국이 윈드워드제도를 통치했던 1885~1958년부터 수도였다. 삼림이 무성한 아름다운 자연경관에 청정한 해변과 백사장을 갖추고 있는 관광지이다. 그레나다의 주요산물인 카카오와 바나나, 육두구 등은 이곳을 통해 수출하고 제당업과 럼주(酒) 증류 산업 등이 활발하다. 유서 깊은 건물로는 섬 중앙 산등성이에 있는 로마 가톨릭교회, 영국 성공회교회, 장로회교회와 1705년 프랑스에 의해 세워진 조지 성채 그리고 도시가 내려다보이는 경사 지

럼주 양조장

계란 껍질로 만든 작품

동식물 보호구역 바나나꽃과 열매

역에 있는 정부 청사 등이 있다.

그리고 레베라 국립공원은 동식물과 야생조류 보호구역으로 지정되어 인간의 손때가 묻지 않아 천혜의 자연환경을 마음껏 즐길 수 있다.

국토 면적은 $344km^2$(한반도의 63분의 1) 이다. 현재 인구는 약 11만 3천 명이며, 시차는 한국시각보다 13시간 늦다. 한국이 낮 12시면, 그레나다는 전날 밤 11시(23시)가 된다. 전압은 230V 50Hz를 사용하며, 환율은 한화 1만 원이 그레나다 약 206동카리브 달러로 통용된다.

포트오브스페인공항에서 이륙한 비행기가 세인트조지스공항에 착륙하기 전 상공에서 바라보는 그레나다는 한눈에 섬 전체가 보일 정도로 거제도보다 조금 작은 나라이며 전국에 신호등과 중앙선이 없는 나라이다. 그리고 미군 약 1만 명이 주둔하고 있으며 그중 해병대가 2천 명이 넘는다고 한다. 프레데릭 요새(Fort Frederick)와 조지 요새(Fort George)를 비롯한 이곳저곳에 방어망이 구축되어 있다. 그리고 미국의 영향권 아래 국방을 유지하고 있어 생활 환경이 다른 나라와 비교해 매우 양호하게 보인다. 세인트조지스항구에는 대형선박과 크루즈선을 비롯해서 다양한 크기의 요트들이 헤아릴 수 없을 정도로 많이 정박해있다. '나무는 큰 나무 밑에 있으면 성장하기 어렵다고 하지만 사람은 부잣집을 가까이하면 큰 이익이 생긴다.'는 속담이 있다. 정치는 누군가 뭐니 뭐니 해도 국민들이 잘 먹고 잘살아가는 것보다 더 좋은 정책은 지구상에는 없다고

레베라 국립공원 야생조류 보호구역
(출처 : 현지 여행안내서)

조지 요새

세인트조지스항구

생각한다. 양국 간 내부 속사정이야 자세히 알 수는 없지만, 주거 환경이나 도로 사정, 식당의 시설물과 음식의 맛 등은 일개 군보다 작은 나라이지만 아주 양호한 편이다. 그리고 항구의 선박을 바라보면 여기가 그레나다가 아니고 미국이라고 착각이 들 정도이다.

정들자 이별이라고 내일 아침 7시 L1308기편으로 세인트조지스를 출발해 바베이도스 브리지타운으로 가기 위해 저녁 식사 후 조용히 숙소를 찾아가는 나그네는 궁금한 것도 많고 호기심도 많을 수밖에 없다.

바베이도스 Barbados

바베이도스(Barbados)는 카리브해의 서인도제도 중 가장 동쪽에 있는 섬나라이다. 삼각형 모양의 이 섬은 면적이 431km^{2}로 대구광역시 달성군 넓이의 크기이다. 수도는 유일한 해항(海港)으로서 섬의 서남쪽에 위치한 브리지타운(Bridgetown)이며 총인구 29만 명 중 13만여 명이 거주한다.

1627년 영국의 지배가 시작되었고 1838년 노예해방법의 통과로 흑인의 정계 진출과 교육받은 흑인이 늘어나며 1966년 11월 30일 영국연방으로 독립하였다. 카리브해의 소(小)앤틸리스제도 중 윈드워드제도의 동쪽 끝에 있으며 석회암으로 이루어진 섬으로 주위에는 산호초가 있다.

영국식 의회민주주의가 발달해 있는 안정된 바베이도스는 사탕수수가 서인도제도에서 최초로 재배되어 지금도 사탕수수가 주산물로 남아 있으며 관광산업을 개발하여 국민소득을 올리고 있다. 인구의 대부분이 흑인이며 기독교도이고 영어를 사용한다. 458년 전(1563년)에 포르투갈의 항해사 페드루 캄푸스(Pedro A. Campos)가 이 섬을 발견하여 스페인과 포르투갈 사람들이 이 섬에 와서 많이 살게 되었다. 그러자 섬에 있던 원주민들은 도망치거나 노예로 잡혀 강제 이주를 당하여 섬이 거의 무인도처럼 되었다가, 1625년에 영국의 존 파웰(John Powell)이 바베이도스에 도착하여 1627년에 영국의 식민지로 편입했다고 한다.

우리 일행이 묵은 숙소(출처 : 현지 여행안내서)

1816년에 노예들이 봉기하기 시작하여 드디어 1834년에는 노예제도가 폐지되었고 1966년 11월 30일 영국연방의 테두리 안에서 영국으로부터 독립하였다. 그런 이유로 아직도 '카리브해의 작은 영국'이라고 불린다.

바베이도스는 카리브해의 작은 영국이지만 키드니 파이(kidney-pie)를 위해 로티스를 포기하거나 영국 맥주를 위해 럼주를 포기할 정도는 아니다. 이 섬 주민들이 자신을 스스로 '바잔(Bajan)'이라고 부르는 것처럼 바잔은 다른 이웃 섬들과 마찬가지로, 그들은 서인도 사람들이며 영국 관습을 따르기보다 스스로 관습을 만드는 편이다.

영국의 신사적인 경기인 크리켓이 이곳에서 전혀 색다른 리듬을 가지고 있는 것을 보는 순간 느끼게 될 것이다. 그런데도 이곳에는 유서 깊은 영국 성공회 교회가 모든 교구에 퍼져 있고, 토요일이면 경마가 펼쳐지며, 여기저기에서 엘리자베스 여왕의 초상화를 발견할 수 있다.

관광산업은 바베이도스에서 큰 비중을 차지하며 대부분 여행객은 이 섬에서 '이국적인 향기'와 익숙한 환경에 편안하게 혼합된 장소를 기대하며 찾아온다.

주변의 섬들이 대부분 화산섬이나, 바베이도스는 산호퇴적물이 덮인 석회암 섬이다. 일 년 내내 햇살이 비쳐 따뜻해서 '태양 속의 섬'이라고도 한다. 섬 서쪽은 낮은 단구 지형이고, 동부와 남부는 크게 경사진 형태이다. 가장 높은 곳인 힐라비(Hillaby)산의 고도가 336m에 지나지 않는다. 계곡에는 많은 토종 식물들과 동물군이 서식한다. 섬 대부분은 경작 가능한 평지로 되어 있다. 토지 중 경작 가능지가 37.21%이고 영구경작지가 2.33%이다. 섬 주위에는 산호초가 있으며 천연자원으로 석유와 물고기, 천연가스 등이 있다.

기후는 열대 해양성 기후로, 저녁에는 약간 기온이 내려가지만 대체로 23~29℃ 정도 된다. 7~9월의 고온기에는 23~31℃, 2월의 저온기에는 21~28℃를 나타낸다. 우기와 건기로 나누어지는데 건기는 1월에서 5월, 우기는 6월에서 10월까지이다.

BC 400년에서 AD 1,200년까지 바베이도스에는 아라와크족(族)과 카리브인(人)이 살았다. 1,500년대 에스파냐 또는 포르투갈 선원에 의해 최초로 발견되었으나 식민은 하지 않았다. 1625년 존 파웰을 비롯한 일단의 영국 사람들이 지금의 홀리타운 서쪽 해안에 상륙하였다. 1627년 영국인들이 정착하였고 1639년 초대 입법부가 탄생했다. 1640년대 중반부터 번성한 설탕 산업으로 많은 아프리카 노예들이 수입되었지만 1627년부터 1838년 사이의 식민구조는 영국의 경제구조를 가진 부와 인종을 기본으로 했다.

영국인들은 아프리카 노예들의 종교, 음악, 춤과 같은 문화와 유산을 없애기 위해 노력했다. 따라서 1675년, 1695~1702년 반란이 일어났다. 1766년 수도 브리지타운이 불에 타 파괴되었다. 그리고 1816년의 부사 반란은 노예제도의 폐지를 위해 일어났다.

1838년 노예가 해방되어 유색인종으로는 처음으로 새무얼 잭먼 프레스코가 상원으로 지명되었다. 그는 유색인종들의 교육에 큰 노력을 기울였다. 또 1886년에 흑인인 콘래드리비스 경(卿)이 대법원 판사에 임명되었으며, 1937년 부의 불균형으로 인하여 폭동이 일어났다. 그랜틀리 애덤스(Grantley H. Adams)와 같은 교육받은 흑인들은 진보연맹, 바베이도스노동자동맹과 같은 조직을 만들었다.

1939년 흑인인 그랜틀리 애덤스가 바베이도스노동당(BLD)을 창당하여, 1947년 선거에서 바베이도스노동당(BLP)이 승리하여 집권하였다. 1954년 그랜틀리 애덤스가 총리가 되었고, 1958년 서인도 연방의 일원(1958년 1월~1962년 5월)이 되면서 그랜틀리 애덤스 총리가 서인도 연방의 초대총리로 취임하였다.

1961년 10월에 자치권을 획득하였으며, 바베이도스는 1966년 11월 30일 마침내 339년 만에 영국에서 독립하였다. 이후 실시된 총선에서 민주노동당(DLP)이 승리하여 초대총리로 에롤 배로(Errol W. Barrow) 총리가 취임하였으며, 1971년 재선에 성공하였다.

브리지타운은 소앤틸리스 남서부, 칼리슬(Carlisle)만(彎)에 면하는 항구도

럼주 가게와 생필품이 흩어져 있는 마을(출처 : 현지 여행안내서)

시로 서인도 항로의 요지이며, 영국령 제도와 중계 무역항을 이루던 곳으로 외항선의 연료 보급기지이다. 럼주와 설탕, 정유(精油) 등의 공장이 있으며, 제당과 럼주 제조가 성하다. 세인트메리성당, 세인트마이클성당 등이 있고 코드링턴단과대학이 있다.

바베이도스의 수도인 이 도시는 칼리슬만에 위치한 분주한 상업 도시로 이 섬의 유일한 자연 항구이다. 이 도시는 현대적인 건물과 식민지 시대풍의 건축물이 섞여 있으며 골목을 따라가면 럼주 가게나 가재도구 상점이 흩어져 있는 주거지역이 나온다. 영국의 유산을 물려받아 오벨리스크나 고딕 의회 건물, 커다란 성공회교회도 보인다. 다소 놀라운 것은 아마 브리지타운의 독특한 19세기 시나고그일 것이다. 이곳 최초의 시나고그는 바베이도스의 유대인 인구가 300명이 넘던 1,600년대에 세워졌다. 다른 곳으로는 퀸즈공원(Queen's Park)으로, 오래된 바오밥나무가 커다란 그늘을 만들어준다. 바베이도스에는 400년 동안 자라난 영국의 문화가 남아 있어, '카리브해의 작은 영국'이라 불린다. 그 예로 영국에서 발달한 크리켓이 바베이도스의 인기 스포츠가 되었으며, 크리켓 영웅인 프랭크 워렐(Frank Worrell) 경의 얼굴을 5달러 지폐에서 볼 수 있을 정도이다. 영국의 영향에도 불구하고 가정생활, 음악, 음식에 서인도문화가 많이 남아 있다.

시차는 한국시각보다 13시간 늦다. 한국이 낮 12시면, 바베이도스는 전날 밤 11시(23시)가 된다. 전압은 110V 60Hz를 사용하며, 환율은 한화 1만 원이 약 1.85바베이도스 달러로 통용된다

주변에 화산섬들이 많이 있지만, 이곳은 산호퇴적물이 덮인 석회 암석인 관계로 천연적인 자연으로 지역마다 용식작용으로 생긴 석회암 종유석 동굴

걸리해리슨동굴

이 있다고 한다.

그중에서 규모가 제일 크고 바베이도스의 자랑거리이며 관광명소라고 하는 걸리해리슨동굴(Gully Harrison's cave)로 인솔자가 안내한다. 약속이나 한 듯 입구에는 각국에서 찾아온 관광객들이 줄을 지어 서 있다. 동굴 속에는 모양과 색깔 그리고 크기가 다른 것 외에는 우리나라의 종유석 동굴에 들어온 기분이다. 눈을 놓치지 않고 막장에 도착하니 시원하기 그지없다. 더위에 피서온 기분이다. 그러나 이보다 더 좋은 대서양 카타마란 크루즈선 탑승이 우리를 기다리고 있다. 항구에 도착하니 소형 크루즈 선박들이 서울역이나 동대구역 앞 손님을 기다리는 영업용 택시들처럼 우리를 반갑게 맞이한다. 연식이 좋고 제일 깨끗한 선박을 골라 승선했다. 선장이 하는 말이 "대서양을 3시간 유람하면서 주류와 음료수가 포함되어 있다."고 한다. 그 말에 즉석에서 'OK 사인'으로 계약을 하고 3시간 동안 마시고 뛰고 춤을 추며 대서

카타마란 크루즈 3시간 탑승

카타마란 크루즈(출처 : 현지 여행안내서)

바베이도스박물관

양을 원도 한도 없이 마음껏 즐기며 즐거운 하루를 보냈다.

마지막으로 바베이도스박물관에 들러서 규모는 작지만, 바베이도스 국민들의 삶의 흔적을 조금이라도 접할 기회라고 생각하고 한 점 한 점을 소중하게 여기는 마음으로 감상하고 박물관을 나왔다.

세인트빈센트 그레나딘 Saint Vincent and the Grenadines

세인트빈센트 그레나딘(Saint Vincent & the Grenadines)은 여러 개의 섬으로 구성된 도서 국가로 중앙아메리카의 카리브해 윈드워드제도에 있는 섬나라이다. 동카리브해의 소앤틸리스제도 남방에 떠 있는 약 600여 개의 섬으로, 세인트빈센트섬은 길이 29km, 최대 너비 18km, 면적 347km^{2}로 전 국토 면적의 대부분을 차지한다. 수도이자 주요 항구인 킹스타운(Kingstown)은 남서부 해안에 위치한다.

주도(主島) 세인트빈센트섬과 그 남쪽의 베키아(Bequia), 카노완(Canouan), 마이로(Mayreau), 무스티크(Mustique), 유니언(Union) 등을 포함하는 북부 그레나딘제도로 이루어져 있다. 북쪽에는 세인트루시아, 동쪽에는 바베이도스, 남쪽에 그레나다 등 섬나라가 인접해 있다.

화산 활동이 활발하여 1902년, 1979년 화산 폭발로 막대한 피해를 보았다. 아프리카계 인종이 다수를 차지하고 경제는 전통적으로 농업을 중심으로 전체 노동력의 80%가 농업에 집중되어 있다.

주요 생산물로는 바나나와 땅콩 및 산림자원이다. 주민의 반수 이상이 흑인이며 혼혈인도 많다. 공용어는 영어이며, 종교는 영국 성공회와 가톨릭이다. 세인트빈센트(St Vincent)는 화산암 지형으로 하천이 여러 갈래로 흐르고 있다. 30여 개의 작은 섬과 암초로 이루어진 그레나딘(Grenadines)은 카리브해에서 크루즈를 즐기기에 안성맞춤이다. 그레나딘은 세인트빈센트와 그레나다(Grenada)섬을 잇는 중간 다리 역할을 하는데 전체 섬 중에서 사람이 사는 곳은 채 열 개가 안 되고, 사람이 살더라도 인구 밀도가 극히 낮고 거의 개발되지 않은 채 남아 있다.

세인트빈센트 그레나딘은 가장 큰 섬인 세인트빈센트섬과 32개 부속 도서로 구성되어 있다. 세인트빈센트섬은 타원형의 화산섬으로 산맥이 남북으로 길게 이어져 있다. 그 산맥을 가로지르듯 많은 하천이 흘러내려 협곡을 형성하는데 그중 몇 개의 계곡은 수력발전에 이용되고 있다. 세인트빈센트섬을 비롯하여 주위에는 화산 활동이 활발하며, 전 국토 중 경지가 17.95%이고, 경지로 개발이 가능한 땅도 17.95%이며, 나머지 용도의 땅이 64.1%를 차지한다.

기후는 열대성이나 북동 무역풍대에 위치하므로 여름에도 비교적 더위를 견디기 쉽다. 기온은 연간 18~32℃ 사이를 오르내리며, 그레나딘제도는 세인트빈센트섬의 남쪽에 위치하는 화산군도(火山群島)로서 가장 큰 섬인 카리아쿠섬(그레나다령)을 포함하여 많은 섬으로 이루어져 있다. 그레나딘제도의 남부는 그레나다의 보호령이고, 북부는 세인트빈센트 그레나딘에 속한다.

세인트빈센트 그레나딘 지역은 C. 콜럼버스에 의해서 1498년 1월 22일 '세인트빈센트의 날'에 발견되었으며, 1627년 찰스 1세가 칼라일 백작에게 양도하였다. 그러나 영유(領有)를 둘러싸고 영국과 프랑스 간에 분쟁이 계속되다가 파리조약이 체결되면서 결국 1762년 영국이 점령하였다. 그 후 유럽인의 이민이 행해지고 1770년에 프랑스에 점령당하기도 했으나 1883년 베르사유조약으로 영국 식민지에 편입되었다.

1871년 영국에 의해 세인트빈센트섬이 윈드워드섬 식민구의 일부가 되었다가, 식민통치시대가 끝난 1958년부터 연방이 해체된 1962년까지 영국령 서인도 연방의 일원이었다. 1967년 서인도 연합주가 설립되면서 주변의 소앤틸리스제도 대부분의 섬이 이에 포함되었으나, 세인트빈센트섬은 2년 후인 1969년 서인도 연합주에 가입하여 영국에 속한 자치주가 되었다.

이 가입으로 외교와 방위의 일부를 제외한 내정자치권이 인정되어 1979년 7월 영국에 의해서 독립이 승인되고 그해 10월 정식으로 영국연방의 일원으로 독립하였다.

세인트빈센트 그레나딘은 남북 공동수교국이다. 세인트빈센트 그레나딘은 독립과 동시에 1979년 10월 28일 한국과 수교조약(修交條約)을 체결하였다. 북한과는 1981년 4월 3일 외교 관계를 수립하였으나, 1988년 1월 30일 대한항공기 폭파사건을 계기로 외교 관계를 단절했다가 1990년 8월 16일 외교 관계를 재개하였다. 양국 간에는 1990년 사증 면제협정이 체결되었다.

수도 킹스타운은 서인도제도 세인트빈센트섬 남해안에 있는 항구도시이다. 바나나와 코코넛, 목화 등을 수출한다. 킹스타운은 무엇보다 서인도제도 인디오의 온기를 그대로 느낄 수 있는 곳으로 유명하다.

이 마을의 베이 스트리트(Bay Street)가 중심이 되고, 마켓 스트리트(Mar-

바다물고기 풍경(출처 : 현지 여행안내서)

ket Street)와 베드퍼드 스트리트(Bedford Street)를 따라 늘어선 판매상과 수산물 시장의 인파, 럼주 상점, 석재로 지어진 식민지 시대의 건물 등이 바로 이곳만의 독특한 분위기를 연출해 내는 곳이다.

1820년대 세인트 메리성당(St Mary's Cathedral of the Assumption (Catholic))은 로마네스크식 천장과 기둥, 고딕풍 지붕, 무어풍 장식 등이 한데 섞여 건축되었다. 이 외에 눈에 띄는 교회로는 조지 왕조 풍으로 지어진 세인트 조지성당(St George's Cathedral), 킹스타운 감리교회(Kingstown Methodist Church) 등을 들 수 있다.

그리고 세인트빈센트식물원(St Vincent Botanic Gardens)이 있는데, 이

것은 서인도제도 식물원 중 제일 오래된 식물원(1763년 설립)이다. 세인트빈센트 그레나딘의 문화는 아프리카인, 카리브해 흑인, 프랑스인, 영국인이 혼합된 다인종 문화에 영향을 준 서인도인의 전통적인 문화와 맥락을 같이 한다. 음악적으로 섬 주민들은 레게, 칼립소를 추구하며, 스포츠는 영국식의 크리켓과 축구, 네트볼, 배구, 농구를 좋아한다.

수도 킹스타운

상쾌하고 언덕진 초록의 베키아(Bequia)섬은 세인트빈센트 남쪽에서 배로 한 시간 거리밖에 안 되는 곳에 위치해 있다. 그레나딘 최대의 섬인 이곳은 한때 조선 및 고래잡이의 중심지였다. 이곳은 옛 정취를 그대로 계승하고 있으면서 편의 시설이 적절히 잘 갖춰져 있으므로 여행하기에 쾌적하다.

국토 면적은 389km^2(전라남도 완도군의 넓이)이다. 현재 인구는 약 11만 1천 5백 명이며, 시차는 한국시각보다 13시간 늦다. 한국이 낮 12시면, 세인트빈센트 그레나딘은 전날 밤 11시(23시)가 된다. 전압은 230V 50Hz를 사용하며, 환율은 한화 1만 원이 세인트빈센트 그레나딘 약 2.6동카리브 달러로 통용된다.

사롯 요새

사롯은 현재 등대로 이용되고 있는 요새이다.

1762년 세인트빈센트 그레나딘을 영국이 점령한 후 1806년 조지 3세(King George, 3) 왕이 건설하고 자기 부인 살롯의 이름을 따서 명명했다고 한다. 그 당시 유럽 열강들의 침략을 방어하기 위해 지금의 수도 킹스타운이 한눈에 바라보이는 산 능선인 동시에 섬의 가장 중요한 위치에 방어진지를 구축해서 200년 가까이 이 섬나라의 국방을 지켜온 요새이다. 현재는 요새 관리에 사용한 건축물들과 대포 34문만이 관광객들을 맞이하고 있으며 대포와 건축물들은 깨끗하게 정리 · 정돈된 모습을 하고 있다.

이 나라 국민들은 모두가 국가의 최고 유적지라고 서슴없이 말을 아끼지 않는다. 그리고 이 나라는 조그마한 섬나라이기에 국토 전역에 신호등이 없

투망으로 고기잡는 어부(출처 : 현지 여행안내서)

횟감을 마련해준 어민

고 중앙선과 횡단보도는 설치되어 있으며 전체인구 11만 명 중 수도 킹스타운에 9만 명이 거주하고 있다.

우리는 다음 날 페리를 타고 1시간 거리에 있는 베키아섬으로 이동했다. 베키아섬은 우리나라와 비교하면 제주도처럼 관광도시로 성장한 섬이다. 관광호텔과 리조트호텔을 비롯한 신혼여행이나 여행객들이 머무르기에 너무나 뛰어나서 '천국의 섬'이라고 불린다. 그러나 우리들의 일정은 수산 시장을 들러서 바다낚시와 투망질하는 고기잡이를 구경하고, 현지에서 횟감을 조달해서 럼주의 안주로 이용하고, 술잔을 기울이는 일정이 전부이다. 그러나 여느 도시와는 달리 삶이 아주 느리고 여유 있게 돌아가는 섬사람들 특유의 생활과 망망대해로 뻗어 있는 물 맑고 아름다운 해변을 눈과 마음으로 아낌없이 가슴에 주워 담아 숙소가 있는 킹스타운으로 돌아왔다.

세인트루시아 Saint Lucia

세인트루시아(Saint Lucia)는 중앙아메리카 트리니다드 토바고 북쪽 카리브해와 대서양 사이에 있는 섬나라이다. 18세기 중엽부터 영국과 프랑스의 영유권 분쟁이 계속되다가 1814년 파리조약으로 영국령(領)이 결정되어 영국의 통치가 시작되었고 1967년 내정자치권을 획득한 뒤 1978년 영국의회로부터 독립을 승인받고 1979년 영국연방으로 독립하였다.

카리브해(海) 동부 소앤틸리스제도에 포함되는 윈드워드제도의 중앙부에 위치한 이 섬은 남북으로 긴 달걀형으로 북쪽에 마르티니크섬, 남쪽에 세인트빈센트섬이 있다. 또 이 나라는 마르티니크섬에서 남쪽으로 39km, 세인트빈센트 그레나딘에서 북동쪽으로 34km 지점에 자리 잡고 있으며, 윈드워드제도에서 두 번째로 큰 섬이다.

주요 항구이자 수도인 캐스트리스(Castries)가 북서해안에 있다. 150년간의 영국 통치에서 벗어나 1967년에 자치권을 획득한 후 1979년에 독립하였다.

인구의 90%가 아프리카계이고, 영어를 공용어로 사용하면서 파토아어로 불리는 프랑스 방언도 일상어로 사용한다. 비옥한 화산 토양에서 거둔 수확물들로 음식 문화가 발달하였고, 노벨상을 받은 아더 루이스(Sir W. Arthur Lewis : 1979년 노벨경제학상)와 데렉 월컷(Derek Walcott : 1992년 노벨문학상)의 출생지이자, 이들이 교육을 받은 곳으로 지적인 나라로도 알려져 있다.

데렉 월컷 1992년 노벨문학상기념관

세인트루시아는 화산섬으로 화산맥이 해안까지 이어져 있으며 인접된 섬들과 쉽게 식별된다. 지형상으로는 섬의 중앙으로부터 남부에 걸친 지역이 높은데, 기미산은 958m에 이른다. 남서 해안에는 그로스피통(Grosprton, 798m)과 페티트피통(Petitpiton, 750m)의 두 화산이 있고, 북부에는 해발고도 300m 내외의 고원이 펼쳐져 있다.

그로스피통산(왼쪽)과 페티트피통산(오른쪽)

열대성 기후가 나타나지만, 북동무역풍의 진로에 해당하기 때문에 열대성 서열(暑熱 : 심한 더위)을 완화해 대체로 견디기 쉽다. 연 강수량은 해안에서는 1,300mm지만 중앙 산악지역에서는 3,800mm에 이르며, 우기와 건기로 구분된다. 건기는 1월부터 4월, 우기는 5월부터 8월에 걸쳐 나타난다. 전 국토의 경지는 22.58%, 경지로 개발 가능한 지역은 6.45%에 그친다. 때때로 허리케인과 화산 폭발로 피해를 본다.

1979년 초대 수상을 지낸 존 콤톤(John Compton)은 소속정당인 연합노동자당(UWP)이 총선에서 승리함에 따라 2006년 12월에 출범한 신임내각의 수상으로 취임하고 나서, 지금까지 총 다섯 차례나 집권하게 된 인물이다.

세인트루시아는 한국과 1979년 9월 수교, 1988년 3월 단교하였다가

수도 캐스트리스(출처 : 현지 여행안내서)

1990년 재개하였다. 북한과는 1979년 2월 수교를 맺었고, 한국과 1990년 2월 27일에 사증 면제협정을 체결하였다. 2005년 기준으로 한국인 체류자가 6명인 것으로 확인되었다.

수도 캐스트리스는 세인트루시아 북서해안에 있다. 카리브해 동부에 있는 세인트루시아의 수도이며, 상업의 중심지이다. 1650년 프랑스가 세운 도시로 세인트루시아의 주요 항구다. 서인도제도에 있는 항구 가운데 가장 아름다운 항구로 육지로 둘러싸여 있으며, 바다 수심이 깊다. 높이 260m의 포춘산(山)은 천연의 요새로 도시가 한눈에 내려다보인다. 세인트루시아의 문화는 세인트루시아 역사에 등장하는 각기 다른 민족문화와 혼합으로 이루어져 있다.

세인트루시아 해변(우측 원 안은 세인트루시아 지도)
(출처 : 현지 여행안내서)

세인트루시아 해변(출처 : 현지 여행안내서)

세인트루시아 해변(출처 : 현지 여행안내서)

각 민족은 자신들의 믿음과 전통을 현재 세인트루시아의 일상에 반영하고 있다. 이러한 풍부한 문화유산이 잘 나타나는 것은 요리이다. 비옥한 화산 토양에서 수확해 낸 풍부한 수확물은 다양한 음식문화의 발전을 가져다주었다.

세인트루시아 문화를 구성하는 중요한 민족으로는 카리브해의 토착 원주민들이다. 그리고 유럽인들은 세인트루시아 문화에 지대한 영향을 주었는데, 영국인들은 언어, 교육시스템, 법 제도와 정치구조에, 프랑스인들은 예술, 춤, 음악 등에 뚜렷한 영향을 주었다.

또한 아프리카인들은 유럽인들 농장의 노예로 와서 그들의 문화를 퍼트렸다. 이들도 현재 세인트루시아 인구의 가장 큰 부분을 차지하면서 세인트루시아 문화에 큰 영향을 주고 있다. 세인트루시아 국민은 춤추는 것을 가장 좋아하며, 전통축제로는 칼립소 경연대회, 마거릿 축제, 장미축제가 있다.

그리고 도심에는 중앙선은 있으나 신호등이 없어 전통축제 장소로 부족함이 없을 것 같다.

국토 면적은 616km²(경상북도 군위군의 넓이)이다. 현재 인구는 약 18만 5천 명이며 대다수 국민이 가톨릭을 믿는다. 시차는 한국시각보다 13시간 늦다. 한국이 낮 12시면, 세인트루시아는 전날 밤 11시(23시)가 된다. 전압은 240V 50Hz를 사용하며, 환율은 한화 1만 원이 세인트루시아 약 2.6동카리브 달러로 통용된다.

그리고 피통스 관리지역은 화산 폭발로 이루어진 섬으로 육지와 바다에 희귀한 동식물이 다양하게 서식하고 있으며 해변의 아름다움은 다른 지역과는 비교를 거부하는 지역이다. 또한 이 지역은 화산지역으로 유황온천과 화산활동으로 가스가 분출하는 장면도 직접 바라볼 수 있는 곳으로 세인트루시아의 상징이며 랜드마크이다. 그중에서도 단연 그로스피통과 페티트피통이 이를 대표한다. 유네스코는 이 지역의 자연적인 가치를 높이 평가하여 2004년 이 지역 일대를 세계자연유산으로 지정하였다.

우리 일행은 모처럼 시간적인 여유가 있어 유황온천에 들렀다. 온천탕은 수증기와 보글보글한 거품을 만들어내며 손님들을 유혹한다. 온천욕을 즐기는 사람들은 신체나 머리카락으로 보아 주로 북유럽 사람들로 노인들이 다수를 차지하고 있다. 아시아인들은 우리 일행밖에 보이지 않는다. 그리고 2층에는 여성 고객들이 피부미용을 위하여 붓이나 손 등 다양한 방법으로 팩을 바르고 마사지를 하는 곳으로, 우리 일행들은 누울 공간이 없어 모두가 포기하고 오리지널 온천물에 몸을 담그며 건강유지와 증진을 위하여 즐거운 시간을 아낌없이 투자했다.

다음 날 도미니카연방으로 출국 하기에 앞서 뜻하지 않는 사건이 발생했다. 다음 여행지인 도미니카연방으로 가는 항공노선이 끊겨 출국할 수가 없는 지경에 이르렀다. 여러모로 연구한 끝에 가까운 이웃 나라로 출발하는 비행기를 타고 연결편으로 도미니카연방에 입국하기로 뜻을 모았다. 문제는 항공사에서 도미니카연방으로 출국하는 티켓을 포기하고 새로운 두 개 노선 항공권을 구매하라고 요구한다.

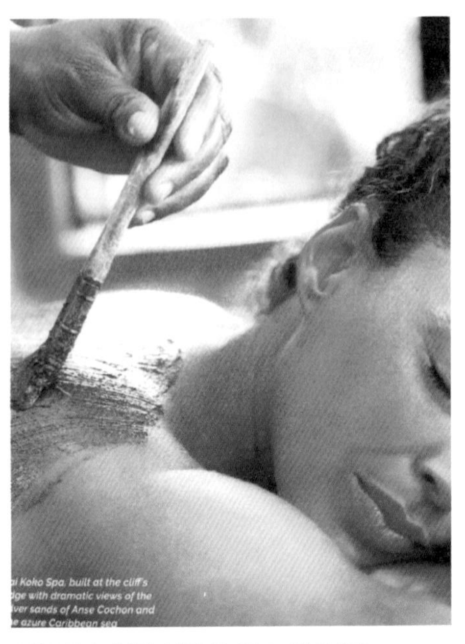

유황온천탕 피부관리실(출처 : 현지 여행안내서)

그러나 여행사 사장이며 인솔자인 엔나(Enna)는 도미니카연방 티켓을 항공사에 드리겠으니 구상권을 행사해서 정리하라고 부탁을 한다. 항공사에서는 일언지하에 거절한다. 엔나는 여러 번에 걸쳐 의견을 제시했지만, 소용이 없었다. 시간은 자꾸 흘러 이번 기회를 놓치면 오늘 저녁 세인트루시아에서 하룻저녁을 묵어야 한다. 그리고 다음 날 일정도 불투명하다.

참다못한 필자는 엔나에게 "내가 여행사 직원이라도 엔나의 부탁은 들어줄

수가 없다. 현금 판매인 항공권을 외상, 그것도 구상권 행사로 정리(수입)하는 것은 성립될 수 없는 흥정이다. 엔나씨 시간이 없다. 빨리 해결하시오. 시간을 미루면 미루어질수록 우리에게는 손해가 닥쳐온다. 엔나씨, 도미니카 항공권은 회사에 가서 직접 항공사를 상대로 손해배상 청구와 금액 환불을 요구하시오."라고 말했다.

그때 항공사 직원이 "항공권 판매 마감 시간이 10분밖에 남지 않았습니다. 어떻게 할까요?"라고 한다. 그제야 엔나는 지갑 속에 들어 있는 카드를 꺼낸다. 필자는 안도의 한숨을 크게 몰아쉬고 엔나의 등을 두드렸다. 엔나 역시 뒤돌아 필자를 보고 웃음을 짓는다.

이렇게 해서 우리 일행 모두가 이웃 나라를 거쳐 연결편으로 도미니카연방으로 가는 비행기를 타고 캐스트리스공항을 빠져나왔다.

도미니카연방 Commonwealth of Dominica

도미니카연방(聯邦)은 중앙아메리카 카리브해의 서인도제도 동부에 있는 섬나라이다. 영국과 프랑스의 영토 싸움 끝에 1805년부터 영국령이 되었고 1967년 영국 자치령이 되었다가 1978년 11월 완전히 독립했다.

우리가 흔히 도미니카(Dominica)로 줄여서 간단히 부르고 있지만, 정식 명칭은 도미니카연방(Commonwealth of Dominica)이다.

카리브해와 북대서양 사이에 낀 소앤틸리스제도에 속한다.

산지가 많고 국토 대부분이 산림으로 덮인 천혜의 자연환경 때문에 '앤틸의 진주'로 불린다. 도미니카연방은 카리브 인디오의 강력한 저항으로 카리브섬들 중에서 유럽인에 의해 가장 마지막으로 식민지가 되었던 곳이다. 도미니카섬은 화산이 폭발하여 생긴 화산섬으로, 화산들은 활동을 멈추었지만, 폭포와 온천호(溫泉湖)가 있으며, 식물의 종류도 다양하여 섬 전체가 '카리브해의 식물원'이라 일컬어진다.

카리브해 북부에 있는 도미니카공화국(Dominican Republic)과는 이름은 유사하지만, 엄연히 다른 국가다. 도미니카연방의 주요산업은 농업인데,

바나나와 코코넛, 라임, 그레이프프루트(자몽) 등 열대 농산물을 생산하며, 특히 바나나는 수출의 3분의 2를 차지한다.

도미니카연방은 카리브해제도의 원주민이 카리브해에 현재까지 남아 있는 유일한 나라로 알려져 있다. 백인과 인디오는 소수이고, 인구의 90% 이상이 아프리카계 흑인과 그 혼혈인이다. 공용어는 영어이지만, 프랑스어계 방언 파토아어도 널리 쓰인다. 종교는 가톨릭이 대부분이며, 영국 국교회 등의 종파가 있다. 도미니카연방은 오랫동안 영국의 통치를 받았기 때문에 문화적으로는 영국의 영향을 크게 받았으나, 노예로 들어온 아프리카인이 끼친 문화도 적지 않게 남아 있다.

이 나라는 섬나라이고 사실상 국경이 없는 나라이다. 윈드워드제도에서 가장 북쪽에 속하기도 하며, 전체면적은 754km²(약 경기도 연천군의 넓이)이다.

대다수 영토가 열대우림으로 덮여 있고 세계에서 두 번째로 큰 끓는 호수가 있다. 폭포와 강이 많이 있는데 이미 멸종했다고 추정된 동식물이 상당수 도미니카에 서식하고 있기도 하다. 화산 지형이 나타나지만 모래 해변이 아름다워서 스쿠버다이빙으로 유명하다. 전해지는 말로는 크리스토퍼 콜럼버스가 돌아가서 "신세계에 관해 설명을 해달라?"는 청을 받았을 때 그는 현재의 도미니카에 대해 묘사했다고 한다. 그는 종이를 대충 구겨서 탁자 위에 올려놓고 "도미니카는 높은 산으로 이루어져 있는 곳"이라고 설명했다고 한다.

모르네트루아피통 국립공원(Morne Trois Pitons National Park)은 화산 지형이 드러나는 열대우림으로서 1997년 4월 4일 세계자연유산으로 등록되었다. 도미니카는 오래전부터 베네수엘라와 영토분쟁이 있었다. 도미니카섬에서 서쪽으로 110km 떨어진 작은 암초인 새섬(Isla Aves; Bird island)에 대해 양국이 분쟁 중이다.

그리고 서인도제도에 가장 먼저 살았던 것으로 알려진 종족은 남아메리카에서 이주해온 아라와크족(族)이며 이후에 카리브 인디오가 아라와크족을 내쫓고 이 섬을 차지했다. 도미니카연방은 1493년에 콜럼버스에 의해 발견되었는데, 발견일이 일요일이었기 때문에 라틴어로 일요일을 뜻하는 '도미니카'라는 국명으로 유래하였다. 1493년부터 1647년까지 스페인이 통치하고 1699~1763년까지 프랑스가 통치하였으나, 이후 영국과 프랑스가 영유권을 둘러싸고 대립하면서 항쟁을 되풀이하는 역사가 계속되었다. 1763년 파리조약에 따라 영국 식민지로 전환되었다가 1778년에 미국 독립전쟁의 여파로 다시 프랑스가 탈환했으나, 1783년 다시 영국 식민지로 귀속되고, 1898년에는 영국 식민정부가 수립되었다. 그 후 거주민과 원주민 사이의 격한 대립으로 원주민인 카리브인은 거의 전멸하다시피 했다.

1958년에는 영국으로부터 외교와 국방 일부를 제외한 내정자치권을 획득하고 주변 여러 섬과 함께 서인도연합주(西印度聯合州)를 결성하였다. 이 연합은 자유롭고 자발적이어서 본국(영국)과 연합주 어느 쪽에서든지 일방적으로 그 관계를 해소할 수 있게 되어있었다. 1967년에는 영국 자치령이 되었고 1978년 11월 완전히 독립하였다.

도미니카연방은 남북한 동시 수교국으로, 한국과 1978년 11월 3일 독립과 동시에 수교 관계를 수립하였으며, 1979년 10월 한국공관을 설치하였다. 양국은 1990년 2월 비자면제 협정을 체결하였고, 2021년 현재 한국은 영국, 자메이카에 이어 도미니카연방의 3번째 규모의 수출 대상국으로 총수출액의 9%를 차지한다.

수도 로조(Roseau, 프랑스어로 '강물' 또는 '냇물'의 뜻)는 도미니카섬 남서부에 있는 도미니카연방의 유일한 도시로, 총인구의 6분의 1이 집중되어 있다. 주요 생산품인 바나나와 코코넛의 수출항이기도 하며 아프리카계 흑인이 다수를 차지한다.

숙소인 포트영 호텔

시가지에는 프랑스풍 건물이 나란히 서 있으며 빅토리아기념박물관과 식물원, 폭포, 온천 등이 있다. 수도인 로조는 카리브해 국가 중에서 가장 작은 수도 중의 하나이지만, 동카리브에서 가장 높은 인구 밀도를 보인다.

모르네트루아피통 국립공원은 1,342m의 모르네트루아피통화산을 중심으로 열대우림과 화산 지형이 만들어 낸 50개의 화산 분기공과 온천은 청정한 호수 등과 잘 어우러져 앤틸리스제도에서 자랑할 만한 다양한 생태계를 안고 있다.

도미니카 내륙 깊숙한 곳에 자리한 덕분에 인간의 별다른 간섭 없이 자

호텔에서 바라보는 카리브해

연 그대로 잘 보존되고 있는 자연유산 모르네트루아피통 국립공원은 면적 68.75km^2, 해발고도 500~1,200m의 고원지대로 울창한 열대우림이 우거져 있고, 공원 내에 있는 모르네트루아피통화산을 포함하여 다섯 개의 화산과 더불어 풍부한 생물 다양성의 보고로 그 가치를 유감없이 보여 주고 있다.

현재 인구는 약 8만 명으로 시차는 한국시각보다 13시간 늦다. 한국이 낮 12시면, 도미니카연방은 전날 밤 11시(23시)가 된다. 전압은 240V 50Hz를 사용하며, 환율은 한화 1만 원이 도미니카연방 약 2.6동카리브 달러로 통용된다.

이 나라는 허리케인(Hurricane, 북대서양 서부에서 발달하는 강한 열대성 저기압 태풍과 비슷한 위력)이 지나가는 길목으로 카리브해 섬나라 중 피해

허리케인으로 인해 쓰러진 거목

가 제일 큰 나라이다.

우리 일행들은 허리케인의 피해가 얼마나 심각한지 눈으로 확인하기 위해 고지대 주택가로 이동했다. 뿌리 깊은 나무는 예외이지만, 대다수 수목은 허리케인이 지나가면 생존 자체를 위협받아 여지없이 넘어져 있다. 그리고 가옥들의 천장과 지붕은 모두가 바람의 위력에 날아가서 앙상한 골조만 남아 있다. 그리고 저지대에 있는 주택들은 다소 피해가 적지만, 산을 등지고 고지대에 있는 주택들은 차마 눈을 뜨고 볼 수 없는 처참한 모습이다.

주민들의 피해가 너무나 심각한 까닭으로 사진에 담아보려는 마음이 엄두가 나지 않았다. 사진 한 장이라도 보관하고 있으면 이 대목에서 사진과 글로 표현해 보았으면 하는 아쉬움이 남는다.

항공노선 두절 사건으로 일정에 많은 시간이 소진되었지만 주어진 시간을 최대한 활용하기 위해 케이블카를 타고 모르네트루아피통 국립공원에 올라 열대우림 보호구역으로 이동하였다. 다양한 야생 동식물들을 접하고 브랙퍼스트강의 협곡 외줄 출렁다리를 체험한 후 우리는 점심 식사를 너무 맛있게 한 중국식당을 찾아가 저녁 식사하는 것을 마지막으로 일정을 마무리했다.

인솔자이며 여행사 사장인 엔나와 함께

앤티가 바부다 Antigua and Barbuda

앤티가 바부다는 카리브해(海) 동부의 소앤틸리스제도에 있는 나라로, 1667년 영국의 식민지가 되었다. 이후 영국령 리워드제도, 영국 속령(屬領), 영국령 서인도 연방, 영국 자유연합주에 속했다가 1981년 11월 1일 영국연방의 일원으로 정식 독립하였다. 이 중 앤티가섬은 리워드제도에서 가장 큰 섬으로 남부에 화산지대가 펼쳐져 있다.

1493년 크리스토퍼 콜럼버스가 발견했고 1958년 서인도 연방에 편입, 1967년 자치권을 획득한 이 나라는 1980년 총선에서 그동안 독립운동을 지도해 온 앤티카노동당 당수가 당선되어 이듬해 11월에 완전 독립을 달성했다. 수도는 세인트존스이고, 인종은 흑인과 혼혈인으로 구성되어 있다. 영어를 공용어로 쓰며 종교는 가톨릭과 영국 성공회이다. 사탕수수가 특산물이다.

정식명칭은 앤티가 바부다(Antigua and Barbuda)공화국이다. 소앤틸리스제도 북쪽의 리워드제도에 속하는 앤티가, 바부다, 레돈다 등 세 개 섬으로 구성되며, 도미니카연방에서 북쪽으로 떨어져 있다. 앤티가섬은 리워드제도의 최대 섬으로 약간 북쪽에 바부다섬이 위치한다. 레돈다섬은 사람이 살지 않는 암초(暗礁)이다.

국민의 90% 이상이 아프리카계 흑인이다. 영국 여왕을 원수(元首)로 하는 입헌군주국으로 총독이 여왕의 권한을 대행한다. 인구 대부분은 앤티가섬에 살며, 목화와 사탕수수를 주로 재배한다. 눈부신 백사장과 야자수, 맑고 푸른 바다 등 자연을 그대로 간직한 낭만이 넘치는 섬나라다.

앤티가섬의 북부와 북동부는 석회암으로 구성된 낮은 구릉이 이어져 있으며, 남부와 남서부는 화산지대로 되어 있다. 가장 높은 곳은 보기봉(Boggy Peak)으로 높이 402m이다. 앤티가섬은 해안가 수심이 깊어 여러 개의 천연 항구와 모래사장을 볼 수 있다. 그리고 바부다섬도 매우 큰 항구를 보유

앤티가섬의 해안가

하고 있다. 경작 가능한 토지는 전체 면적의 18.18%를 차지하고, 경작지는 4.55%에 불과하다. 기후는 지리적으로는 아열대에 속하나 북동무역풍의 진로에 해당하기 때문에 무더운 더위를 비교적 견디기 쉽다. 1년은 건기와 우기로 나뉘며 앤티가섬의 연평균 강수량은 1,090~1,140mm이다. 기온의 계절 차이는 거의 없는 편으로 쾌적한 기후 덕분에 관광업이 발달했다.

앤티가섬은 1493년 콜럼버스의 제2차 항해 때 발견된 섬이다. 스페인 세비야의 '산타마리아데라안티가' 교회 이름을 따서 '앤티가'라 명명했다. 16세기부터 17세기에 걸쳐 에스파냐인과 프랑스인에게 점령되어 두 나라가 각각 식민지화를 꾀하였으나 모두 실패로 돌아갔다.

1632년에는 영국인이 들어가기 시작했으며 1667년 영국의 식민지가 되었다. 이후 영국령 리워드제도 일부로서 영국의 식민지 행정 아래에 놓였고, 1860년에는 바부다섬이 앤티가 행정구역에 편입되었다. 그 후 1956년 리워드제도 연방이 해체됨에 따라 바부다를 포함한 앤티가는 독자의 영국 속령(屬領)이 되었다.

1834년에 앤티가의 사탕수수 플랜테이션 농장에서 일하던 흑인들에 대한 노예제도가 폐지되었다. 1958년에는 영국령 서인도 연방이 설립되어 앤티가는 설립과 동시에 이에 가맹하여 1962년 이 연방이 해체될 시점까지 회원국이었다. 1966년에 자치령이 되기 위한 신헌법을 제정하였으며, 1967년에 이 지역 섬의 대부분이 영국의 자유연합주에 포함됨에 따라 앤티가도 그 일원이 되어, 외교 및 국방 문제만을 영국에 의존하는 자치정부를 수립하였고 1980년 4월 총선에서 앤티가노동당(ALP)이 승리하였다.

여당과 야당이 모두 조기 독립 실현을 공약하고 그해 12월 런던에서 영국과 앤티가 정부 및 바부다 대표에 의한 제헌의회(制憲議會)가 개최되어 독립 원칙에 합의, 다음 해인 1981년 7월 앤티가의 종속관계를 끝내는 추밀원령(樞密院令)이 공표되었다. 그리고 1981년 11월 영국연방의 일원하에 정식으로 독립하였다.

세인트존스(St. Johns)는 카리브해(海) 동부 소앤틸리스제도에 있는 앤티가 바부다의 수도이자 이 나라에서 가장 큰 도시로, 앤티가섬의 서쪽 해안에 위치한다. 항구도시로 심해항(深海港)이며, 연평균 기온은 27℃, 연평균 강수량은 1,000mm 정도이다.

1632년부터 영국 이주자들이 정착해 1981년 독립할 때까지 식민지로 있었기 때문에 영국식 건축물들이 많이 남아 있다. 주민들은 주로 농업과 관광업에 종사한다.

농산물로는 면화, 과일 등이 생산되고, 금요일과 토요일 아침에는 민속공예품과 다양한 열대 과일, 농산물 등을 판매하는 공공시장이 열린다. 또 세계적인 관광지로서 여름에는 칼립소 경연대회와 가두행렬 등 다양한 행사를 곁들인 여름 축제가 개최된다. 역사유적으로는 1750년에 세워진 식민지 시대의 법원 청사와 1645년 바로크 양식으로 건설된 세인트존스교회가 있다. 이 교회는 1683년과 1745년의 지진으로 건물 앞부분의 일부가 파손되었다. 그 밖에 제임스 요새, 고트언덕, 앤티가 바부다박물관 등이 있다.

국토면적은 443km^2(약 부산광역시의 넓이)이다. 현재 인구는 약 9만 5천 명이며, 시차는 한국시각보다 13시간이 늦다. 한국이 낮 12시면, 앤티가 바

세인트존스대성당

부다는 전날 밤 11시(23시)가 된다. 전압은 110V 60Hz를 사용하며, 환율은 한화 1만 원이 앤티가 바부다 약 2.6동카리브 달러로 통용된다.

수도 세인트존스의 대표적인 관광명소인 세인트존스대성당은 19세기 중반에 바로크 양식으로 세워진 대성당이며 앤티가 바부다의 랜드마크이다. 필자 생각으로 역사적으로나 문화적으로 뛰어나거나 거대한 크기로 유명한 것이 아니고 카리브해의 작은 섬나라 국민 다수의 정신적인 지주 역할을 하는 장소이기에 앤티가 바부다를 여행하는 관광객이 필수적으로 누구나 제일 먼저 방문하는 곳이라고 느껴진다. 성당 내부에는 여느 성당과 다름없이 아담하고 엄숙하기도 하다. 앤티가 바부다는 세계 각국의 많은 지원으로 경제성장과 도시환경이 많이 좋아졌다고 한다. 특히 일본은 버스터미널을 비롯한 학교 및 관공서와 지역마다 도로를 건설해서 국민의 많은 사랑을 받고 있다.

관광지를 이동하는 과정 여러 곳에 'THANK YOU JAPAN(감사합니다. 일본)'이라는 팻말을 가끔 눈으로 확인할 수 있다. 갑자기 대형 축구장이 나타났는데 인솔자는 "이 축구장은 중국에서 만들어준 축구 경기장"이라고 한

중국 정부에서 만들어준 축구 경기장

다. 나라마다 국가적인 권위와 이미지를 위함이고 나아가서는 국가적인 교류로 물꼬를 터서 수출과 수입을 하여 경제적인 향상을 위함이라고 믿어 의심할 여지가 없다. '세월이 흐르면 대한민국에도 이러한 날이 오겠지.' 라고 생각해 보았다.

데빌교(출처 : 현지 여행안내서)

데빌교(Devil Bridge, 악마의 다리)는 바닷가에 자연적으로 다리가 형성되어 있어 다리 밑으로 파도가 일렁이며 지나간다.

아무도 접근하지 못하는 데빌교

돌고래와 상어 떼 자연학습을 하는 학생들

를 필자가 달리기로 다리를 건너서 돌아오는 순간, 모두가 두 눈이 동그래져 감탄을 연발한다. 그리고 자연학습차 찾아온 학생들이 교사의 지시 아래 돌고래와 상어 떼를 보기 위해 장시간 집중적으로 관찰하는 모습을 보고 학생들과 어울려 추억에 남을 만한 즐거운 시간을 보냈다.

돌고래 삼형제 쇼(출처 : 현지 여행안내서)

세인트키츠 네비스 Saint Kitts and Nevis

세인트키츠 네비스(Saint Kitts and Nevis)는 중앙아메리카 카리브해에 있는 나라다.

영국과 프랑스의 다툼 끝에 1782년 세인트키츠섬에 대한 영국 통치가 확립되었고 이듬해 네비스섬과 함께 영국령이 되었다. 1967년부터 영국연방주로 지내다 1983년 9월 19일 세인트크리스토퍼네비스연방으로 독립하여 1988년 세인트키츠네비스연방으로 국명을 바꾸었다.

정식명칭은 세인트키츠네비스연방(Federation of Saint Kitts and Nevis)이다. 카리브해 동쪽 소앤틸리스제도에 속하는 세인트키츠와 네비스 등 두 개의 섬으로 이루어져 있다. 화산대를 따라 연결된 두 개의 섬 주위에는 산호초가 발달해 있고 허리케인의 길목에 위치하여 가끔 큰 피해를 본다. 세인트키츠로부터 분리를 원하는 네비스섬은 자체적인 입법권과 어느 정도의 자치권을 행사하고 있다. 수도는 바스테르(Basseterre)이다.

세인트키츠 네비스의 원주민은 아라와크족 인디오였으나, 카리브 인디오들이 침략했고, 다시 영국과 프랑스 식민주의자들이 침략했다. 현재 인구의 대부분은 노예로 끌려왔던 아프리카 흑인들의 후손이다. 유럽인과 아프리카 흑인 사이의 혼혈인이 소수 있으며, 일부 영국인과 포르투갈인, 레바논인들이 있다.

세인트키츠 네비스의 국토면적은 261km^2(약 경기도 고양시 넓이)로, 168km^2 크기의 세인트키츠섬과 93km^2 크기의 네비스섬으로 구성되어 있다. 세인트키츠섬과 네비스섬은 화산대를 따라 연결되어 있다. 타원형을 이루는 세인트키츠섬은 북쪽 절반이 산악 지대이고, 최고봉인 리아무이가산(Mount Liamuiga, 1,156m)의 분화구에 호수가 형성되어 있다. 세인트키츠섬의 남동쪽에 내로스해협을 사이에 두고 네비스섬이 있다. 이들 섬 주위에 산호초가 발달해 있고, 해변에는 모래사장이 펼쳐져 있다. 연평균 기온이 27℃이고, 연평균 강수량은 세인트키츠섬이 1,397mm, 네비스섬이 1,219mm이다. 북동 무역풍대에 자리 잡고 있으며, 울창한 초목들이 내륙산지를 덮고 있고 식물의 종류와 분포가 고도에 따라 다양하다. 전 국토의 경지는 2.78%이며, 경지로 개발이 가능한 지역은 19.44%이다.

세인트키츠 네비스는 1493년 C. 콜럼버스가 발견하고 자신의 수호성인 이름을 따 '세인트 크리스토퍼'라고 불렀으며, 그 후 17세기 초까지 스페인령이었다. 네비스라는 이름은 1493년 콜럼버스가 도착했을 때 산봉우리에 걸린 구름을 눈(雪)에 비유한 데서 유래한다.

이 나라는 1623년에 영국의 식민지가 되었으며 이름도 '세인트키츠'로 바꾸었다. 이들은 서인도제도에서 처음으로 서해안의 올드로드에 영국 식민지를 세웠으며 1628년에 영국인들이 네비스섬에 정착했다.

1627년에 프랑스인들이 세인트키츠섬에 정착한 이후 100년이 넘게 영국과 프랑스의 갈등이 계속되다가, 1782년에 브림스톤힐(Brimstone Hill)에서 영국이 프랑스를 물리친 후 세인트키츠섬에 대한 영국 통치가 확립되었다. 1783년 베르사유조약에 의해 세인트키츠섬과 네비스섬은 영국령으로 확정된다.

앵귈라(Anguilla)를 비롯한 작은 섬들은 1882년에 통합되었으며 1958년에 서인도 연방에 가입하여 1967년 해체될 때까지 남아 있었다.

1967년 2월에 세인트키츠섬과 네비스섬, 앵귈라섬이 영국의 연방주가 되어, 내정자치권을 가지되 국방 및 외교 문제는 영국이 관할하게 되었다. 앵귈라는 1967년 7월에 독립을 선언했으나, 영국의 개입으로 1971년 7월에 앵귈라 조약이 체결되고 영국의 직할 통치를 받게 되었다. 앵귈라와 세인트키츠 및 네비스 연합 관계는 1980년에 공식적으로 단절되었다. 1982년에 영국 런던에서 제헌 회의가 개최되었고, 1983년 9월 19일 세인트크리스토퍼네비스연방으로 독립하였다. 이후 1988년에 다시 국명이 세인트키츠네비스연방으로 바뀌었다.

1994년에 마약에 연루된 현직 각료의 아들이 보석으로 석방된 데 반발해 시민폭동이 발생하자, 각계대표로 구성된 원로회의가 95년에 조기 총선을 건의하고 시몬스(Simmonds) 수상이 수락함으로써 사태가 일단락되었다. 1995년 7월 조기 총선에서 야당인 노동당(SKNLP)이 7석을 획득, 승리하였다. 새로 집권한 덴질 더글러스(Denzil Douglas) 수상의 과제는 정치 불안으로 동요된 민심 수습, 마약 등 사회범죄 일소, 네비스섬의 분리 움직임 대처, 경제 활성화 등이다. 취임 초에 발생한 강력한 허리케인으로 막대한 피해를 보는 어려움을 겪었으나, 최근까지 정치, 사회, 경제면에서 안정유지에 어느 정도 성공하였다.

세인트키츠 네비스는 남북한 동시 수교국으로, 1983년 9월 19일 한국과 외교 관계를 수립했으며, 북한과는 1991년 12월 13일 외교 관계를 맺었다. 한국과는 1990년에 사증 면제협정을 맺었다.

바스테르는 세인트키츠 네비스의 수도로 카리브해 리워드제도의 세인트키츠섬 남쪽 해안에 있다. 1627년에 프랑스인이 건설한 항만도시로 프랑스식 색채가 짙다. 지명이 '낮은 토지'라는 프랑스어에서 유래하였으며 제당업이 활발하다. 올드 브림스톤힐 성채가 있으며, 세인트조지교회와 식물원 등이

카리브해 해변(출처 : 현지 여행안내서)

있다.

현재 인구는 약 54,200명으로 세계에서 인구가 매우 적은 국가에 속한 나라이다. 공용어는 영어를 사용하며, 종교는 성공회와 개신교 등이다. 시차는 한국시각보다 13시간 늦다. 한국이 낮 12시면, 세인트키츠 네비스는 전날 밤 11시(23시)가 된다. 전압은 240V 50Hz를 사용하며, 환율은 한화 1만 원이 세인트키츠 네비스 약 2.6동카리브 달러로 통용된다.

수도 바스테르에 도착해서 제일 먼저 미국의 초대 국무장관이며 미국 제3대 대통령인 제퍼슨 대통령의 증조부 저택을 방문했다.

제퍼슨(1743~1826)이 1743년생으로 증조부는 대충 계산해도 약 400년 전의 인물이다. 현지 가이드의 설명이므로 의문점은 있어도 믿고 따르는 방

제퍼슨 증조부 저택

법 외에는 아무것도 없다. 정원은 아담하게 꾸며져 있으며, 2층 건물로 1층과 2층에는 그 당시 사용한 대포들을 장착해 놓았다. 그리고 화물차를 개조해서 만든 시티투어 자동차를 타고 경사진 언덕(Rolling Hill) 곳곳에 핀, 이 나라 붉은색 국화가 하늘거리는 야자수농장 그리고 흑사장 등을 들러보고 이 나라 대표적인 관광유적지 브림스톤힐 요새로 이동했다.

이곳은 1987년 국립공원으로 지정되었으며, 1999년에는 세계가 인정하는 유네스코 세계문화유산으로 등재되었다. 1690년 영국군에 의해 프랑스군을 방어하기 위해 흑인 노예들을 집중적으로 투입해 높이 230m 언덕 위에 영국군의 자존심 같은 요새 진지를 구축했다. 1층은 무기고와 병사들의 식당과 생활관으로 사용하고, 2층에는 대포 20문을 장착해서 수도 바스테르의 방어

브림스톤힐 요새 1층

브림스톤힐 요새 2층

를 위한 요새 중의 요새이다. 주변 이곳저곳에는 야외작업장 막사나 사령관 집무실 등의 건물은 어디에도 찾아볼 수가 없고 빈터와 곱게 단장된 잔디 외에는 아무것도 접할 수 없다.

영국군이 철수하고 나서 방치되어 있던 이곳을 국가에서 보수과정을 거쳐 새롭게 단장, 지금은 관광자원으로 제일 유익하게 이용되고 있는 곳이기도 하다.

도미니카공화국 Dominican Republic

정식명칭은 도미니카공화국(Dominican Republic)이다. 도미니카공화국은 아이티와의 국경 북쪽에서부터 남안 중앙부에 걸쳐서 서인도제도 제2섬인 히스파니올라섬 동부 74%의 면적을 점유하고 있으며, 북부는 대서양, 동부는 푸에르토리코 사이의 라모라해협, 남부는 카리브해에 접해있다.

이 섬은 아이티와 둘로 나뉘어 있다. 섬의 서쪽 3분의 1은 아이티공화국(Haiti)이고 동쪽의 3분의 2가 도미니카공화국이다. 최고봉인 3,175m의 두아테르산을 중심으로 한 중앙산맥이 국토를 북동부와 남서부로 이분하고 있으며 산맥 북부의 베가레이알계곡에는 주요 도시들이 발달해 있다. 국토의 70%는 밀림이며, 농경지는 14%에 불과하다.

주요 하천으로 야퀘강과 오사마강이 있는데, 길이 400km의 북야퀘강은 대서양으로 유입되며, 오사마강은 남쪽으로 흘러 산토도밍고시에서 카리브해로 유입되고 있다. 열대성 기후로 해안 지방은 무더운 편이나, 카리브해의 북동무역풍의 영향으로 중앙산지는 시원하며 연중 25도 정도로 쾌적한 기후를 보인다.

1492년 콜럼버스에 의해 발견되어 스페인의 지배를 받다가 1795년 프랑스에 이양된 이후 프랑스령인 아이티에게 수차례 점령을 당하였으나, 1844년 2월 27일 아이티로부터 완전한 독립을 이뤘다.

인종구성은 백인과 흑인의 혼혈인 물라토가 73%, 백인이 16%, 흑인이 11%이다. 공용어로 스페인어를 사용하며, 국민 대부분이 가톨릭을 믿는다. 국가 경제는 주로 농업과 광업, 관광, 중개무역의 4개 부문에 의해 좌우되고 있다. 주요 농업수출품은 커피와 코코아, 설탕, 파인애플, 오렌지, 바나나, 꽃, 채소 등이며, 광산물로는 옥석과 석고, 대리석 등이다.

경제, 외교면에서 미국에 대한 의존도가 높으며 중남미와 카리브 연안국들의 경제 통합과 북미자유무역협정(NAFTA)의 교량 역할을 하고 있다.

모든 지역이 섬이며, 아이티와 국경이 맞닿는다. 서인도제도에서 두 번째로 큰 히스파니올라(Hispaniola)섬에 있으며 아이티와 2:1의 비율로 국토를 점유하고 있다. 전체 국토는 48,311km²(충청북도+경상북도 면적) 정도로 쿠바 다음으로 서인도제도에서 큰 나라이다. 가장 높은 산은 피코 두아르테(Pico Duarte)로 3,087m이며, 가장 큰 호수는 엔리키요(Enriquillo)호수이다. 많은 강이 있는데 소코강, 이가모강, 바하보니코강 등이 있다.

강을 토대로 전기 발전을 하기도 하는데 댐과 수력 발전소가 바오, 니자오, 오스마, 이가모강 등지에 있다.

주요 도시로는 수도인 산토도밍고(Santo Domingo)와 제2의 도시 산티아고(Santiago), 라베가(La vega), 푸에르토플라타(PTO PTA, 산펠리페데푸에르토플라타) 등이 있다.

도미니카공화국은 16세기 중에 원주민이 전멸하였고 아프리카 흑인 노예가 대량으로 수입되어 사탕수수 재배에 혹사당하였다. 1795년 바젤협약으로 프랑스에 이양된 아이티군(軍)에 의한 점령, 독립, 에스파냐 통치 · 재독립, 아이티에 의한 재점령 등으로 고난의 역사를 거쳤으나, 1844년 드와르테의 지도하에 공화국 수립을 선언하고 현재의 국가 기초를 다졌다. 그러나 그 후에도 군벌과 결탁한 토지 귀족의 배신행위 때문에 1862~1865년간 에스파냐 지배를 비롯하여 반란 · 독재의 반복으로 정치 정세는 문란해지고 결국 19세기 말 이후에는 미국의 지배하에 놓였다. 미국은 1917~1924년 '권익의 보호와 일시 유지를 위하여' 해군을 파견하여 1941년까지 세관을 관리하였다.

미국의 동의를 얻어 1930년에 정권을 장악한 라파엘 트루히요는 족벌 정치로 민심을 상실하여 1961년에 암살되었고, 1963년 총선거로 발족했던 도미니카혁명당의 보수 정권도 7개월간의 집권을 끝으로 종말을 고했다. 1965년 4월 대령 카마뇨 등 청년 장교들이 보수의 복귀를 요구하는 쿠데타를 일으켰으나 미국의 지지를 얻지 못해 실패로 끝났고, 1966년 6월 선거에서 호아킨 발라게르가 보수를 누르고 대통령이 되었다. 그러나 3대에 걸친 대통령 임기 중 정계부패와 인플레이션의 증대로 1978년 5월 대통령 선거에서 처음으로 야당인 도미니카혁명당(PRD)의 안토니오 구스만 페르난데스에게 패하였다. 그해 8월에는 구스만이 대통령으로 취임하여 처음으로 평화적인 정권교체를 이룩하였으나 고유가에 따른 경제난과 높은 실업률, 만성적인 전력난과 빈부격차 심화 등의 어려움이 가중되는 가운데 헌법개혁, 재정개혁을 둘러싼 찬 · 반 등 국민 여론은 양극화 현상이 발생하고 있는 실정이다.

산토도밍고는 도미니카공화국의 수도이다. 카리브해(海)에 면하는 항만도시로, 히스파니올라섬의 동부에 있다. 이 도시는 1496년 유럽인의 신대륙 최초의 식민도시로서 콜럼버스의 제2차 탐험 때 발견되었으며 그의 동생 바르톨로메오가 건설하였다.

산토도밍고는 1498년 신세계에 가장 먼저 오자마자 강변에 건설된 식민도시였으며, 16~17세기에는 주위에 성벽을 쌓아 입출항하는 배들을 보호하고 관리하였다. 식민지풍의 건물과 스페인식 광장 등이 잘 안배된 아름다운 카리브해의 도시이다.

라스 다마스 거리의 건축물들은 르네상스 양식이 가미된 고딕 양식을 취하고 있으며, 시내 요소요소에는 도시의 역사, 비극과 영광 그리고 사랑 등을 글로 남겨놓은 것을 볼 수 있다. 아랍풍의 알카자 데 돈 디에고 콜론, 식민지 양식의 카사 데 토스타도, 카사 데 코르돈, 카사 데 마스티다스, 카사 데 오반도 등 아름다운 주택들이 중세의 도시 미관을 더하고 있다. 군사 시설물인 산토도밍고 요새, 오자마 요새, 라스 아타라자나스를 비롯하여 산 니콜라스 · 산 라자로 · 산 안드레스병원과 산토 토마스 데 아퀴노 · 산티아고 데 라 파즈대학, 해시계광장, 스페인광장 등이 남아 있다.

산토도밍고는 신대륙 발견 이후 최초로 많은 건축물이 지어진 역사적인 가치가 높은 곳이다.

현재 인구는 약 1,100만 명이며, 시차는 한국시각보다 13시간 늦다. 한국이 낮 12시면, 도미니카공화국은 전날 밤 11시(23시)가 된다. 전압은 110V 60Hz를 사용하며, 환율은 한화 1만 원이 도미니카 약 46페소로 통용된다.

우리 일행은 세인트키즈네비스 수도 바스테르에서 도미니카공화국 수도 산토도밍고로 가는 직항노선이 없어 앤티가와 비프아일랜드(Beef Island)를 거쳐 산토도밍고로 가는 항공노선을 선택했다.

세인트키츠를 출발해서 앤티가, 비프아일랜드를 경유해서 총 5시간 경과 후 산토도밍고공항에 도착했다. 그리고 공항에서 짐을 찾아 곧바로 숙소인 산토도밍고 힐튼호텔(Hilton Hotel)로 출발했다.

숙소에서 짐을 정리하고 잠시 휴식을 취한 다음 저녁 식사를 마치고 하늘을 쳐다보는 순간, 밤하늘에 별이 반짝인다. 직항노선을 이용했으면, 점심 식사를 해도 시간이 남는 일정이었다. 그래서 여행은 즐거움과 고통이 동반하기에 속담에 '고통 없는 즐거움은 있을 수 없다.'고 한다.

다음 날 먼저 콜럼버스광장에 들렀다. 광장 한가운데에는 바다를 향하여 손을 치켜든 콜럼버스 동상이 한눈에 들어온다. 그리고 뒤편에는 중남미에서 최초로 지어진 산타마리아성당이 필자를 반가이 맞이한다. 콜럼버스는 조국인 이탈리아를 비롯한 영국, 프랑스 등 유럽 열강에게 너무나 많은 항해에 필요한 지원금을 요구해서 모든 국가로부터 청탁을 거부당했다.

콜럼버스광장

산타마리아성당

마지막 두 번째로 스페인 이사벨 여왕을 찾아갔다. 마침 앞서가는 항해 정책으로 영토확장에 선두를 달리고 있는 이웃 나라 포르투갈에 대한 경쟁심이 가득 차 있는 이사벨 여왕은 무리수를 더해가며 파격적으로 콜럼버스와 양해각서에 합의한다. 1차 항해에 성공한 콜럼버스는 신대륙을 착각하여 인도 일부를 발견했다고 보고하며 황금과 노예가 너무나 많이 산재해 있다고 호언장담을 했다. 그러나 2차, 3차, 4차 항해를 거듭하면서 콜럼버스는 스페인 왕실과 이사벨 여왕이 원하는 만큼 황금과 노예를 보급하지 못했다. 그래서 신뢰가 완전히 무너졌다. 콜럼버스는 속담처럼 '낙동강 오리 알' 신세가 되었다. 그래서 콜럼버스는 죽어서 절대로 스페인 땅에 묻히지 않겠다며 자기 생각대로 신대륙(지금의 카리브해 섬나라) 어느 곳에 묻어 달라고 유언을 했다. 그래서 콜럼버스가 사망한 후 유해는 지금의 도미니카공화국으로 이송되어 안치되었다. 세월이 흘러 스페인 정부에서 콜럼버스 유골을 스페인으로 송치해서 지금의 세비야성당에 안치하고 있다.

스페인 땅에 묻히지 않는다는 유언에 따라 성당 내 땅에 묻지 않고 지상에

크리스토퍼 콜럼버스기념관

석관으로 안치해 있다. 그 후 도미니카공화국에서 묘지에 '크리스토퍼 콜럼버스의 묘'라는 석관을 발견하여 지금의 콜럼버스기념관 내에 안치하고 있다고 한다. 이로 인하여 콜럼버스 묘소는 지구상에 두 곳에 존재하고 있다. 도미니카공화국에서는 스페인 세비야성당에 있는 것은 가짜라고 한다.

서로가 자기네 무덤이 진짜라고 우겨서 2002년에 DNA 검사를 하자고 했는데 결과가 어떻게 정리되었는지는 세상에 알려지지 않고 있다. 어느 곳이 진짜인지 가짜인지 두 곳 모두 가짜인지 진짜인지 세월이 500년이 지나 DNA 검사가 불가능한지 알 수 없다.

콜럼버스궁은 콜럼버스 아들 디에고 콜럼버스를 위해 지은 궁이라고 하는데 빈약한 규모임에도 관광객들이 줄을 지어 서 있다.

크리스토퍼 콜럼버스의 아들 궁

콜럼버스는 스페인 정부와 신대륙 발견으로 얻어지는 배당 수익금을 자기가 죽으면 아들에게 상속할 수 있게 계약조건을 달았다고 한다. 그리고 대통령궁전은 입장이 불가하여 경호원에게 양해를 구하여 기념사진으로 만족했다. 오늘이 2018년 3월 9일 금요일이다. 산토도밍고성당은 식민지풍으로 고풍스럽고 아담하지만 조용하고 아늑하다. 복잡한 성당과는 다르게 기념 촬영을 하는데는 시간과 조건에 구애 없이 조

대통령궁전

용히 촬영을 마치고 돌아섰다.

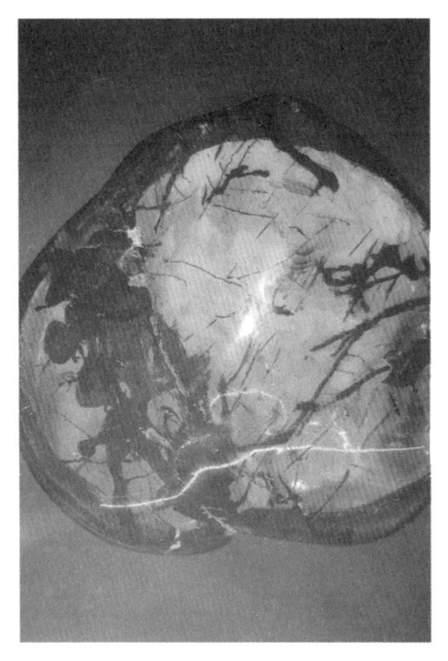
카사스피엘박물관에 있는 대형 호박

해적에게 약탈당하였다가 과거의 영광을 복원한 카사스피엘박물관(Casas Peals Museum)은 1층, 2층을 오르고 내리면서 관람하는 것으로 만족했지만, 전시물을 한 점 구입한다면 사진에서와같이 대형 호박이 탐이 났다. 욕심으로 변할까 염려가 된다. 그리고 박물관과 헤어지는 순간, 하교하는 학생들이 필자를 보고 웬일로 모두가 함께 웃음을 터뜨린다. 가까이 다가가서 기념사진 촬영을 요청하니 학생 모두가 박수로 환영한다. 이렇게 티없이 맑은 표정의 학생들과 기념촬영으로 도미니카공화국 여행을 마치고 학생들과 헤어져 다음 여행지 아이티를 가기 위해 공항으로 이동했다.

현지 학생들과 함께

아이티 Haiti

아이티(Haiti)는 서인도제도에 있는 나라로, 1697년 리스위크조약에서 프랑스령(領)이 인정되었다. 1791년 8월 흑인들이 봉기하여 프랑스 혁명의 추이에 대응하면서 에스파냐, 영국, 프랑스의 군대를 격파하였으며, 1804년 1월 1일 흑인공화국의 건국을 선언했다.

정식명칭은 아이티공화국(Republic of Haiti)이다. 서인도제도에서 두 번째로 큰 히스파니올라섬을 도미니카공화국과 공유한다. 섬의 서쪽 3분의 1과 인근의 작은 섬들로 이루어져 있다. '아이티'는 아라와크어(語)로 '산이 많은 땅'이라는 뜻이며, 이름 그대로 국토의 4분의 3이 산이다.

라틴아메리카 공화국 중 유일하게 프랑스의 식민지였으며 최초로 독립한 흑인공화국이자 아메리카 대륙에서 미국 이후 두 번째로 독립한 나라이지만, 잇따른 독재로 라틴아메리카 국가 중 가장 가난한 나라에 속한다.

국민 대부분이 아프리카 노예의 후손들인 흑인이며, 공용어는 프랑스어와 아이티크리올어이고, 주요 종교는 가톨릭교와 부두교(Voodooism)이다. 국토 대부분이 험하고 높은 산악 지대이고 허리케인 영향권 정중앙에 위치해 있어 6~10월에 허리케인 피해가 극심하다. 수도는 포르토프랭스(Port-au-Prince)이다.

아이티는 노예제 폐지를 주장하면서 18세기 말부터 발생하기 시작한 원주민 노예혁명을 시발점으로 독립운동이 시작되어 이듬해인 1804년 1월 1일 완전히 독립하였다. 이후 바로 공화제를 채택했기 때문에 세계 최초의 흑인공화국이라고 할 수 있다. 전체 인구 중 95%가 아프리카 노예의 후손으로 흑인이다. 백인과 혼혈인 물라토(Mulatto)는 극소수이며 아랍계 민족도 있다. 프랑스어와 크리올(Creole)어가 공용어이지만 스페인어와 영어도 널리 사용된다.

프랑스어는 공용어임에도 실제 사용 비율은 10%에 불과하다. 전체 인구 중 80%를 차지하는 종교는 로마가톨릭이지만 실제 의례적인 측면에서는 대부분 부두교를 따른다. 로마 가톨릭계는 비록 아이티에서 반부두교 캠페인을 벌인 적도 있지만 비교적 아이티 문화에 잘 조화되어 있다.

2010년 1월 12일에 발생한 강도 7.0의 지진으로 큰 피해가 있었으나 국제사회의 도움으로 서서히 재건과 복구 활동을 이어가고 있다.

아이티는 쿠바와는 80km밖에 떨어져 있지 않다. 아이티의 지형은 산세가 드센 편이고 해안 지대에는 작은 평원과 강, 계곡이 있으며, 도미니카공화국과는 360km의 국경을 접하고 있다. 아이티는 열대우림 기후로 열대림으로 우거진 천국이어서 60%가 산악 지대를 이루어 숲이 많다.

근래에 들어서는 산악 지대 인근에 침식이 심해지는데다 벌목이 주요산업으로 떠오르고 있어 환경 파괴가 심각해지고 있다. 그 때문에 아이티의 삼림

벌채 문제가 국제적으로 이슈가 되기도 하여 숲을 조성하려는 지원이 있기도 했다. 무려 6,000여 종 이상의 식물이 아이티에 자라고 있으며 이 중 35%가 위기종이다.

콜럼버스의 발견 이래 아프리카 흑인 노예들이 끌려와 개발하고 국가를 이루고 있으며, 1987년 4월 헌법을 제정하여 시행하고 있다. 1915년부터 1934년까지는 일시 미국의 지배를 받기도 했다. 프레발(Rene Preval) 대통령이 2006년 5월 14일 취임하여 집권하였다. 대외적으로는 중도 좌경의 입장을 취하고 있으며, 1945년 유엔에 가입하였다.

아이티는 미술과 음악, 춤 등 다양한 분야에서 독특한 전통을 잘 계승하고 있으며 수준이 높아 노래와 춤, 그림 조각에 아프리카적인 색채가 농후하다.

오랫동안 사람들은 '아이티' 하면 역사적으로 과거 베냉에서부터 온 노예와 현재의 떠들썩한 아이티의 모습을 연관시켜 부두교(敎)의 종교적인 격렬함을 떠올려왔다. 부두교는 선과 악의 영혼에 대한 믿음이라고 볼 수 있으며, 의식은 부두 환상으로부터 신을 불러내는 노래와 북소리, 춤으로 이루어져 있다. 아이티의 음악은 카리브해에서 널리 퍼져 있는 아프리카-히스패닉 문화의 독특한 결합에 그 뿌리를 두고 있으며, 프랑스와 크리올의 복합 문화도 서서히 부활하고 있다.

아이티는 한국과 1962년 9월 국교를 수립하였으며, 북한과는 미수교국이다. 1970년 4월 공관을 설치했지만, 1992년에 공관을 폐쇄하고 주베네수엘라 대사관 겸임 관할로 조정하였다가 1998년 주도미니카공화국 관할로 편입하였다. 양국 간에 체결된 협정은 무역협정(1977년), 경제 · 기술 · 문화 · 과학협력 협정(1985년), 사증 면제협정(1990년)이 있다.

포르토프랭스는 아이티의 수도로 히스파니올라섬의 서부 고나브만(灣) 연안에 위치하는 서인도제도 유수의 양항이다. 항구에 면한 저지대의 서민가는 빈민가적인 양상을 띠고 있으나, 고지대는 프랑스풍의 고급주택지구이다. 서부의 기름진 평야에서 재배되는 커피와 목화, 카카오, 목재가 반출되며, 아이티의 정치, 경제, 문화의 중심적인 기능을 맡고 있다. 1730년에 프랑스인에 의해 건설된 이곳은 1751년, 1770년, 1842년의 지진에 의해서 구시가인 산토도밍고는 파괴되었다. 주민은 흑인과 혼혈인이 대부분을 차지하고 있다. 철(鐵)시장이 유명하며 노트르담대성당, 국립박물관, 아이티대학 등이 있다.

국토면적은 27,750km^2(강원도보다 조금 더 큰 넓이)이며, 현재 인구는 약 1,155만 명, 시차는 한국시각보다 14시간 늦다. 한국이 낮 12시면, 아이티는 전날 밤 10시(22시)가 된다. 전압은 110V 60Hz를 사용하며, 환율은 한화 1만 원이 아이티 약 60구르드로 통용된다.

아이티는 민중봉기와 식민지배국가 프랑스와의 전쟁과 혁명으로 세워진 최초의 흑인공화국이다. 프랑스는 독립국으로 인정해주는 대가로 옛 프랑스인 농장 재산과 농장의 과수 그리고 흑인 노예 등을 약탈 점유해서 사용하고 있는 것을 미끼로 수도 포르토프랭스 앞바다에 함대와 함포를 배치해 놓고 보상을 요구하며 으름장을 놓았다. 보상을 이행하지 않을 시에는 전면전을 불사하고 전쟁으로 보상받겠다고 아이티 정부에 통보했다. 아이티는 전쟁을 하면 승산이 없음을 미리 알고 울며 겨자 먹는 식으로 배상금 이행에 합의했다. 1838년 프랑스와 아이티는 아이티가 향후 프랑스에게 30년에 걸쳐 9천만 프랑을 배상금으로 지급하기로 합의하며 원금을 연체할 경우 연체 이자까지 가산하기로 하는 합의서를 작성했다.

프랑스가 청구한 배상금은 109년이 지난 1947년 자금이 부족했던 아이티는 미국으로부터 돈을 차용해서 프랑스에게 배상금을 완납하고 철천지원수처럼 헤어졌다. 그리고 프랑스로부터 미국에 이르기까지 국가 예산 70~80%를 국가 배상금으로 지급하여 정부와 농민들은 등골이 휘어지는 빈곤과 가난에서 벗어날 수가 없었다. 그러다 보니 미국에서 차용한 금액도 연체와 연체를 거듭하게 되어 급기야 미국에서는 채무불이행을 이유로 해병대를 파견하여 세관을 비롯한 1974년까지 군정 통치를 하게 되었다. 그리고 정부에서 1843년부터 1915년까지 22명의 대통령이 선출되어 국정을 다스렸지만 21명의 대통령이 암살당하거나 국외로 쫓겨나 망명 생활을 하는 등 정치 혼란으로 아메리카 국가 중 제일 가난한 국가를 면하지 못하고 있다. 그래서 관광자원도 너무나 빈약하다.

지진 피해를 입은 성당

엎친 데 덮친 격으로 2010년 1월 12일 강도 7.0 지진이 일어나 지진이 지나간 자리에는 눈뜨고 볼 수 없는 장면이 하나둘이 아니다. 대다수 지붕은 흔적조차 없어지고 앙상한 기둥만이 하늘을 쳐다보고 있다. 국제사회의 많은 도움으로 복구 활동이 이어지고 있어 현지 피해 사정에 도움을 주고 있다. 그러나 원상복구까지는 아직 길고도 어둡기만 하다. 지진피해가 없는 고지대는 프랑스풍의 고급주택들이 들어서 있어 일상생활이 순조롭게 진행되고 있다.

프랑스풍 고급 주택가

거리를 지나가며 만날 수 있는 시민들은 절대다수가 흑인들뿐이다. 가난으로 인해 백인들은 모두가 자기 조상들이 태어난 조국을 찾아 하나, 둘 사라지고 없다. 수도 포르토프랭스를 에워싸고 있는 부틸레(Boutilliers)산 전망대에 올라 점심 식사 후 시내 전경을 바라볼 때 빌딩군이라고는 찾아볼 수가 없고 대한민국의 1950년도의 서울시를 연상해 볼 수 있는 생활 주거 환경이 한눈에 들어온다. 기념품

수도 포르토프랭스 시내

가계를 둘러보아도 어느 것 하나 손에 잡히는 것이 없다. 그러나 일정에 있는 카리브해 지역 특유의 진저브레드식(생강빵 모양) 하우스, 영웅광장, 전통시장 등을 차례로 둘러보고 쓰레기조차 제대로 수거되지 않은 시민들의 생활터전을 유심히 바라보며 하루속히 유능한 지도자가 나타나 눈부신 아이티발전과 이 나라 국민 모두의 앞날에 무궁한 영광과 발전이 있기를 기원하며 2박 3일 여행 일정을 마무리하고 숙소로 향했다.

바하마 Bahamas

바하마(Bahamas)는 중앙아메리카의 쿠바 북동쪽 카리브해에 있는 영국 연방의 섬나라이다. 1492년 콜럼버스가 최초로 신대륙에 상륙한 지점이 이곳의 산살바도르(San Salvador)섬이다. 에스파냐의 식민지배를 받다 1783년부터 영국의 영토가 되었고 1964년 1월 자치를 인정받아 1973년 7월 독립하였다.

정식명칭은 바하마연방(Commonwealth of The Bahamas)이다. 미국의 플로리다반도 남동쪽에서 히스파니올라섬에 이르기까지 약 800km에 걸쳐서 약 700개의 섬과 2,389개의 산호초로 된 바하마제도를 구성하며 사람이 거주하는 섬은 약 30개이다. 17세기에는 한때 해적들의 근거지가 되기도 했다.

바하마는 약 700개가 넘는 아름다운 섬들로 이루어진 군도로 미국 플로리다반도 가까이에 있다. 자연의 아름다움, 쇼핑, 카지노 등 관광지로서도 다양한 매력을 가지고 있어 이웃 나라 미국뿐만 아니라 전 세계에서 많은 관광객이 방문하고 있다. 바하마를 이루고 있는 많은 섬은 따뜻한 바닷물과 하얀 모래로 가득하고, 조금 큰 규모의 섬에는 일광욕, 다이빙, 낚시, 보트 타기 등을 즐길 수 있는 레저 시설과 호텔 등의 숙박 시설이 완비되어 있다. 뛰어난 기후조건으로 관광산업이 주를 이루며 노동인구의 반 이상이 여기에 고용되어 있다. 주민의 대부분이 흑인이며 개신교도가 많고, 영어를 공용어로 한다. 수도(나소, Nassau)가 있는 뉴프로비던스(New Providence)섬에는 인구의 3분의 2가 산다. 영국연방 왕국의 구성원이다.

바하마는 1492년에 콜럼버스가 아메리카에 첫발을 내디디면서 알려지기 시작했다. 중남미 국가는 거의 스페인령이었으나 바하마는 17세기에 영국의 식민지가 되어, 1973년에 독립할 때까지 영국령이었다. 독립 후 바하마의 정치는 린든 핀들링(Lynden Pindling) 경에 의해 주도되었다. 그는 1967년에 급진 진보당의 당수로 당선되었고, 그가 이끌던 급진 진보당은 후에 북미와 남미를 연결하는 마약 거래에 연루되는 등 정치적인 문제를 유발하기도 했다.

바하마의 가장 큰 섬은 안드로스섬으로 길이 167km, 너비 64km이다.

바하마의 총면적은 1만 3,940km^{2}인데 경상북도보다 작은 크기이다. 바하마는 미국과 쿠바 근처에 위치한 전략적인 요충지이다.

지리적인 위치 때문에 미국과 유럽으로 향하는 선박들의 불법 마약을 옮겨 싣는 주요 장소로 이용되고 있으며, 또한 불법 이민자들이 미국으로 밀항하는 장소로도 유명하다. 기후는 온화한 아열대성 기후이며 멕시코 만류와 대서양 미풍의 영향을 많이 받는다.

연평균 기온 25℃, 연평균 강수량은 1,200mm로 섬마다 약간 차이가 있다. 뛰어난 기후조건으로 인해 미국의 겨울철 피한지(避寒地)로 알려지고, 그에 따른 관광업이 국가의 주산업이 되고 있다.

바하마의 원주민은 9세기에 정착한 루카얀(Lucayan)족으로 아라와크(Arawak)족에 속한 종족이다. 그러나 에스파냐 식민주의자들이 첫 정착지를 만들었고 노예무역의 거점으로 삼았다.

17세기에는 영국인의 지원으로 뉴프로비던스섬에 있는 찰스타운(Charlestown, 지금의 나소)이 해적의 소굴이 되었다.

17세기 중엽부터 영국이 식민지화를 기도하여, 1718년 왕실 직할 식민지가 되었으나 에스파냐, 프랑스와의 사이에 충돌이 자주 되풀이되었다가 1783년 베르사유조약에서 정식으로 영국 식민지가 되었다. 1807년 노예제도가 불법화되고 많은 귀족이 바하마를 떠났다. 19세기에는 미국 부유층의 새로운 여행지로 주목을 받았고, 1920년 미국의 금주법 시행으로 나소는 '밀수도시'가 되었다.

1964년 1월에 내국자치(內國自治)가 인정되고, 1973년 7월 독립국이 되었다. 제2차 세계대전 이후 바하마는 관광업과 더불어 국제 금융 및 투자관리로 경제적으로 번영할 수 있었다. 마침내 1973년 7월 10일 바하마연방이라는 새로운 국가로 탄생하며 325년간의 영국 지배에서 벗어나 독립하였다.

나소는 바하마의 수도로 바하마의 문화와 사회, 경제, 정치의 중심지이며 바하마의 보석이라 불리는 곳이다. 이곳은 전설적인 해적 '검은 수염(Blackbeard)'의 시대부터 바하마의 중심지였다. 나소는 아름다운 해변과 쾌적한 환경의 리조트, 카지노, 역사적인 명소 등이 즐비한 곳이다. 해안을 따라 길

핀카슬 성채와 요새

요새

식민지 시대 총독부 건물과 콜럼버스 상

게 뻗어 있는 시가지에는 18세기에 건설된 몬타주 성채 핀카슬 성채를 비롯하여 식민지 시대의 총독부 건물, 성공회 대성당, 관공서 등이 남아 있다. 시가지의 동쪽 끝 앞바다에는 수중관광을 할 수 있는 해양정원이 있으며, 시가지 서쪽에는 희귀한 식물들이 많은 아르다스트라식물원이 있다. 나소와 파라다이스 아일랜드가 바하마 군도에서 차지하는 면적은 2%에 지나지 않지만, 바하마 국민의 60%가 이곳

국회의사당과 빅토리아 여왕 좌상

에 거주하고 있다.

바하마의 수도인 나소는 오늘날 미국적인 분위기이지만 준 카리브해 성향이다. 특별한 매력이 스며나는 이곳은 근대 세계 건축물이 혼합되어 있으며 동시대적으로 활력이 넘치는 도시다. 한때 해적에 의해 인기 있던, 단순하고 소박한 마을과는 거리가 멀다. 역사적인 도심은 18~19세기 건물들이 있

총리 관저

56개의 여왕계단(출처 : 현지 여행안내서)

고 국회 광장에는 주요 정부 청사가 위치한다. 쇼핑의 중심가는 베이 거리로 세계에서 가장 큰 시장 중 하나다. 걸어서 올라가는 '여왕의 계단(Queen's Staircase)'은 500명 이상의 노예에 의해 16년 동안 건설된 나소 도심 남쪽의 석회암 능선 부분에 난 협곡 같은 길인데 1834년 노예해방으로 인해 공사가 완성되지 못했다. 그 당시 빅토리아 여왕의 나이 56세를 기념하여 계단을 56계단으로 조성했다고 한다.

현재 인구는 약 39만 7천 명으로 시차는 한국시각보다 13시간 늦다. 한국이 낮 12시면, 바하마는 전날 밤 11시(23시)가 된다.

전압은 100V 60Hz를 사용하며, 환율은 한화 1만 원이 바하마 약 8.5달러로 통용된다.

바하마를 입국하는 과정에 따른 사건과 사고에 대해서 잠시 살펴보기로 하자.

때는 2018년 3월 11일 일요일이었다. 카리브해 13개국 여행의 마지막 여행지 바하마로 출국하기 위해 아침 일찍 공항으로 이동했다.

포르토프랭스에서 바하마 나소로 출발하는 항공노선이 없어 먼저 미국 플로리다 마이애미를 거쳐 연결편으로 바하마 나소행 항공노선을 예약했다. 08시 50분 B6 1510편에 탑승하여 무사히 11시 05분에 마이애미공항에 도착했다(연결 대기시간 2시간 34분). 바하마수도 나소행 13시 39분 B6 2393편 비행기에 탑승하기 위해 출국장으로 이동했다. 탑승 마감 시간이 매우 임박하여 우리 일행들은 서로가 빨리 검색대를 통과하기 위해 검색대 앞에 줄지어 있는 사람 숫자가 적은 줄을 찾아 뿔뿔이 헤어졌다. 마침 필자가 제일 먼저 검색대를 통과해서 탑승장으로 이동했다. 신속하게 얼마간 이동하는데 삼거리 길이 나타났다. 순간 '우리 일행 중에 1명이라도 반대 방향으로 이동하게 되면 낭패를 당하겠구나.' 하는 생각에 이동하지 않고 삼거리에서 교통정리를 하기로 했다. 도착 순서대로 "이쪽으로 가라."고 안내를 했다.

맨 마지막에 도착한 일행 두 명과 걷고 뛰고, 뛰고 걷고 해서 탑승 게이트 앞에 도착하니 문이 닫혔다. 시계를 쳐다보니 2분 정도 지각이다. 여직원에게 "일행들과 함께 출국할 수 있게 문을 좀 열어주십시오.", "No!" 매번 통사정을 해도 돌아오는 답은 No다. 그러면 오늘 바하마 나소행 비행기가 또 있느냐고 물어보니 지금부터 정확하게 3시간 30분 뒤 출발하는 비행기가 있다고 한다.

우리가 2분이라는 시간을 지각한 이유도 있지만 미국인들, 특히 백인들은 동양인들을 차별하며 한마디로 좀 우습게 보는 자도 있다. 우리는 3시간 30분을 기다리는 방법 외에는 별도리가 없다. 그냥 우두커니 기다리기에는 너무나 지루한 시간이다.

면세점을 이곳저곳 들러보고 맥주로 시간을 때우기로 했다. 그리고 국제전화로 먼저 출국한 일행들에게 나소공항 도착과 동시에 가방을 찾아 현지 가이드에게 연락을 취해 현지 가이드의 인솔하에 호텔로 이동해서 여장을 풀고 휴식을 취하라고 일정을 정리해 주었다.

3시간 30분 경과 후 마이애미에서 출발해 나소공항에 도착했다. 먼저 도착한 일행 모두가 가방을 한곳에 모아두고 세 명인 우리를 우두커니 기다리고 있었다. 우리가 나타나자 이산가족 상봉처럼 박수를 치며 반가운 마음에 어찌할 줄을 모른다.

아니 '호텔에서 잠을 자고 있겠지.'라고 생각했는데 이거 무슨 일인가. 그제야 모두가 아무 말도 없이 미소로 답을 보내온다.

"모두 수고와 고생을 많이 했어요. 자, 호텔로 다 함께 출발합시다."

이렇게 연극과 드라마 같은 하루 일과를 정리하고 호텔에 투숙했다. 오늘은 바하마 나소의 명소 아틀란티스 리조트에서 3,000여 개의 객실과 풀장 11개, 테마파크 20개, 캐리비안비치를 갖춘 리조트에서 제공하는 아틀란티스 익스피리언스 패스(Atlantis Experience Pass)권을 사용하여 전 일정을 자유시간으로 즐긴다. 돌고래쇼 프로그램과 골프, 스파, 탁구, 당구, 헬스, 식사까지 포함한 일정이다. 그리고 한곳에서 유럽인들이 남녀가 구분 없이

아틸란티스 리조트(출처 : 현지 여행안내서)

수영복 차림으로 100여 명에 가까운 인원이 눕거나 엎드려서 일광욕을 즐기는 모습은 영원히 기억에 남을 것 같다. 지상낙원이 따로 없고 '이곳이 바로 지상낙원이구나.'라는 마음으로 즐겁고 유익한 하루를 보냈다. 오늘은 길고도 짧은 카리브해 섬나라와 남미 2개국을 합쳐 13개국 여행을 마무리하고 귀국하는 날이다.

먼저 식민지 시대부터 이 나라 국토방위를 위하여 축성한 핀카슬 성채와 요새 그리고 식민지 시대 총독부 건물과 콜럼버스 입상을 함께 둘러보았으며, 시내 중심에 있는 국회의사당과 그 정면에 있는 빅토리아 여왕 좌상과 함께 기념 촬영을 하고 호숫가에 자리 잡은 수상관저는 멀리서 조망으로 기념사진을 남겼다. 그리고 이 나라에서 제일 큰 재래시장의 복잡한 골목을 이곳

여성군악대 시가행진(출처 : 현지 여행안내서)

저곳 거쳐 시민들이 바쁘게 살아가는 생활 모습을 눈으로만 살펴보고, 마지막으로 빅토리아 여왕의 나이 56세 기념으로 조성한 56개의 여왕 계단을 올라가면서 여행을 마무리했다.

이로써 필자는 남북 아메리카에 존재하고 있는 유엔 가입국 35개국을 완주하는 또 하나의 여행 기록을 남기게 되었다.

이제 공항으로 이동해서 뉴욕을 거쳐 귀국하기 위해 버스에 짐(가방)과 몸을 실어본다. 창밖으로 보이는 서쪽 하늘의 태양은 넉넉한 웃음으로 필자의 귀국길을 밝혀준다.

Part 6.

아메리카 최남단 파타고니아

Patagonia

파타고니아 Patagonia

2018년 1월 11일 남극 크루즈와 파타고니아 트레킹을 위하여 미국 로스 앤젤레스를 거쳐 아르헨티나 부에노스아이레스를 1박 2일로 경유하여 남아메리카의 공식적인 최남단 우수아이아(Ushuaia)에 도착했다.

우수아이아

호텔을 배정받아 저녁 식사를 마친 다음 인솔자가 긴급 공지사항이 있으니 일행 모두 호텔 로비에 모이라고 한다.

일행 모두가 모인 자리에서 인솔자가 목청을 가다듬고 하는 말이 "우리가 내일 승선하는 크루즈선이 남극에서 우수아이아로 운행을 하지 않아서 우리 일행은 내일 남극 크루즈 탐방을 진행할 수 없다."고 한다.

필자가 언제 출항이 가능한지 물어보니 남극으로 출항하는 선박이 없어 남극 탐방이 불가능하다고 한다. 비행노선을 경유해서 3일 만에 도착한 목적지에서 일정을 진행할 수 없다고 하니 기가 막히는 일이 벌어졌다. 한마디로 억장이 무너진다. 그러면 여행사 측에서 이번 일을 어떻게 처리할 것이냐고 물어보니 현재로서는 별다른 대책이 없어 집으로 돌아갈 수밖에 없다고 한다. 그 말을 듣는 순간 일행 모두가 여기저기에서 입에 담지 못할 소리로 난장판을 만들었다.

이윽고 밤은 깊어가고 내일 다시 모여서 대책을 논의하기로 하고 각자 잠자리에 들었다. 필자 생각으로 우리 일행에게 배정된 크루즈선의 정원이 68명이다. 우리 일행은 21명으로 정원의 3분의 1에도 못 미친다. 소수 인원으로 크루즈선을 운행하면 수익보다 적자를 면치 못할 것 같다. '손해 보는 것을 알면서 영업하는 것은 바보나 멍청이가 하는 짓이지.' 하는 생각을 하면서 물건도 아니고 국내 여행도 아니고 기대에 부풀었던 지구상에서 가장 멀고도 험난한 남극 여행의 부도는 너무나 가혹하다는 생각을 하며 잠을 청해 보아도 잠이 오지 않았다.

다음 날 대책위원회를 구성한 뒤 부둣가의 선박회사들을 수소문해서 여행사와 계약한 선박회사를 찾아갔다. 무슨 이유로 선박운행을 취소했는지 자세히 물어보니 필자가 생각한 것과 비슷하게 답을 하는 듯하더니 결정적인 순간에는 더는 할 말이 없다고 답변을 회피한다. 속이는 것을 알면서도 대체 방법이 없다.

호텔을 옮겨가며 1박 2일 동안 여행사 측과 줄기찬 협상 끝에 여행사 측에서 여행자들에게 소정의 금액을 피해 배상금으로 지급하고 지급방법은 여행자들이 귀국한 후 일주일 안에 지급하기로 하는 조건으로 상호 합의를 했다. 그리고 내일부터 일상생활로 돌아가 남극 크루즈여행만 계획했던 분들은 내일부터 한국으로 귀국을 하고 파타고니아와 남극을 함께 여행하기로 한 여행자들은 남극 여행의 공백을 고려해서 현지에서 부담 없는 여행을 하면서 파

세계 최남단 등대

물개, 바다사자들의 일광욕(출처 : 현지 여행안내서)

물개, 바다사자들의 수면시간

타고니아 여행을 진행하기로 잠정적으로 계획을 세웠다.

다음 날 우리 일행들은 티에라델푸에고(Tierra del Fuego)섬과 우수아이아 남쪽에 있는 비글해협(Canal Beagle)을 탐방하기로 했다.

비글해협은 1520년 마젤란이 세계 일주 원정 당시에 이용한 선박 '비글호'의 이름을 따 비글해협이라고 한다. 비글해협을 접하고 있는 세계 최남단 등대를 비롯하여 물개와 바다사자들이 일광욕을 즐기고 있는 바위섬들, 그리고 펭귄들이 제일 많이 서식하고 있는 섬에 도착하여 외딴집을 방문하니 기념품과 빵, 과자, 음료수 등으로 관광객을 상대로 영업을 하고 있다. 주변에는 야생화가 만발하고, 평평한 대지 위에는 농작물이라고는 찾아볼 수가 없고, 펭귄마을에서 펭귄들이 가정을 이루고 알을 낳고 새끼를 기르며 살아가는 모습이 정겹기 그지없다. 필자가 새끼들에게 가까이 접근하니 아빠 · 엄마 펭귄이 필자의 바짓가랑이를 물어뜯는다.

야생화

동물의 세계에서 가끔 볼 수 있는 장면이다. 난생처음 수많은 펭귄과 가까이서 접하는 즐거운 시간, 그리고 뒤뚱뒤뚱하며 걸어가는 펭귄들의 모습은 남극지방이 아니면 좀처럼 볼 수 없는 장면이다. 그리고 우수아이아에 돌아온 즉시 우수아이아 시내에서 18km 떨어져 있는 세상의 땅끝마을로 이동했다. 땅끝마을은 주민들이 모여 생활하는 동네가 아니고 남극을 바라보는 바닷가에 미니 우체국 건물 하나뿐이다. 우체국

대왕펭귄(출처 : 현지 여행안내서)

펭귄마을

내에는 수염이 흰 할아버지 한 분이 계신다.

우체국에서 많이 거래되는 우편물은 우편엽서다. 엽서 한 장에 한화 7,000 원 상당으로 주소와 내용을 적어 우체통에 넣어주면 전 세계 어느 나라 어느 곳이라도 한 달 이내 배달이 이루어진다. 엽서를 발송할 때는 반드시 할아버지에게 날인(도장)을 받아서 우체통에 넣어야 발송이 되는 것을 잊지 말아야 한다. 할아버지와 작별 인사를 나누고 땅

우체통

미니우체국

끝마을을 떠나기에 앞서 파타고니아 전 일정을 함께 동고동락한 경기도 시흥에 사는 여행 마니아 정화운 님과 함께 기념사진을 남기고 숙소가 있는 우수아이아로 이동했다.

다음 날 아르헨티나 티에라델푸에고섬 최남단 우수아이아에서 일찍 남아메리카 대륙의 최남단 칠레 푼타아레나스(Punta Arenas)로 출발하는 버스에 몸을 실었다. 창밖으로 보이는 넓고 넓은 대지 위에 인가라고는 찾아볼 수 없고 이

구아나고 무리(출처 : 현지 여행안내서)

마젤란해협을 횡단하는 선박

름 모르는 잡초만이 무성하게 자라고 있다. 그 가운데 낙타과 야마의 일종이며 파타고니아의 대표적인 동물 구아나고(Guanaco)들이 뛰어다니는 모습은 정말로 진풍경이다.

아르헨티나 국경을 넘어 칠레에 입국하여 마젤란해협(길이 560km, 너비 3~32km)까지는 국가는 달라도 산야는 다름이 없다. 이윽고 먹구름이 끼더니 빗방울이 하나둘 떨어지는 순간, 마젤란해협에 도착했다.

배를 타고 마젤란해협을 건너가면 우리들의 목적지이며 칠레가 마젤란해협을 관장하는 전진기지로 발전시킨 푼타아레나스다. 우리 일행들은 가는 빗줄기를 맞으며 선박에 짐(가방)과 몸 그리고 마음마저 싣고 마젤란해협을 건너 푼타아레나스에 도착했다. 이곳은 마젤란이 1520년 10월 이곳을 통과하

전망대에서 바라보는 마젤란해협

며 해협 이름을 마젤란해협이라고 명명한 장소이기도 하다.

다음 날 마젤란해협을 한눈에 바라볼 수 있는 전망대에 올라 시원한 바닷바람을 마시며 이곳에서 세계 각 국가와의 거리를 표시한 표시판을 발견했다. 'Korea 17,798km'라는 글씨가 한눈에 들어온다. 그리고 마젤란 선박박물관을 방문했다.

세계 각국의 거리 표시판

마젤란이 항해한 모형 선박

칠레 정부에서 스페인 정부의 협조를 얻어 500년 전 마젤란이 항해한 선박들의 설계 도면을 복사해서 500년 전 선박과 똑같은 선박들을 건조해서 박물관 내에 전시해 놓았다.

선박 내부에는 마젤란의 살아생전 신상명세서와 식량 저장고, 무기고, 대원들의 생활 처소, 마젤란의 집무실 그리고 마젤란이 잠자던 침대까지 고스란히 재현해 놓았다. 그리고 시내 중심가 아르마스(일명 마젤란광장) 중심에는 마젤란 동상과 더불어 동상 하단부에 원주민 인디오가 앉아 있는데 인디오 왼발을 만지면 이곳으로 다시 돌아올 수 있다는 전설에 의해 모두가 만져보기 위해 줄을 지어 차례를 기다리고 있었다.

이곳을 항해하는 선원들과 여행자들이 너무나 많이 만져서 발등이 광이 나서 반질반질하다. 이렇게 수많은 마젤란의 발자취를 뒤로하고 우리들의 최종목적지 파타고니아 일정을 진행하기 위해 파타고니아 토레스델파이네 국립공원(Torres del Paine National Park)으로 출발했다. 파타고니아 지역은 칠레 푸에르토몬트(Puerto Montt) 지역과 아르헨티나 산안토니오(San Antonio) 지역을 직선으로 이어지는 남위 40도 이남 지역을 파타고니아라고 한다.

그리고 파타고니아는 마젤란이 1520년 세계 일주 원정 당시에 대원들이 원주민 테우엘체족, 즉 장신족을 '파타곤(Patagon) 거인들'이라고 불렀다고 해서 그로부터 이 지역을 이름하여 '파타고니아'라고 지금까지 불리고 있다.

마젤란 동상

파타고니아 날씨는 1년 365일 변화무쌍한 편이며 바람과 비가 잦은 편이다. 그리고 1월의 경우 파타고니아 여행의 최적기로 꼽히며 한낮 최고 기온은 20℃를 웃돌 수 있다. 여행 기간에 시간대 등에 따라 22~25℃ 사이의 온도변화가 있을 수 있으며 일반적인 낮 시간대의 평균 체감 온도는 15℃이나, 이 역시 일조량, 비바람 등 기상징후에 따라 매우 달라질 수 있다.

그래서 1월 중 파타고니아 날씨는 빠르게 좋아질 수도, 나빠질 수도 있는 지역이다. 특히 트레킹을 하는 상황에 이러한 현상을 더욱 도드라지게 체감할 수 있으므로 다양한 날씨를 커버할 수 있는 의류를 1~2벌씩 갖추는 것이 좋다. 예를 들어 햇빛이 쨍쨍하여 20℃를 웃돌 때는 반소매에 반바지를 입고 걸어도 상관없을 수 있으나 곧 구름이 끼고 비가 한두 방울 떨어지기 시작하

토레스델파이네 국립공원(출처 : 현지 여행안내서)

면 그날 저녁에는 기온이 영하 2℃까지 떨어질 수 있다.

일교차나 바람, 비 등이 심하게 있을 수 있는 현지 기온 특성상 간절기 혹은 가을 복장을 준비하는 것은 기본이다. 지나치게 두꺼운 한겨울 복장은 필요가 없다. 특히 트레킹 중에 권장되는 복장은 2~3겹의 옷을 겹쳐 입는 것인데 해가 나다가도 금방 다시 바람이 불거나 비가 올 때 손쉽게 순간적으로 날씨에 적합한 복장을 완성할 수 있어 편리하다. 그리고 고어텍스 재킷, 방수 기능의 재킷, 바람막이, 우비 등은 트레킹 중에 꼭 필요한 필수품이다.

칠레 지역 파타고니아

푼타아레나스(Punta Arenas)에서 자동차로 2시간 정도 달려가면 칠레 관광명소의 백미라고 할 수 있는 토레스델파이네 국립공원이 눈앞에 나타나기 시작한다.

여행안내서에는 '죽기 전에 꼭 봐야 하는 관광명소 세계 국립공원 5대 자연 경관 중의 절경'이라는 문구를 쉽게 찾아볼 수 있다. 먼저 만년설 빙하 그리고 눈과 비바람이 자연발생적으로 만들어낸 다양한 어종들을 보유하고 있는 에메랄드 빛깔의 호수 그리고 공원에서 제일 아름다운 페오에호수(Lake Pehoe)에서 배를 타고 2시간 가까이 국립공원의 만년설 빙하 유빙 등을 관람하며 죽기 전에 꼭 봐야 한다는 현장을 실감 나게 즐기며 오늘 일정을 마무리했다. 그리고 말없이 조용한 여행자의 보금자리 숙소가 있는 산장으로 돌아왔다.

다음 날 토레스델파이네 국립공원 트레킹 코스에 도전하기 위해 만반의 준비를 하고 면적이 2,242km²나 되는 국립공원 트레킹 관문을 통과했다. 골짜기로 접어드는 순간, 아름다운 산하와 호수에 떠다니는 유빙들 그리고 봉우리마다 활짝 핀 야생화들로 눈이 열 개라도 모자랄 것 같다.

드디어 오늘의 관광 하이라이트 삼형제봉이 나타나기 시작한다. 1,200만 년 전부터 화강암으로 형성된 삼형제봉을 바라보는 순간, 숨 막힐 듯이 아름다운 절경에 넋을 잃을 지경이다. 가운데 제일 높은 봉우리가 스페인어로 '파이네 그란데(Paine Grande)'이다. 토레스델파이네(Torres del paine) 역시

주홍색 삼형제봉(출처 : 현지 여행안내서)

스페인어로 토레스는 '탑', 파이네는 '푸른색', 즉 '푸른 탑'이라는 뜻이다. 토레스델파이네 국립공원은 산하의 경치도 절경이지만 야생 동물, 식물, 조류들까지 합쳐 무수히 많은 동식물과 아름다운 자연환경을 자랑하고 있다. 그래서 1978년 유네스코에서 생물 보호구역으로 지정하고 있다. 토레스델파이네 국립공원을 완주하는 데는 8~10일가량 소요된다고 한다. 오늘의 트레킹 코스도 전문 산악인들의 걸음걸이로 7~8시간이 소요되는 거리이다. 그래서 필자는 관절보호와 안전을 위하여 전망대까지 등반하는 것으로 만족하고 하산하기로 했다. 오늘의 트레킹 코스는 삼형제봉 입구에 있는 호수가 목적지이다.

구름과 눈과 비바람이 시와 때를 가리지 않고 삼형제봉을 가리기 때문에 선명하게 삼형제봉을 바라보기에는 운이 좋아야 가능하지 쉽게 쳐다볼 수는 없다. 그래서 전문 산악인들은 호숫가에 주저앉아 삼형제봉이 나타나기를 기다리며 그 순간을 포착해서 기념사진을 촬영하고 하산하는 분들이 있는가 하면, 사진 애호가들은 해 질 무렵까지 기다려서 햇볕에 반사되어 사진에서와 같이 주홍색으로 변하는 모습을 카메라에 담아 하산하기도 한다.

숙소에 도착하면 저녁 9~10시다. 야간산행은 가급적이면 금지하는 것이 좋을 것 같다. 아무리 좋은 경치와 절경도 건강과 안전을 무시할 수 없다.

필자는 전망대에서 여유 있는 시간을 가지고 하산하면서 호수의 유빙과 추위를 무릅쓰고 살아있는 야생초들을 배경으로 태극기를 손에 잡고 기념 촬영을 하면서 저녁노을과 함께 출발지에 도착해 오늘 일정을 마무리했다.

태극기를 손에 잡고 있는 필자

지난밤에는 칠레 국경을 넘어 아르헨티나의 엘찰텐(El Chalten) 지역 산장에서 숙식을 했다. 엘찰텐은 피츠로이(Fitzroy)산군(山群)들을 트레킹하기 위한 첫 기착지이며 아담하고 조용한 마을이다. 모두가 숙박 시설, 레스토랑, 마트 등으로 전문 산악인 그리그 여행자들이 반드시 거쳐 가는 곳이다. 마을 어귀에서 피츠로이산군을 바라보면 가까이에 있는 산 능선에 가려 송곳니 같은 봉우리 10% 정도가 보이는 가까운 거리에 있다.

아침 일찍 세계 각국 선남선녀들의 트레킹 대열에 합류해서 피츠로이산과 세로토레(Serro Torre)산 등을 바라보며 힘차게 발걸음을 옮겼다. 피츠로이

피츠로이산(우측)과 세로토레산(좌측)

산은 해발 3,405m로 '왕의 자식'이라는 뜻이 담겨있으며, 세로토레산은 해발 3,128m로 가까이에 삼형제봉을 거느리고 있다. 화강암으로 이루어진 발가벗은 민둥산들은 만년설에 뒤덮여있는데, 빙하와 함께 시시각각 변화무상한 설산들의 운치는 시간대에 따라 모양은 같지만 변하는 각양각색의 색상으로 인해 산악인들의 감격적인 목소리와 감동의 박수로 하루 일과를 시작하고 하루 일과를 마무리한다.

트레킹을 하는 사람들의 목적지는 피츠로이산군 입구에 있는 로스트레스호수(해발 1,200m)이다. 목적지에 도착해도 구름과 눈 그리고 비바람 때문에 피츠로이산군들을 선명하게 바라볼 수 있다는 보장이 없다. 일진이 좋아 볼 수 있으면 천만다행이다. 보고 싶다고 보여 주는 피츠로이산군들이 아니다.

방법은 단 하나밖에 없다. 로스트레스 호숫가에 주저앉아 피츠로이산군들이 눈과 구름으로 된 옷을 벗을 때까지 기다리는 방법 외에 다른 방법은 없다. 이런 현상을 알면서도 산악인들은 하루에 8~9시간을 이곳에 아낌없이 투자한다. 필자는 피츠로이 전망대에서 건강과 안전을 이유로, 그리고 내일 일정을 위하여 우리나라 태극기를 손에 잡고 기념 촬영을 한 후 카프리호수를 거쳐 피츠로이산군들과 호수와 빙하 그리고 야생의 동식물들을 뒤로하고 하산길을 선택하여 오늘 일정을 마무리했다.

오늘은 파타고니아 마지막 여행지이자 세계에서 제일 큰 엘칼라파테페리토모레노(El Calafate Perito Moreno) 빙하를 투어하는 날이다. 모레노 빙하는 높이가 60m, 폭이 500m, 길이가 35km를 자랑하고 있으며 1년 365일 눈과 비가 쌓이고 쌓이면서 축적되어 저지대로 밀려 나가 빙하라는 모습

모레노 빙하

으로 탄생한다. 모레네 빙하 정면에는 관광객들의 편의를 위하여 갈지자 형식의 가이드라인으로 전망대를 설치해 거대한 빙하를 한눈에 바라볼 수 있으며, 빙하 일부가 녹아 물 위로 떨어지면 "펑, 쾅" 하는 천둥과 같은 소리가 난다. 필자가 떨어지는 빙하를 촬영하기 위해 카메라를 잡고 있지만 "펑" 하는 소리가 들리면 벌써 빙하는 수면 위에서 사라지고 없다. 그래서 단 한 번도 떨어지는 빙하 촬영에 성공하지 못했다.

바다에 떠다니는 유빙

크루즈선을 타고 참여한 빙하 투어

그리고 65세 이상은 위험부담이 있어 빙하 트레킹을 할 수 없다고 한다.

마침 여행의 동반자이자 여행 마니아 정화운 님이 나이 제한에 걸려 필자는 빙하 트레킹을 일행에게 양도하고 둘이서 크루즈선을 타고 빙하 투어에 참여했다.

산골짜기에 있는 빙하와 더불어 바다에 떠다니는 유빙들과 2시간에 걸쳐 진행된 빙하 투어는 파타고니아 빙하의 진수를 맛볼 수 있어 즐거웠고, 이 즐겁고 유익한 시

일정을 마무리하는 순간, 필자

간은 영원히 기억에 남을 것 같다.

이것으로 파타고니아 여행의 전 일정을 무사히 마치고 귀국하기 위해 공항으로 이동했다. 이 순간 필자는 알래스카에서부터 남미 최남단 우수아이아까지 그리고 남북아메리카 유엔 가입국 35개국을 완주하는 가슴 벅찬 감동의 순간을 맞이했다.